非线性动力学丛书 32

计算复杂系统
Computational Complex Systems

郭大蕾 著

科学出版社

北 京

内 容 简 介

本书应用智能计算的理论与方法，结合智能控制理论对工程系统与社会科学中普遍存在的非线性动力学与控制问题进行了详细阐述，介绍了目前在该领域的一些基本分析方法和计算技术，内容涉及复杂性与复杂系统、智能计算、复杂网络、多尺度分析、计算材料、计算经济、计算实验、非线性建筑、复杂交通工程管控、决策支持、管理与控制以及其他智能计算在新兴领域中的进展。本书将理论分析、数据计算和实验研究相结合，注重结果的完整性和真实性。

本书可供高等院校力学、信息科学、系统工程、管理科学等相关专业高年级本科生、研究生和教师以及从事相关领域工作的工程师和技术人员阅读。

图书在版编目(CIP)数据

计算复杂系统/郭大蕾著. —北京：科学出版社，2024.3
(非线性动力学丛书；32)
ISBN 978-7-03-078090-4

Ⅰ. ①计⋯　Ⅱ. ①郭⋯　Ⅲ. ①非线性力学-动力系统(数学) – 计算复杂性
Ⅳ. ①O194

中国国家版本馆 CIP 数据核字(2024)第 042400 号

责任编辑：刘信力　崔慧娴／责任校对：彭珍珍
责任印制：赵　博／封面设计：陈　敬

科 学 出 版 社 出版
北京东黄城根北街 16 号
邮政编码：100717
http://www.sciencep.com
涿州市般润文化传播有限公司印刷
科学出版社发行　各地新华书店经销
*
2024 年 3 月第　一　版　　开本：720×1000　1/16
2025 年 1 月第二次印刷　　印张：15 3/4
字数：310 000
定价：148.00 元
(如有印装质量问题，我社负责调换)

"非线性动力学丛书" 序

真实的动力系统几乎都含有各种各样的非线性因素, 诸如机械系统中的间隙、干摩擦, 结构系统中的材料弹塑性、构件大变形, 控制系统中的元器件饱和特性、变结构控制策略等. 实践中, 人们经常试图用线性模型来替代实际的非线性系统, 以方便地获得其动力学行为的某种逼近. 然而, 被忽略的非线性因素常常会在分析和计算中引起无法接受的误差, 使得线性逼近成为一场徒劳. 特别对于系统的长时间历程动力学问题, 有时即使略去很微弱的非线性因素, 也会在分析和计算中出现本质性的错误.

因此, 人们很早就开始关注非线性系统的动力学问题. 早期研究可追溯到 1673 年 Huygens 对单摆大幅摆动非等时性的观察. 从 19 世纪末起, Poincaré, Lyapunov, Birkhoff, Andronov, Arnold 和 Smale 等数学家和力学家相继对非线性动力系统的理论进行了奠基性研究, Duffing, van der Pol, Lorenz, Ueda 等物理学家和工程师则在实验和数值模拟中获得了许多启示性发现. 他们的杰出贡献相辅相成, 形成了分岔、混沌、分形的理论框架, 使非线性动力学在 20 世纪 70 年代成为一门重要的前沿学科, 并促进了非线性科学的形成和发展.

近 20 年来, 非线性动力学在理论和应用两个方面均取得了很大进展. 这促使越来越多的学者基于非线性动力学观点来思考问题, 采用非线性动力学理论和方法, 对工程科学、生命科学、社会科学等领域中的非线性系统建立数学模型, 预测其长期的动力学行为, 揭示内在的规律性, 提出改善系统品质的控制策略. 一系列成功的实践使人们认识到: 许多过去无法解决的难题源于系统的非线性, 而解决难题的关键在于对问题所呈现的分岔、混沌、分形、孤立子等复杂非线性动力学现象具有正确的认识和理解.

近年来, 非线性动力学理论和方法正从低维向高维乃至无穷维发展. 伴随着计算机代数、数值模拟和图形技术的进步, 非线性动力学所处理的问题规模和难度不断提高, 已逐步接近一些实际系统. 在工程科学界, 以往研究人员对于非线性问题绕道而行的现象正在发生变化. 人们不仅力求深入分析非线性对系统动力学的影响, 使系统和产品的动态设计、加工、运行与控制满足日益提高的运行速度和精度需求, 而且开始探索利用分岔、混沌等非线性现象造福人类.

在这样的背景下, 有必要组织在工程科学、生命科学、社会科学等领域中从事非线性动力学研究的学者撰写一套 "非线性动力学丛书", 着重介绍近几年来非线性动力学理论和方法在上述领域的一些研究进展, 特别是我国学者的研究成果, 为从事非线性动力学理论及应用研究的人员, 包括硕士研究生和博士研究生等, 提供最新的理论、方法及应用范例. 在科学出版社的大力支持下, 我们组织了这套 "非线性动力学丛书".

本套丛书在选题和内容上有别于郝柏林先生主编的 "非线性科学丛书" (上海科技教育出版社出版), 它更加侧重于对工程科学、生命科学、社会科学等领域中的非线性动力学问题进行建模、理论分析、计算和实验. 与国外的同类丛书相比, 它更具有整体的出版思想, 每分册阐述一个主题, 互不重复. 丛书的选题主要来自我国学者在国家自然科学基金等资助下取得的研究成果, 有些研究成果已被国内外学者广泛引用或应用于工程和社会实践, 还有一些选题取自作者多年的教学成果.

希望作者、读者、丛书编委会和科学出版社共同努力, 使这套丛书取得成功.

胡海岩

2001 年 8 月

前　言

钱学森先生提出了"复杂巨系统"，是以复杂性理论研究系统科学，将能量、信息、人等要素引入系统工程，研究其错综交织及相互影响等关系和进程。诺贝尔奖获得者西蒙 (Herbert A. Simon) 认为"21 世纪将是复杂性的世界"，布鲁金斯学会约翰·桑顿中国中心主任李侃如 (Kenneth Lieberthal, 肯尼思·利伯索尔) 教授说，中国文化中在提到"系统"的时候，常常是指从事同一项工作的不同层级的部门或为某项工作共同合作的部门，如邮政系统、交通系统、财经系统等。在日常工作和生活中，我们也常听到"这是一个系统问题""这是一个复杂系统"等。这些论述和表达无疑表明了这样的事实，那就是复杂系统包含着什么样的规律，其规律能否被探查，表明了什么意义，也就是在当前科学技术条件下如何研究和利用复杂系统，具有重要的学术意义和社会价值。

复杂系统研究吸引了一大批学者，从一开始就有许多领域的专家学者从各自的学科、工程和问题出发，从定义、性状、方法、理论和应用等诸多方面展开探索，出现了百花齐放的局面。从本质上讲，复杂系统是非线性的，非线性是复杂性的一种表现形式，因此，处理非线性问题的方法和技术可用于考察复杂性。随着人类探索自然和社会的深度与广度不断扩大，在许多门类和学科中，错综交织的问题成为普遍的现象，因而促成了许多与复杂问题相关的主题研究。但是，在方法论上，还原论已然显示出明显的缺陷；在技术手段上，则明显带有原学科领域的理论和方法等特点；而大型工程建设系统在表达"繁复"和"纷杂"等特点上具有天生的优势，同时，由于其侧重于社会治理等方面的决策支持，其带有了管理的意味。这也正是复杂系统兼具了自然科学与社会科学的特点，并导致其难于以一般研究路径展开的症结。然而，这一事实同时表明，以数据为材料、以多学科理论为方法、以计算新技术为手段、以管理决策支持为目标的复杂系统研究，将是一种全路径多覆盖但独立且完整的研究范式。

本书以一般特征和计算特征描述复杂系统的性状，覆盖了自然和社会系统中复杂性、非线性等典型现象，并代之以定义，因而较全面地阐述了复杂系统；通过连接、智能体、数据来表示能量、人和信息等要素及其之间的交织与影响，利用计算对复杂系统性状现象背后的数据进行挖掘、解算及可视化，最终形成调控的决策支持方案以供选择和考察，这一路径包含了发生、发展和变化等全部动态过程及成因要素，因而给出了研究非线性和复杂系统的较完整体系。而且，要素交织、影响过程、海量数据和决策支持等多个环节，虽紧密相关但均以相对独立的计算表达，因此，对于专门关注复杂系统或非线性动力学与控制领域中某一方面的读者也应是有启发的。

全书共八章，前三章概述了与复杂性、复杂系统有关的概念、性状及研究现状，其中，第 2、3 章分别以一般特性与计算特性区分了复杂系统从定性描述向定量刻画的趋势和可能，这也是本书从计算出发研究复杂系统的起点。第 4~6 章则基于数据、利用计算、结合应用，对复杂网络、多尺度数据与计算、管理的决策支持系统做深入探索，由浅入深地显示出从复杂系统规律探求、海量数据表达与计算复杂系统、复杂系统管理决策的研究层次和路径。第 7、8 章论述了以最新计算手段/计算机技术研究传统和现代学科的新方法途径，以及非线性与复杂系统的最新研究进展，旨在解答复杂系统探索中可能遇到的在与之交叉的若干领域中开展研究时常易迷失方向的问题和一些仍在思辨的哲学探讨等。其中，若干实例采用了作者研究小组的探索与实践成果，一些经典的、常引发讨论的主题则采用了新闻摘录的形式，以突出相关领域的动态发展进程。

作者在复杂系统管理与控制国家重点实验室、多模态人工智能系统全国重点实验室、中国科学院大学人工智能学院的科研与教学中，为非线性动力学、智能控制、复杂性和复杂系统等问题所吸引，进而探索了其定义和性状、区别和联系、表示方式和结果呈现等主题，本书就是在此过程中几易其稿陆续完成的。在此，由衷感谢丛书主编胡海岩院士的支持、建议和帮助，感谢丛书历任责编的理解与信任，感谢本书责任编辑刘信力博士的大力支持和帮助，感谢一起开放讨论和相互启发的同事们，也感谢挂职期间在相关主体上给予指导和帮助的西安市交通运输局的同事们。书中多项内容是在国家自然科学基金 (编号：50505049、70871112 和 11272333) 的资助下完成的，衷心感谢国家自然科学基金委员会对作者及研究工作的支持。

中国科学院自动化研究所谭铁牛院士、北京航空航天大学吕金虎教授审阅书稿并提出了宝贵意见，作者在此表示由衷感谢。在本书成文过程中，成艺、梁嘉琪两位硕士帮助绘制了部分图表并演算了其中的部分算例，梁嘉琪整理编辑了参考文献，在此一并致谢！

由于作者水平所限，书中不足之处在所难免，敬请读者批评指正。

作　者
2023 年 7 月

目　　录

第 1 章　复杂系统概述

由相互关联、相互制约、相互作用的若干部分组合而成的具有某种功能的总体称为系统, 这些组成部分被称为子系统。若已经充分了解一个系统的若干子系统的性能, 仍无法据此对整体系统及其性能做出完全的描述和解释, 那么, 这样的系统就是复杂系统。许多研究领域都面临复杂系统问题的困扰, 例如, 物理学家对雪花如何形成美丽六角形有多种解释, 生命世界的多样性常常使理论生物学家陷入困境, 而经济学家对股票市场的预测和解释亦无法使人信服。这些问题均与复杂系统、复杂性有关, 也因研究背景的不同而千差万别, 在应用与工程领域, 由很多变量组成且变量之间相互影响的工程系统被称为复杂工程系统。

1.1　复杂性及系统

复杂性广泛存在于我们生活的世界中, 并成为与其共栖的系统的关键特征。同时, 非线性成为复杂性的基本特征, 线性叠加原理不再适用, 整体大于各组成部分之和; 每个组成部分都不能代替整体, 各组成部分之间、不同层次之间相互关联、相互制约; 随着时间的变化, 由于系统内部、系统与环境之间的相互作用, 经过持续的适应、调节等自组织作用, 复杂系统从无序到有序、由低级到高级, 涌现出独特的整体行为和特征。

1.1.1　复杂性

中外学术界对复杂事物的研究具有历史久远、领域广泛和创新持续的特点。在中国古代, 甲骨文中已有 "复" 的象形文字记载, 如图 1.1 甲骨文中的复字, 上部是声符 "畐" 的省略形, 音 fú, 有 "腹满" 之义, 在字中亦兼有表义作用, 本意为回来、返回, 具有现代 "复" 的 "重复, 重叠" 之义; 下部的意符 "夂", 为甲骨文中 "止" 的变形, 表示与脚或行走有关。

图 1.1　甲骨文中的记载——复

如今,"复"和"杂"表述了基本相同的含义,"复"可解释为"许多的""不是单一的",而"杂"的释义是"多种多样的""不单一的"。因此,"复杂"包含着"多种多样""非单一"等含义,"复杂性"则描述了事物具有的多重多样与非单一等性状与特征。

1999 年 4 月,*Science* 期刊发表了以复杂性 (complexity) 为主题的专辑,探讨了在化学、生物信号系统、神经系统、动物群体、自然界地形、气候与经济领域的复杂性 (Gallagher and Appenzeller, 1999),在世纪之交开启了复杂性研究的新起点,并将复杂性称作是"21 世纪的科学"。

长期以来,人们一直在寻找一种适合于许多组成部分相互作用而产生复杂行为的系统的普遍理论,这些研究形成了混沌理论、耗散结构理论、协同学和超循环论等。法国著名数学家庞加莱 (Jules Henri Poincaré) 和他的学生很早就认识到,一个系统如果由若干部分组成且各部分之间有强烈的相互作用,那么该系统就可能出现不可预测的行为,于是创立了混沌理论。有些物理学家认为混沌理论可能解释复杂系统的行为,但是混沌理论尽管为复杂性研究提供了许多有用的工具,却未能获得复杂系统所表现出的大量动态特性。

另外,人们很早就注意到,在生命系统和非生命系统之间似乎存在截然不同的规律。科学家一直在寻找一种能够解释所有生命系统动态特性的统一理论。非生命系统服从热力学第二定律,系统自发地从有序到无序;生命系统则相反,生物进化、社会发展总是由简单到复杂,由低到高越来越有序。对此,耗散结构理论给出的解释为:生命系统不满足封闭系统的条件,它不断从外界吸收能量,形成稳定的有序结构。

1984 年,在诺贝尔奖获得者盖尔曼 (Murray Gell-Mann) 等的倡导下,一批来自生物学、经济学、计算机科学、物理学、数学、哲学等不同领域的科学家聚集在新墨西哥州的圣菲,成立了圣菲研究所 (Santa Fe Institute, SFI),致力于复杂性的研究工作。他们试图摆脱一些固有学科观念的束缚,进行跨学科的探索,探讨经济、物理、生物、计算机、考古、政治学、人类学等领域不同复杂系统之间的共性,推进了复杂性科学的研究。他们认为,复杂系统是由大量相互作用的单元构成的系统,复杂性研究则是研究复杂系统如何在一定的规则下产生有组织的行为。在圣菲研究所的前期工作中,复杂性研究定义为研究各部分之间相互作用的规则如何导致系统产生宏观有组织行为。

诺贝尔奖获得者西蒙 (Herbert A. Simon) 在 *The Sciences of the Artificial* 中谈到,在科学和工程中,对系统的研究越来越受到欢迎。其受欢迎的原因,与其说是适应了处理复杂性的知识系统与技术体系大发展的需要,不如说是它适应了对复杂性进行综合和分析的迫切需要 (Simon, 1996)。西蒙认为,复杂性是我们生活的世界及与其共栖的系统的关键特征。

中国和中国科学家是复杂性研究领域的重要力量, 从开创初期就一直致力于复杂系统及其方法论的研究, 钱学森先生是其中最杰出的科学家代表, 他非常注重交叉学科的融合及复杂性研究。1990 年前后, 在长期开展系统科学研究的基础上, 钱学森结合人工智能等学科提出, 根据子系统的数量和种类以及子系统之间相互关系的复杂程度, 可将系统分为简单系统、简单巨系统和复杂巨系统, 且复杂性是开放复杂巨系统的动力学特性 (钱学森等, 1990)。

生物系统、人脑系统与社会系统等都是复杂巨系统, 因为这些系统与外部环境之间存在物质、能量和信息的交换, 因而也可称为开放的复杂巨系统, 这一观点较全面地概括了国内外关于混沌理论、反混沌理论及与复杂性研究相关的工作, 从更高的层次上揭示了复杂性研究的本质, 准确地概括了复杂性的研究内容 (钱学森, 2007a, 2007b)。

总体上, 开放的复杂巨系统主要包含以下内容。

(1) 开放的复杂巨系统的开放性意义。一是系统不可避免地会受外界的影响; 二是主动适应和进化的含义。例如, 经济系统中的 "预见性", 这种预见性或来源于个体间的交互 (如通过学习获取知识), 或来源于个体和外部环境的交互 (如股票市场)。由于个体的 "预见性", 个体可以通过外部环境的变化, 主动地、适应地改变自己的决策方法和行为。个体的 "预见性" 又使得系统的动力学行为具有 "进化" 的含义。

(2) 开放的复杂巨系统中复杂的含义。一是子系统种类繁多; 二是系统的层次复杂; 三是子系统之间相互联系与作用很强。

(3) 开放的复杂巨系统中动力学特性的含义。一方面, 系统的宏观特性连续地随时间变化, 如吸引子位置的改变, 是量变的过程; 另一方面是系统的宏观特性随系统进化的过程而变化, 如系统从无序状态形成有组织的行为或者从有序状态走向混沌, 是质变的过程。

1.1.2 系统

对于系统的认识, 来源于社会实践。在长期的社会实践中, 逐渐形成把事物的各组成部分联系起来从整体角度进行分析和综合的模式。系统是由若干相互关联、相互制约、相互作用的要素以一定结构形式联结而成的具有某种功能的整体。由要素、联系和结构就可以描述一个系统。

系统的基本特征如下。

(1) **整体性**。系统是一个有机的整体, 不是各个部分的简单组合和相加, 系统的整体功能是各要素在孤立状态下所不具有的。

(2) **联系性**。各要素不是孤立存在的, 每个要素在系统中均处在一定的位置上, 要素之间相互关联, 构成一个不可分割的整体。

(3) **层次结构性**。要素之间的联系是分层次的。

(4) **动态平衡型**。系统是随时间而演变的, 在动态变化过程中呈现平衡状态、非平衡状态、近平衡以及远平衡等稳定性模式。

(5) **时序性**。各要素之间的时序与空间结构不同, 功能亦将不同。

20 世纪 40 年代以来, 系统与系统工程的研究引起了广泛的关注。系统科学的早期工作多与电子科学和自动控制理论以及与系统有密切关系的运筹学和管理科学相关。德国著名系统科学家哈肯 (Hermann Haken) 提到: "系统科学的概念是由中国学者较早提出的, 这对理解和解决现代科学, 推动其发展是十分重要的", "中国也是充分认识到系统科学重要性的国家之一"(许国志等, 2000)。

在我国, 最早应用系统工程并取得显著成就的是航天系统。功勋科学家钱学森在开创中国航天事业的过程中也创建了具有普遍科学意义的系统工程管理方法和技术, 他指出系统学是研究系统结构与功能的一般规律的科学, 系统的特点是复杂性 (钱学森, 2007c, 2007d)。

钱学森对于科学有三个层次的划分, 即基础科学、技术科学及工程技术。系统学是基础科学, 属于理论层次。系统工程是运用系统思想直接改造客观世界的一大类工程技术的总称, 属于技术科学层次。随着科学技术的迅速发展和生产规模的不断扩大, 迫切需要发展一种能有效地组织和管理复杂系统的技术, 因此系统工程技术应运而生。简言之, 系统工程技术是以研究大规模复杂系统为对象的科学技术, 是处理系统的一门工程技术。

1.1.3 复杂系统的特征

复杂系统是复杂性科学的研究对象, 这里所提到的复杂性主要是系统复杂性, 与系统科学有密切的联系。因此, 复杂性科学与系统科学的研究紧密相连。一般地, 复杂系统的特性包括如下几个。

(1) 非线性。非线性是复杂性的必要条件, 没有非线性就没有复杂性。非线性表明了系统的整体大于各组成部分之和, 即每个组成部分不能代替整体, 每个层次的局部不能说明整体, 低层次的规律不能说明高层次的规律。复杂系统是非线性的动态系统, 每个子系统都具有相对独立的结构、功能与行为。各局部成分之间、不同层次的组分之间均相互关联、相互制约、相互影响, 并以非线性动力要素相互作用。

(2) 非周期性。一般地, 复杂系统的行为不具有明显的规律。非周期性的特征传递出系统演变的不规则性, 即系统的演变并不具有周期规律的信息。系统在运动过程中不会重复原来的轨迹, 时间路径也不可能回归到它们以前所经历的任何一点, 相反, 它们总是在一个有界的区域内展示出一种通常是极其 "无序" 的振荡行为。

(3) 开放性。复杂系统是开放的, 与外部是相互关联、相互作用的。开放系统不断与外界进行物质、能量和信息的交换。没有这种交换, 系统的生存和发展是不可能的。任何一种复杂系统, 只有在开放的条件下才能形成, 也只有在开放的条件下才能维持和生存。开放系统具有自组织能力, 能通过反馈进行自控和自调, 以达到适应外界变化的目的。开放性还使系统具有稳定能力, 保证系统结构稳定和功能稳定, 并具有一定的抗干扰性。此外, 开放系统在不同环境的相互作用中具有不断演化的能力。

(4) 初值敏感性。在混沌系统的运动过程中, 起始状态的微小变化随着系统的演化可能会被迅速积累和放大, 最终导致系统行为发生巨大的变化, 即 "蝴蝶效应" 或积累效应。这种对初值的敏感特性使得人们不太可能对系统做出长期的和精确的预测。

(5) 自相似性。自相似是指系统中部分以某种方式与整体相关。一般来说, 复杂系统的结构往往具有自相似性。这种自相似性不仅体现在空间结构上 (结构自相似性), 而且体现在时间序列的自相似性中, 例如经济系统。

(6) 层次性。层次性是指从已经认识得比较清楚的子系统到可以宏观观测的整体系统之间存在着若干层次。

1.1.4 其他语境中的系统

在工程与应用领域, 系统常常指那些能够在多构件、多组件情况下通过设计实现一系列功能的情况, 如控制系统、操作系统、软/硬件系统、机器人系统等。

在自然科学之外的领域, 系统一般用来指共同处理某项广泛任务的一个机构, 如教育系统、国防系统等。著名中国问题专家 Johns Hopkins 大学教授鲍大可 (A. Doak Barnett) 最先将 "系统" 这一概念介绍给西方学者。在中文语境中, 主要以两种方式使用这一术语: 提到一组职能相关的机构时, 如财经系统, 或提到某个部委下的各级机构时, 如信息产业系统。鲍大可认为, 系统有时特指高层政治领导人想要执行某项广泛任务的一个机构。在这种情形下, 系统是一个需要相互协调的职能部门, 可视为关于某一事务的相关职能部门的统称, 例如交通系统, "系统" 及 "系统问题" 展现了待处理任务具有的与系统相关联的复杂性, 也显示出处理该项任务所需的若干相关职能部门、部门之间的相互协调需求 (李侃如, 2010)。

由此可见, 对于由若干互相关联、互相制约、互相作用的要素, 以一定结构形式联结而构成的具有某种功能的整体——系统, 社会科学领域所关注的问题与自然科学领域对此的考察和研究明显不同。本书围绕复杂系统机制以及非线性动力学与控制等研究目的, 主要是基于自然科学领域中关于系统等科学问题的论述。为提高全书的完整性, 关于经济、社会治理中的 "系统" 及 "系统问题" 将在第 6

章做简要论述。

1.2　复杂系统研究与求解

复杂系统的一些固有特征常常使人们不能以现有的科学知识或技术手段来解决其中的问题, 但是, 复杂系统广泛存在于人们生活和工作的环境中, 因此, 尽管面临着极大的挑战与困境, 复杂系统研究却极具现实意义。本节将在 1.1 节阐述复杂性与系统的基础上, 从源起、理论和方法开始探讨复杂系统及其控制与管理、求解与适应性等, 以全面地呈现复杂系统研究的历程与进展。

1.2.1　复杂系统的物理学源起

关于复杂系统的研究, 最早是从物理学领域开始的。随着对微观世界认识的持续深入, 物理学家们认为组成物质的大量微观粒子并不遵循已被验证的宏观运动规律, 看似杂乱无章的运动遵循着一定的且尚未被发现的规律 (Bertalanffy, 1969)。

微观分子运动研究是最先被关注的、分子永不停息的无规则运动, 温度越高, 运动就越激烈, 这表明分子的无规则运动与温度有关, 因此亦称为热运动 (thermal motion)。按照运动的发生条件、状态及其刻画、规律与计算等一般研究路径, 分子运动总是处于平衡态和非平衡态两种状态。非平衡态是常态, 即在短暂的平衡态后会马上过渡到另一个非平衡态, 在这一过程中 "熵" 增加, 而熵是表征体系杂乱程度的参量。

统计物理学最终从微观角度研究了物质的热运动性质及其规律。在揭示物质微观结构即微观粒子相互作用的基础上, 用概率统计的方法对由大量粒子组成的宏观物体的物理性质及其宏观规律做出了微观解释, 又可称为 "统计力学"。统计物理对宏观与微观的研究与对系统及其组成的研究非常相似, 使得后来对复杂系统的研究常常以分子动力学模拟作为起点。

1.2.2　复杂系统的控制与管理

纷繁复杂的子系统相互交叉、重叠构成了令人困惑的复杂系统, 如何使其按照既定的性能指标和一定的路径发展并达到预设的状态, 是复杂系统的研究目标, 即如何实现复杂系统的控制与管理。由于复杂系统种类繁多、形态各异, 因而并不存在统一的控制与管理方法。

已经知道, 控制论是 20 世纪科学界最重大的发现和成就之一。控制论在半个多世纪中得到了空前的发展, 成为现代科学技术的核心内容之一。控制论研究如何分析、综合和组成系统, 研究系统各个组成部分之间的关联和制约关系, 以及这种关系如何影响和决定系统总体功能。在经典控制论之后, 现代控制理论以系统模型为基础, 研究系统结构、参数、行为和性能之间的定量关系。智能控制理论的出现, 使得因存在非线性、不确定性、时变和不完全性而无法建立精确数学模型的系统能够实现其控制目标 (郭雷, 2016)。

当前, 许多科学技术中都包含了对控制的应用, 即使是与工程无关的领域, 如现代经济、医学和军事等技术应用均具有信息与反馈等特点, 这正是控制的本质特征。工程领域中的控制与管理, 其含义更趋近于自动控制, 也就是源自工程控制论, 经由经典控制论、现代控制论到智能控制的理论与方法, 在这一发展进程中, 因所关注的研究对象来自许多不同的工程与应用领域, 因而形成了多个细分的研究子领域。一般地, 对控制工程与机器人的研究, 属于电子工程 (electronic engineering); 与运筹学、后勤学相关的属于工业工程 (industry engineering); 与过程控制、过程优化等相关的属于化学工程 (chemical engineering); 与航空航天相关的属于航空电子 (aero-electronic); 机械领域中的控制属于机电控制 (electromechanical control); 人工智能 (artificial intelligence) 则是近年来计算机技术与应用的热点。图 1.2 为控制相关的工程领域与方向。

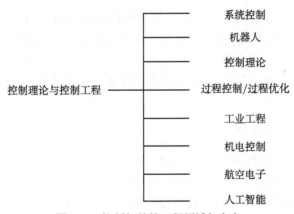

图 1.2 控制相关的工程领域与方向

若进一步细分, 系统控制 (system control) 通常是指鲁棒与最优控制、鲁棒多变量控制系统、大规模动态系统、多变量系统的标识、最小最大控制、制造系统与动态游戏, 以及用于控制与信号处理的自适应系统、随机系统、线性及非线性评估的设计、随机与自适应控制等基础研究, 作为复杂系统的理论基础, 这些专门研究加深和拓宽了复杂工程系统控制与管理的范畴。

这里的 "管理" 之意, 则是依据开放性对复杂系统的研究目标提出的。若将控制的考察变量看成状态, 那么管理的考察过程即为规则, 管理既指按规则 "办理"(handle), 又兼具 "管辖"(administer) 或 "治理"(govern) 的意义。例如, 劳动关系、社会秩序和公共管理等办理需求, 此外, 再如世界贸易组织 (World Trade Organization, WTO) 及农产品贸易等, 这些复杂系统因常常和政治与经济、社会与政策、法律与制度等相互关联, 因而应当接受管辖与治理之意——管理。

从控制系统的主要特征出发来考察管理系统, 可以看出, 管理系统是一种典型的控制系统。管理系统中的控制过程在本质上与工程系统、生物系统中的控制一样, 都是通过信息反馈来揭示效果与标准之间的差, 并采取纠正措施, 使系统稳定在预定的目标状态上的。因此, 从理论说, 适合于工程的、生物的控制论的理论与方法, 也适合于分析和说明管理控制问题。

与工程控制指定目标不同, 例如机械系统控制在于使系统运行在允许的偏差范围内或保持系统运动在某一平衡点, 管理控制不仅要维持系统活动的平衡, 还力求使组织活动达到新的状态, 或实现更高的目标。管理科学的一部分是从运筹学发展而来, 依赖于统计学、数学和物理学, 另一部分是数理经济、行为科学及其他领域的研究的延伸, 因而更进一步的发展将主要依赖于社会科学。

1.2.3 复杂系统研究的认识论

本书没有过多纠缠于系统学以及复杂性科学近 100 年来发展历程中的争辩和目前尚悬而未决的问题, 而是将目光一开始就锁定在复杂系统的控制与管理上, 旨在借助计算机技术进步带来的成果, 将论述重点放在复杂系统控制与管理的现代智能计算与分析上。因此, 本节将简要概述复杂系统研究过程中关于 "认识论" 的问题。

1. 还原论与非还原论

18 世纪以来的近代科学认为, 深入研究客观世界必须要将事物分解为若干部分, 分别认识各个组成部分, 而且在这一认识过程中, 需把各分系统、各组成部分间的相互关系暂时撇开, 这种分析方法称为还原论。还原论方法在自然科学领域中取得了巨大的成功。但是, 当客观世界被分得越来越细时, 事物间的相互联系就容易被割裂, 还原论的不足之处日益明显 (Gallagher and Appenzeller, 1999)。

对于复杂系统, 整体的性能不等于部分性能之和, 即系统整体与部分之间的关系不是一种简单的线性关系, 因而还原论在处理复杂系统时存在两方面的局限性。

(1) 单元行为难以分析。还原论要求独立地分析每个单元的行为, 而在复杂系统中, 由于单元间的关系很复杂, 无法将某个单元与其他单元分离进行独立分析。

(2) 单元间的关系或相互作用难以明确。例如, 在研究人类大脑智能的产生机制时, 已经知道神经元间依靠突触相互作用, 而且这种作用和智能的产生有密切的关系。但是困扰在于, 我们无法在大脑进行智能活动时观察突触的作用, 只能通过某些方法 (如离体检测等) 间接地进行了解。

对于复杂系统所特有的 "整体大于部分之和" 的涌现特性, 还原论无法解释。所谓涌现特性, 即只有整体才具有, 任何组成部件都不具有, 只有高层次的结构才有, 低层次的结构中找不到的特性 (宋学锋, 2005)。例如, 经验丰富的医生常常通过望闻问切等诊断手法综合判断患者的健康状况, 而任何单一的检验都无法给出全面的结论。无论是复杂人体这样的自然系统还是复杂的社会系统, 涌现特性都是它们区别于一般简单系统最重要的特征。涌现概念的提出者贝塔朗菲 (Ludwig von Bertalanffy) 认为: 将系统研究全部的目标和任务集中到一点, 就是阐述整体为什么大于部分之和, 制定描述大于部分之和的那些整体特性的科学方法。

钱学森在总结出开放的复杂巨系统的同时, 明确地指出采用以往还原论的方法不能解决这类复杂系统的问题。1992 年, 他提出并深刻论述了处理开放的复杂巨系统的方法论, 即 "人机结合, 从定性到定量的综合集成研讨厅" 体系, 这是世界范围内首次提出的处理复杂性的方法论, 具有重要的理论和实践意义。

2. 自底向上与自顶向下

自底向上是认识、分析或研究复杂系统时的一种思想方法。其要点是从系统的某一具体部分开始, 了解、认识、设计或实现其具体内容, 然后扩大范围、提高层次, 去认识、设计或实现较大的部分, 直到认识或实现整个系统。它是与自顶向下相对而言的。这是一种比较自然的认识方法, 在没有明确提出系统方法之前, 人们往往是这样做的。

而自顶向下则是将复杂的大问题分解为相对简单的小问题, 找出每个问题的关键、重点所在, 然后用精确的思维定性、定量地去描述问题。其核心本质是 "分解"。

1.2.4 复杂系统的计算求解和适应性

在以往研究简单系统或一些比较复杂的工程系统时, 常以数学为工具, 建立数学模型, 进行系统分析与综合。人们越来越明白地认识到, 非线性造成了现实世界的无限多样性、曲折性、突变性和演化性, 非线性成为事物的普遍特性。非线性科学贯穿在物理学、数学、天文学、生物学、生命科学、空间科学、气象科学、环境科学等领域, 形成了一个新的科学研究领域。

20 世纪 60 年代后, 由于计算机的广泛应用以及由此发展起来的 "计算物理" 和 "实验数学" 等方法, 可积系统的无穷多自由度的非线性偏微分方程得出了某些类型的解法, 也使一些看起来复杂的不可积系统的研究有了一些进展。

在非线性建模与分析的发展过程中, 曾受限于计算能力, 采取对高维非线性问题简单降维、过度线性化或忽略弱非线性项的方法, 这使得某些被消减的非线性成分在某些情况下起了显著作用, 甚至导致系统解的失效与失败。

当前, 计算机技术的快速发展为非线性建模与分析提供了有力的技术支持, 在海量数据与非线性模型之间, 各种类型的非线性映射、数据拟合以及模型和数据间相互修正等方法正在建立。同时, 运用海量数据资源生成的可计算模型, 不仅在研究对象的复杂性和非线性分析等方面功能强大, 而且随着对象数据的增长及持续处理, 模型也在不断获得自动改进, 因而健壮性和容错性等也获得了提升。例如, 可模拟人类思维的神经网络方法, 不仅实现了一类具有强大映射能力的非线性网络, 而且完成了对人类智慧这一复杂事物的人工模拟, 即人工智能。

面对更为复杂的系统, 利用计算机作为主要工具进行系统模拟正在成为主要的研究途径。但是这种模拟并不是对系统进行数学描述, 把微分方程化为差分方程, 然后求数值解进行模拟, 而是利用计算程序对系统进行描述 (张佳等, 2009)。

在广泛采用计算机与数字技术的其他领域与产业行业, 涉及非线性特征与概念的技术和方法也正在被人们所熟悉, 许多传统学科突破约束, 形成了新兴研究方向。例如, 追求非欧几里得几何形体的非线性建筑, 通过连续、流动状的形体表达建筑本身周围环境; 还有进行影视制作后期处理的非线性编辑, 它突破了单一的时间顺序编辑限制, 可按各种顺序排列和调用素材, 具有快捷简便、随机的特性, 节省了设备与人力, 提高了效率。

SFI 在网上提供给人们使用的工具系统 Swarm 就是充分利用计算机模拟的例子。Swarm 的目的是通过科学家和软件工程师的合作制造一个高效率的、可信的、可重用的软件实验仪器。用户可以使用 Swarm 提供的类库构建模拟系统, 使系统中的主体和元素通过离散事件进行交互 (张刚, 2007)。Swarm 没有对模型和模型要素之间的交互作任何约束, 因而可以模拟任何物理系统或社会系统。因为复杂性科学强调对客观世界中复杂系统的理解, 而不是精确的预测, 计算机模拟正好能够实现对真实复杂系统的描述。

此外, 经典的科学往往强调最优模型, 并强调对系统的优化和控制。虽然复杂系统也有不少很有新意的优化模型, 但是整体来讲, 与经典科学不同的是复杂系统并不总是关心最优问题。也就是说, 与传统科学强调系统的最优模型以及对系统的优化和控制不同, 复杂系统更加关心解的适应性问题。在复杂性科学中, 实际的自然系统并不存在一个优化函数, 并且实际系统总是处在不断变化中, 控制的目标是不停地去适应变化, 创造出灵活适应的系统。因此, 采用复杂系统的方法提出来的方案不能用传统科学的优化标准来衡量, 因为复杂系统中的灵活适应性更有意义。

总结来说, 复杂性科学就是运用非还原论方法研究复杂系统产生复杂性的机制及其演化规律的科学。

1.3 复杂系统研究概况

兴起于 20 世纪 80 年代的复杂性科学, 是系统科学发展的新阶段, 也是当代科学发展的前沿领域之一。复杂性科学的发展, 不仅引发了自然科学界的变革, 而且逐渐扩展到哲学、人文社会科学领域。在中国和国际学术界, 有大量学者关注和研究复杂性科学, 形成了一批研究复杂性科学的代表性学术和科研机构, 共同推动着复杂性科学研究持续发展。本节将简要介绍该领域中具有代表性的中外科学家和研究机构, 详情可参阅文献 (戴汝为, 2004, 2007; 郭雷, 2016; 钱学森, 1990, 2007a,b,c,d; 许国志, 2000; Bertalanffy, 1969)。

1.3.1 中国科学家的贡献

钱学森是世界著名科学家, 中国载人航天奠基人, 中国科学院及中国工程院院士, 中国 "两弹一星" 功勋奖章获得者, 被誉为 "中国航天之父" 和 "中国导弹之父"。钱学森对系统科学最重要的贡献是发展了系统学和开放的复杂巨系统的方法论。钱学森明确指出采用以往还原论的方法不能解决复杂系统的问题, 他提出并深刻论述了处理开放的复杂巨系统的方法论, 即 "人机结合, 从定性到定量的综合集成研讨厅" 体系, 这是世界范围内首次提出的处理复杂性的方法论, 具有重要的理论和实践意义 (钱学森等, 1990)。

在国家自然科学基金委员会的支持和资助下, 戴汝为科研集体研制出在某些领域推广应用的综合集成研讨厅。在处理复杂巨系统相关问题的方法论和可操作性领域, 中国正走在国际前列。综合集成研讨厅的实质是指导人们在处理复杂问题时, 把专家的智慧、计算机的智能和各种数据、信息有机结合起来, 把各种学科的科学理论和人的经验知识结合起来, 构成一个统一的、人机结合的巨型智能系统和问题求解系统 (戴汝为, 2004, 2007), 这一过程充分利用了计算机技术的发展成果。需要注意的是, 作为一种方法论, 综合集成研讨厅体系不是一系列公式的汇总, 也不是以某几条公理为基础搭建起来的抽象框架。

1.3.2 国际研究机构与学者

在复杂系统研究与应用领域, 圣菲研究所和兰德公司 (RAND Corporation, RAND) 是最具代表性的国际研究机构。

1. 圣菲研究所

圣菲研究所是一所位于美国新墨西哥州圣菲市的非营利性研究机构, 该所于 1984 年由 George Cowan、David Pines、Murray Gell-Mann 等一同创办, 主要研究方向是复杂系统科学。先后有 50 多位各个领域的科学家加盟 SFI, 其中包括多名诺贝尔奖获得者, 也正因为如此, 研究人员经常跨领域做课题。若干无门类、无期限、无确切目标的泛主题成为自由议题, 这一特征开创了 SFI 自由资金捐赠的资金形式与自由人员参与的组织形式, 使得 SFI 所关注的问题从一开始就针对非单门学科, 即某类或某几类领域的范畴。

SFI 的主题涉及适应与自适应、适应与学习、进化、计算生物学、人工生命、全球经济演化、股票市场模拟等众多领域。目前, SFI 的研究项目包括但不限于以下方面:

(1) 人类语言的起源、演变及多样性;

(2) 发明及创新理论;

(3) 生物、行为与疾病;

(4) 社会网络、大数据与物理推理;

(5) 生物系统中信息、热力学与复杂性演变;

(6) 社区、贫民窟与人类发展;

(7) 复杂社会的出现;

(8) 生物和社会系统中的隐藏法则;

(9) 探索生命的起源;

(10) 城市、规模与可持续性;

(11) 个人行为和社会制度的共同演化;

(12) 财富不均动力学;

(13) 信息、热力学和生物系统复杂性的演变。

SFI 非营利研究机构在资金获取上主要来源于捐赠, 这一方面避免了个人和企业直接卷入研究; 另一方面, 主要研究资金非政府来源 (近年来, 随着影响力的增长, SFI 获得了政府资金的资助, 但所获政府资金不超过总资助的 1/10), 这可使其免受政府意志的影响。同时 SFI 只有十几位常驻研究人员和一些博士后, 但是有一批来自世界各国的外聘教授和大量期限不等的访问者, 这些访问者大都有自己的专门领域且深入地从事着具体的课题研究。他们在 SFI 中交流切磋, 通过SFI 形成在世界其他地方的合作, 实践着跨学科的交流与研究。因此, SFI 研究领域宽广, 人员组合与流动灵活, 研究结果完全公开, 组建 30 多年来获得了良好声誉, 具有很好的发展前景。

2. 兰德公司

兰德公司是美国最重要的综合性战略研究机构。它先以研究军事尖端科学技术和重大军事战略而著称于世, 继而又扩展到内外政策的各方面, 逐渐发展成为一个研究政治、军事、经济、科技、社会等各方面的综合性思想库, 被誉为现代智囊的 "大脑集中营" 以及世界智囊团的开创者和代言人。RAND 有 800 名左右的专业研究人员, 除自身的高素质结构之外, 还从社会上聘用了约 600 名全美知名教授和各类高级专家作为自己的特约顾问和研究员。他们的主要任务是参加兰德的高层管理和对重大课题进行研究分析与成果论证, 以确保研究质量及研究成果的权威性。

与 SFI 以较稳定规模持续发展的情况不同, RAND 扩张规模较大, 承接项目来源较广。虽然承担来自政府议题的委托, 但并不只与政府的单一部门合作, 而是与政府内部许多部门合作。在研究方向上二者的区别也较明显, SFI 强调复杂系统基础、理论与分析, 更关注人类、星际、未来和探索等主题, RAND 则以现实问题见长, 在国际事务、地区冲突、热点问题上见解独到, 堪称全球著名 "智库", 具有很高的信誉和知名度。

近年来, RAND 项目研究领域主要包括:

(1) 儿童、家庭与社区;

(2) 网络与数据科学;

(3) 教育与文化;

(4) 能源与环境;

(5) 健康、保健与老龄化;

(6) 国土安全与公共安全;

(7) 基础设施与运输;

(8) 国际事务;

(9) 法律与商业;

(10) 国家安全与恐怖主义;

(11) 科学与技术;

(12) 教育改革;

(13) 工人与工作场所;

(14) 中国;

(15) 全球气候变化;

(16) 人工智能;

(17) 军人家庭;

(18) 移民;

(19) 雇用与失业;

(20) 政治与政府。

可以看出, 上述主题几乎包括了当时和近来所有国际政治、经济与地区的焦点问题, 以及在社会、安全、科技与生活等方面的热点问题, 作为一个非营利的研究机构, RAND 承接的项目来自政府各部门、非政府部门、其他国家政府和私营部门的委托或者 RAND 自己提议的主题。其中, 大量预测性的课题尽管是极有风险的, 但是量化了的预测结果为验证事实发生的准确度提供了评价依据, 在可能承担损害风险的情况下, 实际效果最终为 RAND 带来了极大的声望。

RAND 对国际重大军事、政治事项的分析与预测, 常常会引发世界范围内外交、军事以及经济与社会等诸方面决策者与研究人员的广泛关注与持续争议, 并由此衍生出大量相关的专题研究与理论方法。目前, RAND 对一些棘手的热点问题和地区冲突公布了 RAND 观点和结论, 基本呈现出较为清晰的轮廓与走向。

20 世纪后半叶, 知名科学家普里戈金、贝塔朗菲和哈肯等在物理、化学或生物学领域取得巨大成果的同时, 开创了系统学的奠基性理论。

1) 普里戈金

普里戈金 (Ilya Romanvich Prigogine) 是比利时物理化学家和理论物理学家, 因创立热力学中的耗散结构理论获得 1977 年诺贝尔化学奖, 是非平衡态统计物理与耗散结构理论奠基人。他把热力学第二定律扩大应用于研究非平衡态的热力学现象, 开拓了一个崭新领域, 被认为是近年来理论物理、理论化学和理论生物学方面取得的最重大进展之一。他和同事们于 20 世纪 60 年代提出了适用于不可逆过程整个范围内的一般发展判据, 并发展了非线性不可逆过程热力学的稳定性理论, 提出了耗散结构理论, 为认识自然界中发生的各种自组织现象开辟了一条新路。耗散结构理论在自然科学及社会科学的许多领域有重要的用途。普里戈金在研究了大量系统的自组织过程以后, 总结、归纳得出, 系统形成有序结构需要下列条件：系统必须开放、远离平衡态、非线性相互作用以及涨落。

2) 贝塔朗菲

贝塔朗菲是奥地利生物学家, 是一般系统论和理论生物学创始人, 于 20 世纪 50 年代提出抗体系统论以及生物学和物理学中的系统论, 专著《一般系统论》成为该领域的奠基性著作。他在 20 世纪 60 年代提出将开放系统论应用于生物学研究, 倡导系统整体和计算机数学建模方法, 将生物看成开放系统研究对象, 奠基了系统生物学, 并加快了系统生态学、系统生理学的学科体系发展。贝塔朗菲的重要贡献之一是建立关于生命组织的机体论, 并由此发展成一般系统论。

3) 哈肯

哈肯是德国物理学家, 协同学的创始人, 于 1969 年首次提出协同学一词。哈肯建立了序参量演化的主方程, 解决了导致有序结构的自组织理论的框架, 并采用突变论在序参量存在势函数的情况下对无序和有序的转换进行归类。协同学是研究协同系统从无序到有序的演化规律的新兴综合性学科, 适用于非平衡态中发生的有序结构或功能的形成, 也适用于平衡态中发生的相变过程。

1.4 小　　结

本章概述了近一个世纪以来系统学和复杂性科学的发生与发展进程，以及目前面临的挑战。

与其他交叉学科常见的技术性借用不同，复杂系统科学研究不仅在技术手段上交叉，而且在研究对象、组成组分甚至研究目标上交错重叠，因而其研究不仅是多元的，而且是立体的、混合的，因此，复杂系统研究是不断完善的渐进过程，不能将其绝对化，否则将会限制自身的创新思维。

当前，人们所拥有的计算条件和信息处理手段远比过去先进，尤其是计算机技术日新月异。然而，计算设计、理解解释、规律发现仍需要人工完成。只有从线索与悬念并存的现象、数据、图像中提取其内在规律，才能获得突破性的研究进展。

参 考 文 献

戴汝为. 2004. 系统控制与复杂性科学——系统控制与系统复杂性的进展、机遇与挑战. 科学中国人, (10): 31-32.

戴汝为. 2007. 社会智能科学. 上海: 上海交通大学出版社.

郭雷. 2016. 系统学是什么. 系统科学与数学, (3): 291-301.

(德) 赫尔曼·哈肯. 2005. 协同学: 大自然构成的奥秘. 凌复华, 译. 上海: 上海译文出版社.

(美) 李侃如. 2010. 治理中国: 从革命到改革. 胡国成, 赵梅, 译. 北京: 中国社会科学出版社.

刘秉正, 彭建华. 2004. 非线性动力学. 北京: 高等教育出版社.

钱学森, 于景元, 戴汝为. 1990. 一个科学新领域——开放的复杂巨系统及其方法论. 自然杂志, 12(1): 3-10, 64.

钱学森, 等. 2007a. 论系统工程: 新世纪版. 上海: 上海交通大学出版社.

钱学森. 2007b. 创建系统学: 新世纪版. 上海: 上海交通大学出版社.

钱学森. 2007c. 工程控制论: 新世纪版. 上海: 上海交通大学出版社.

中国系统工程科学上海交通大学. 2007d. 钱学森系统科学思想研究. 上海: 上海交通大学出版社.

宋学锋. 2003. 复杂性、复杂系统与复杂性科学. 中国科学基金, 17(5): 262-269.

宋学锋. 2005. 复杂性科学研究现状与展望. 复杂系统与复杂性科学, 2(1): 10-17.

王浣尘. 1986. 系统的基本特征. 系统工程理论与实践, (2): 75-78.

许国志, 顾基发, 车宏安. 2000. 系统科学. 上海: 上海科技教育出版社.

(比) 伊·普里戈金, (法) 伊·斯唐热. 2005. 从混沌到有序. 曾庆宏, 沈小峰, 译. 上海: 上海译文出版社.

于景元, 刘毅, 马昌超. 2002. 关于复杂性研究. 系统仿真学报, 14(11): 1417-1424.

张佳, 窦丽华, 陈杰. 2009. 复杂武器系统总体设计综合集成方法的实现. 北京理工大学学报, 29(5): 415-419.

张刚. 2007. 混沌系统及复杂网络的同步研究. 上海大学博士学位论文.

张嗣瀛. 2001. 复杂系统与复杂性科学简介. 青岛大学学报 (工程技术版), 16(4): 25-28.

von Bertalanffy L. 1969. General System Theory: Foundations, Development, Applications. New York: George Braziller Inc.

Gallagher R, Appenzeller T. 1999. Beyond reductionism. Science, 284(5411): 79.

Simon H A. 1996. The Sciences of the Artificial. Massachusetts: The MIT Press.

第 2 章　复杂系统的一般特性

20 世纪末以来，计算机技术迅猛发展，深刻改变了人类的生活方式，同时也拓宽与加深了人类认识世界的广度与深度。一方面，强大的计算能力和高速的处理方式对传统方法难以建模、难于计算的困难提供了变革式的技术手段。另一方面，借助于科学技术水平的持续提高，人们认识世界的范围与程度持续扩大与提升，又使得原处于动态、开放环境中的复杂问题愈发难于应对。诺贝尔奖获得者西蒙认为，"复杂性是这个世界的特征"。

在第 2 章中，通过对混沌、涌现、演化、突变、崩塌等现象的分析，给出了复杂系统的一般特征。当前，复杂系统正在呈现出许多新特性，长尾效应、幂律分布、无标度网络、智能体、尺度与计算、行为运作、计算研究等成为复杂系统的"新特征"。与此同时，以数据及其智能计算为特征的理论与方法迅速发展起来。

本章将给出复杂系统新的计算特征，并分别介绍自然科学与经济和社会中的复杂系统的特点及其分析。

2.1　三　　论

1948 年，维纳 (Norbert Wiener) 出版了《控制论》一书，揭示了机器中的通信、控制机能与人的神经、感觉机能的共同规律，为现代科学技术研究提供了崭新的科学方法。此后，控制论的思想和方法迅速渗透到几乎所有的自然科学和社会科学领域。

1954 年，钱学森在美国出版了《工程控制论》一书，提出了系统学的基本思想。系统论、控制论、信息论三者之间的研究紧密相连，相互交叉，相互影响，被称为"三论"，并且与运筹学、系统工程、电子计算机和现代通信技术等新兴学科相互渗透，共同成为系统科学的重要组成部分。

2.1.1　系统论

人类对系统的认识经历了漫长的岁月。确切地说，系统论应当被称为"一般系统论"。贝塔朗菲最初是一位理论生物学者，他在研究复杂生命系统的过程中逐渐认识到，牛顿力学因其机械决定论的世界观和线性思维的方式，在对事物作分解、还原式的研究中，忽视并否定了生命现象的最基本特征——组织，而热力学则因关注第二定律引起的无序化、离散化的趋势，导致了对事物认识做大数统计的局限。基于经典科学的这两个分支——牛顿力学和热力学, 贝塔朗菲提出并逐步建立了一般系统理论。贝塔朗菲强调必须把有机体当作一个整体或系统来研究, 以发现不同层次上的组织原理。

贝塔朗菲认为, 一般系统论的任务是表述和推导适用于系统的一般原理, 不论其组成要素及其相互关系或 "力" 的种类如何, 将一般系统论局限于技术并当作一种数学理论来看是不适宜的, 因为有许多系统问题不能用现代数学概念表达。基于这一原则, 贝塔朗菲认为, 在所有领域中, 当所涉及的是关于系统的科学时, 就出现不同领域的规律性形式上的一致和逻辑上的 "同一", 那些用以解释生物科学、行为科学以及社会科学中大量现象的数学表达式和模型, 同样可以用以解释其他科学研究范畴中本质相异但结构模式同型的现象。

系统论是一门跨学科的论述, 它超然于具体学科之外, 是概括各学科普遍具有的基本规律性的理论。其目的是用一般系统论的成果指导具体学科的研究, 并通过开拓思维空间使具体科学的研究达到更高的层次, 拓展到更广阔的领域。

2.1.2 控制论

自 20 世纪初以来, 科学技术的成就与所带来的贡献超过人类数百万年历史的总和, Wiener 与合作者共同创立的 "控制论" 这一学科是 20 世纪最伟大的科学成就之一, 大量发明与发现都与控制论有着密切联系。Wiener 最突出的贡献是将反馈概念推广到一切控制系统, 即从受控对象的输出中提取一部分信息作为下一步输入, 从而对再输出发生影响的过程。

控制论是研究系统的调节与控制的一般规律的科学, 其任务是实现系统的稳定和有目的的行动。Wiener 指出: 通信过程总是根据人们的需要传输各种不同思想内容的信息, 自动控制必须根据周围环境的变化, 调整自身的运动, 即具有一定的灵活性和适应性。由此可以看出, 控制论主要研究系统的各个部分如何进行组织, 以实现系统的稳定性和环境适应性, 即系统是如何实现其渐进性的。

控制论是自动控制、电子技术、无线电通信、计算机技术、神经生理学、数理逻辑、语言等多种学科相互渗透的产物, 它以各类系统所共同具有的通信和控制方面的特征为研究对象。不论是机器还是生物体, 甚或是社会, 虽然它们各属于不同性质的系统, 但都是根据周围环境的某些变化来调整和决定自己的运动。

控制论的基本思想是通过量化一个系统或系统的一部分, 找出其中主要要素之间的关系, 然后用适当的模型来模拟它, 进而对系统的未来或未知状态进行预测和估计。

2.1.3 信息论

信息论是运用概率论与数理统计的方法研究信息传输和信息处理的科学。半个多世纪以来, 信息论的产生和发展对人类社会产生了非常广泛的影响, 彻底改变了原有的生产和生活方式。信息论研究通信和控制系统中信息传递的共同规律，以及如何获取、度量、变换、储存和传递信息等，其核心是信息传输的有效性和可靠性以及两者间的关系。

信息论的创始人香农 (Claude Elwood Shannon) 第一次清晰地提出信息的度量问题，明确地把信息量定义为随机不定性程度的减少，并将信息传输给出基本数学模型。在 "A mathematical theory of communication" 和 "Communication in the presence of noise" 等论文中阐明了通信的基本问题，给出了通信系统的模型，解决了信道容量、信源统计特性、信源编码、信道编码等一系列基本技术问题。由于香农在通信技术与工程方面的开创性工作，信息论也常常被称为香农信息论。

如今，信息论的研究内容不仅仅包括通信，还包括所有与信息有关的自然和社会领域，如模式识别、机器翻译、心理学、遗传学、神经生理学、语言学、语义学，甚至包括社会学中有关信息的问题。但是，在本质上，信息论的基本思想抛开了物质与能量的具体运动形态，将系统有目的的运动抽象为信息变换过程，系统的控制过程通过信息传递来完成。

系统论、控制论、信息论三门学科密切相关。它们的关系可以这样表述：系统论提出系统概念并揭示其一般规律，控制论研究系统演变过程中的规律性，信息论则研究控制的实现过程。因此，信息论是控制论的基础，二者共同成为系统论的研究方法。

2.2　复杂系统的性质

现代科学认为，构成客观世界的三大基础是物质、能量和信息。世界是由物质构成的，没有物质，世界便虚无缥缈。万物无时不在运动，物质运动的动力是能量。能量是物质的属性，是一切物质运动的动力，没有能量，物质就静止。而信息是物质运动的状态与方式，是物质的一种属性，只要有运动的物质，就需要有能量，就会产生各种各样事物运动的状态和方式，就会产生信息。

信息是客观事物和主观认识相结合的产物，是物质的另一种属性，而不是物质自身。事物运动的状态和方式一旦体现出来，就可以脱离原来的事物而相对独立地负载于别的事物上进而被提取、表示、处理、存储和传输。因此，信息不等于它的原事物，也不等于它的载体。信息虽不等于物质本身，但它也不能脱离物质而独立存在，必须以物质为载体，以能量为动力。

物质、能量和信息三者相辅相成，缺一不可，对客观世界的描述、考察和定量研究就是以此为根本展开的，而耗散、熵以及序参量则是最基本的特征。

2.2.1　耗散

耗散结构 (dissipative structure) 是指一个远离平衡态的开放系统, 在与外界不断交换物质和能量的过程中, 通过内部非线性动力学机制, 形成一种新的稳定的有序结构状态, 或非平衡有序结构。

当系统状态达到非线性区时, 由于存在非线性的正反馈相互作用, 系统将可能发生突变, 由原来的无序混沌状态自发地转变为一种在时空或功能上的有序结构。系统各要素之间产生的协调动作和相干效应, 会使系统从杂乱无章变为井然有序, 形成 "稳定有序的耗散结构", 简称为耗散 (普里戈金, 1984)。

对于非保守自治系统

$$\ddot{u} + p(u) + q(u, \dot{u}) = 0 \tag{2.2.1}$$

其中, $p(u)$ 为系统中所有的有势力, $q(u, \dot{u})$ 是阻尼力。该系统的总能量为

$$E = \frac{1}{2}\dot{u}^2 + \int_0^u p(\xi)\mathrm{d}\xi \tag{2.2.2}$$

对式 (2.2.2) 求时间的导数, 并利用式 (2.2.1), 得到系统总能量随时间的变化率

$$\dot{E} = [\ddot{u} + p(u)]\,\dot{u} = -q(u, \dot{u})\dot{u} \tag{2.2.3}$$

如果

$$\begin{cases} q(u, \dot{u}) = 0, \ \dot{u} = 0 \\ q(u, \dot{u})\dot{u} > 0, \ \dot{u} \neq 0 \end{cases} \tag{2.2.4}$$

则 $\dot{E} < 0$, 此时系统总能量随时间的增加而减少, 系统运动趋于一个渐进稳定的平衡点, 最终形成耗散系统。

2.2.2　熵

1865 年, 德国物理学家克劳修斯 (Rudolf Clausius) 提出熵 (entropy) 的概念, 并认为在任何孤立系统中, 系统的熵的总和永远不会减少, 即自然界的自发过程是朝着熵增加的方向进行的, 这就是 "熵增加原理"。这是采用熵的概念来表述的热力学第二定律, 即用熵来度量一个热力学系统的无序程度。熵一般用于指体系的混乱程度, 不同的学科中具有更具体的定义, 在控制论、概率论、天体物理、生命科学等领域均有重要应用。

在热力学系统中存在大量粒子的无规则运动, 每一个粒子在任一时刻处于何种运动状态完全是无规则的。各个粒子的运动状态都代表系统的一个微观态, 系统的微观态的数目是巨大的, 任一时刻系统随机地处于其中任意一个微观态。统

计物理学将熵与微观态数目联系起来, 对熵做出了微观解释: 在由大量粒子构成的系统中, 熵表示粒子之间无规则的排列程度, 或者说, 表示系统的紊乱程度, 即无组织程度。尽管熵在若干领域里有不同的解释, 但在数学表达上仍具有极大的联系和相似性。

1948 年, 香农将熵引入信息论, 用以解决对信息的量化度量问题。他证明熵与信息内容的不确定程度有等价关系, 信息熵就是体系的混乱程度——一个系统越有序, 信息熵就越低; 反之, 一个系统越混乱, 信息熵就越高。所以, 信息熵也可以说是系统有序化程度的一个度量。在信息论中, 熵定律 (law of entropy) 为: 如果一个系统 S 内存在多个事件 $S = \{E_1, \cdots, E_n\}$, 每个事件的概率分布为 $P = \{p_1, \cdots, p_n\}$, 则每个事件本身的信息为

$$l_e = -\log_2 p_i \tag{2.2.5}$$

或

$$l_e = -\ln p_i \tag{2.2.6}$$

式中, l_e 为信息熵。

从系统的开放性特征看, 耗散结构和信息熵表达了复杂系统非线性动力学的变化及其度量。若在此过程中形成了新的有序结构, 就构成了协同过程。

哈肯是协同理论的提出者, 协同论着重探讨各种系统从无序变为有序这一过程中的相似性。客观世界存在着各种各样的系统, 社会的或自然界的, 有生命或无生命的, 宏观的或微观的系统等, 这些看起来完全不同的系统, 却都具有深刻的相似性。系统是如何通过内部自身的协同作用自发地出现时间、空间和功能上的有序结构的? 哈肯描述了临界点附近的行为, 阐述了慢变量支配原则和序参量概念, 认为事物的演化受序参量的控制, 演化的最终结构和有序程度决定于序参量。

2.2.3 序参量

序参量 (order parameter) 描述了一个系统宏观的有序程度。系统的宏观行为只受少部分参量的影响, 这些参量可完全确定系统的宏观行为并表征系统的有序化程度, 故称序参量。序参量的变化可以用来刻画系统从无序到有序的转变, 序参量是非线性系统突变前后所发生本质性飞跃的最突出标志。突变前系统处于无序状态, 序参量为 0, 当外界控制参量超过临界值后, 序参量随着系统有序结构的出现而具有一定的数值。例如, 冰的融化和水的汽化是包含了物态变化的相变过程, 可以用序参量来表示, 当相变 (两相) 发生时, 序参量会从 0 变成非 0, 序参量的数值大小表示这个相的有序程度。

序参量的引入使得在面对一个复杂系统时, 可以忽略不必要的细枝末节, 因为整个系统的性质是由序参量决定的, 为数众多的变化快的状态参量主要由序参

量支配。若从作用的时效性出发考察起支配作用的参量，那么，慢变量随时间变化很慢，到达新的稳定态的弛豫时间很长，甚至趋向无穷，而且在接近临界点时不是迅速衰减，而是缓慢衰减。相反，快变量随时间变化很快，以指数形式迅速衰减，弛豫时间很短。虽然快变量呈大多数，慢变量是少数的，但是，最终将形成少数慢变量支配多数快变量的情形。这种慢变量役使或支配快变量的情形，成为人们通过少数变量把握有序演化过程的重要工具。

例如，交通运输工程系统的需求变化与状态改变为快变量，问题提取、措施形成、调控影响等为慢变量。尽管在不同尺度上快、慢变量的衡量存在差异，但是就同一考察范围，采用快慢变量分析是可行的。2010 年夏，京藏高速的内蒙古与河北至北京段进入通车以来滞留拥堵最严重的时期，滞留拥堵高达 10 天以上，造成了极大的经济损失。经调查分析发现，经济快速发展期外埠进京货车数量大幅上升，其中大多数为经北京过埠的运煤车辆。因此，相关部门加快部署路网的规划和建设进度、密集执行提高通行能力的综合举措，同时加紧实施高速公路分段分线、增加半幅路面等措施。但是到 2012 年，由于国内经济增长减速，煤炭下游行业经营困难，产品供过于求，这些仍在进行中的规划或建设都没来得及发挥其预期的效用，以运煤车辆为主的过埠货车数量减少就直接使得京藏高速北京段的拥堵滞留状况不复存在。这深刻地说明了快变量与慢变量在复杂工程系统中的作用特点、过程与效用结果。

2.3　复杂系统的现象

复杂系统因其特有的一些现象引起了研究者们的兴趣，同时也因这些特殊的现象，复杂系统研究逐渐为人们所了解。例如，"蝴蝶效应" 引发的混沌，并不遵循量变到质变过程的突变等。在观察和解释这些与线性的、单一系统迥异的现象的过程中，什么是复杂系统、如何研究复杂系统等内容逐渐得以明确。

2.3.1　混沌

混沌 (chaos) 是复杂系统最常见的现象，也是人们最熟悉的一类非线性事物。混沌理论主要研究系统对于不同初始条件的敏感程度。

1963 年，麻省理工学院 (Massachusetts Institute of Technology, MIT) 气象学家洛伦茨 (Edward Norton Lorenz) 在利用计算机求解地球大气的 13 个方程时，为了更细致地考察结果，对初始输入数据的精确度进行了调整：将一个中间解 0.506 取出，提高精度到 0.506127 再送回。结果令他大吃一惊：本来很小的差异，前后计算结果却产生了巨大的偏离，两条曲线的相似性完全消失了。由此，洛伦茨发现这种情况下的误差会以指数形式增长，因此一个微小的误差会随着计算的不断推移造成巨大的偏差。现在, 我们已经知道, 计算机处理过程中为了避免误差累积, 中间变量只代入不求解。

简单的热对流现象能引起令人无法想象的气象变化, 产生所谓的 "蝴蝶效应"——南美洲一只蝴蝶扇动翅膀, 可能造成佛罗里达的一场飓风。在大气运动过程中, 即使开始时各种误差和不确定性很小, 也有可能在时间推移的过程中逐渐积累、逐级放大, 最终形成强烈的大气运动 (梅拉妮·米歇尔, 2011)。

在一个动力学系统中, 蝴蝶效应是指初始条件下微小的变化能带来整个系统的、长期的、巨大的连锁反应。该效应说明事物发展变化的结果对初始条件异常敏感, 初始条件的极小偏差将会引起结果的极大差异。换言之, 对初值极为敏感是非线性系统在一定条件下出现混沌现象的直接原因。混沌现象的主要特征在于:

(1) 初始条件敏感。混沌系统对无限小的初值变动和微扰也具有敏感性, 无论多小的扰动, 也会使系统在长时间的演化之后彻底偏离原来的方向。

(2) 存在混沌吸引子。混沌吸引子是整体稳定性与局部不稳定性共同作用的结果。耗散是整体的稳定因素, 它使运动轨道稳定地收缩到吸引子上, 在有限区域, 即吸引子上, 实现运动轨道的局部不稳定性。

(3) 确定性随机过程。非线性科学中的混沌现象指的是一种确定的但不可预测的运动状态。它的外在表现与纯粹的随机运动很相似, 都是不可预测的。但和随机运动不同的是, 混沌运动在动力学上是确定的, 它的不可预测性来源于运动的不稳定性。

混沌虽然最先用于解释自然界现象, 但是混沌理论不断地融入其他社会学科之中 (Das and Green, 2019), 如股票市场的起伏、人生的平坦曲折及教育的复杂过程等。混沌现象及机制已经成为非线性动力学与系统学的研究热点, 既促进了自身的扩展, 也拓宽了其他学科及领域的研究范围。

2.3.2 涌现

涌现 (emergence) 是整体大于部分之和, 是一种从系统的各个组成部分的孤立行为或简单互动中无法预测其行为的属性。当系统整体的行为远比构成它的部分复杂时, 均可称之为涌现。涌现是复杂系统的根本特征和典型现象, 是指复杂系统在自组织进程中出现了新结构和新属性。

涌现概念较易理解, 例如, 在仅仅 20 条象棋规则的限定下产生了许多步法和棋局, 有限的社会治理法则形成了无数的组织方式, 同时进行着更替和变革, 物理学中有些材料展现出超导性——大量电子可以在没有阻力的情况下移动, 这些正是涌现现象的具体体现: 复杂的事物是从小而简单的事物发展而来的。但对于这个复杂的过程, 我们目前仅仅弄清楚了其中的一些片段。

"涌现" 是不能用某一事物的组成部分所具有的基本特性来解释的现象, 且只有在这些组成部分的数量极其庞大时才会显现出来 (Brooks, 2023), 涌现的原因是系统进入到临界状态, 本质特征在于它的 "整体性" 和 "不可还原性" (Holland, 1999)。

首先, 涌现现象是系统整体具有而部分不具有, 或者是高层次具有而还原到低层次就不复存在的属性、特性、行为或功能。整体的涌现来源于部分, 或者说高层次所具有的性质产生于原本没有这种性质的低层次, 涌现都是从低层次事物的相互作用中激发提升起来的。涌现伴随着系统等级层次结构的形成, 涌现主要是强调从低层次到高层次、从部分到整体所发生的质变, 即系统整体出现了原有部分所没有的新质或新量。

其次, 涌现具有非加和性和方向性特性。非加和性就是系统特征的不可还原性, 即系统的组分之间的相互作用遵从非线性关系, 不可就系统的特征进行线性加和处理, 否则就不能得出整体大于部分之和的结论 (Bohman, 2009)。方向性即历时性, 是一种在不可逆的时间中呈现的结果, 也就是说, 涌现是一个有向过程。

最后, 涌现是不连续的和不可预测的。不连续性是指在涌现的过程中, 两个前后相继的状态之间不存在稳定的作为过渡的中间状态, 后一个状态是突然出现的, 涌现现象是连续过程中的不连续表现; 不可预测性则是一种随机偶然性。

与神经学相关的研究发现, 意识似乎是从神经元的一些集体行为中 "涌现" 出来的。单个神经元只具备简单的反应, 无数神经元相互连接产生了思维能力, 因而在一定意义上, 意识也是神经元的涌现。类似地, 神经网络计算模拟涌现, 随着时间的推移, 单个神经元之间的随机连接逐渐获得了持续的和无法预测的行为。

用于开展科学调查的标准 "还原主义" 方法将大规模或宏观的系统拆解为构成该系统的微观部分, 以便推导出支配这些微观部分的规律。当我们面对 "涌现" 系统时, 这种做法行不通, 这或许可以解释为何我们迄今仍未破解室温超导或意识谜题。

2.3.3 演化

系统的结构、状态、特性、行为、功能等随着时间的推移而发生的变化称为系统的演化 (evolution)。演化性是系统的普遍特性。只要在足够大的时间尺度上看, 任何系统都是演化系统, 都处于或快或慢的演化之中。

系统演化有两种基本方式: 狭义的演化仅指系统由一种结构或形态向另一种结构或形态的转变; 广义的演化包括系统从无到有的形成、从不成熟到成熟的发育、从一种结构或形态到另一种结构或形态的转变、系统的老化或退化、从有到无的消亡等。系统的存续也属于广义演化, 因为存续期间系统虽然没有定性性质的改变, 但定量特征的变化是不可避免的。

系统演化的动力有的来自系统内部, 即组分之间的合作、竞争、矛盾等, 导致系统规模改变, 特别是组分关联方式的改变, 进而引起系统功能及其他特性的改变。组分的增加以及系统规模的增大, 或多或少要引起组分关联方式的改变。系统演化的动力也来自外部环境, 如环境的变化及环境与系统相互作用方式的变化, 都会在不同程度上导致系统内部发生变化, 包括组分特性、结构方式的改变, 甚至包括组分的新陈代谢, 最终导致系统整体特性和功能的变化。一般来说, 演化是由于系统在内外因素的影响下产生主体之间以及系统与环境之间新的行为规则和新的行为战略, 它们在由主体构成的关系网络中蔓延传播, 从而导致原有系统稳态的瓦解、分岔或变迁, 并最终导致系统彻底崩溃或新的系统稳态诞生。

系统演化有两种基本方向, 一种是由低级到高级、由简单到复杂的进化, 另一种是由高级到低级、由复杂到简单的退化。现实世界的系统既有进化也有退化, 两种演化是互补的。系统进化的总方向是越来越复杂, 从简单系统进化到复杂系统, 关键在于潜在的中间稳态形态的数目和分布。先产生稳定的中间形态, 再逐步产生更复杂的形态, 是可能性最大的进化方式。

演化是系统整体存在的基本特征, 是 "秩序的跃迁" 过程, 是以一次又一次新结构的涌现作为阶梯的。由于涌现过程产生的是在一定规则作用下的系统稳态, 因此有稳定性机制, 此时的系统处于自我调节、自我维持的状态, 它能在较长的一段时间内克服随机因素的影响而保持结构整体不变。但是一个复杂系统内往往存在某些被称为 "杠杆点" 的子系统, 这些点是对整体稳定性极度敏感的主体。在这些 "杠杆点" 处产生的微小的随机干扰可能会在非线性机制的作用下被不断地放大, 从而导致系统结构稳定性破坏, 此时可能产生两种不同的结果: 系统崩溃或新系统的涌现, 因此系统演化的过程往往表现为 "断续平衡" 的现象。

在生物学中演化又称进化, 指的是生物在不同世代之间具有差异的现象。进化的主要机制是生物的可遗传变异以及生物对环境的适应和物种间的竞争。族群的遗传性状在世代之间的变化由基因表达, 基因突变会使性状发生改变, 或者产生新的性状, 进而造成个体之间的遗传变异。当这些遗传变异受到非随机的自然选择或随机的遗传漂变影响, 而在族群中变得较为普遍或稀有时, 就表示发生了进化。

现代控制论向智能控制发展的进程中, 基于自然选择和自然遗传等生物进化机制, 通过模拟自然界生物进化过程中的遗传、交叉、选择和变异等信息的传递与作用过程, 逐渐发展出进化计算, 包括了遗传算法、遗传规划、进化规划和进化策略等, 也称为进化控制。进化计算是一种具有高鲁棒性和广泛适用性的全局优化方法, 具有自组织、自适应、自学习的特性, 从而可以有效地处理传统优化算法难以解决的复杂问题。

2.3.4　突变

在自然界和人类社会活动中, 除了渐变的和连续光滑的演化现象外, 还存在着大量的突然变化和跃迁现象, 常用突变 (catastrophe) 来描述。它强调变化过程的间断或突然转换, 如岩石的破裂、水的沸腾、桥梁的崩塌、地震、细胞的分裂、生物的变异、人的休克、情绪的波动、战争、市场变化、经济危机等, 突变是不连续跃迁的演化形式 (van Wyk de Vries and Francis, 1997; Leary, 2001)。突变论与耗散结构论、协同论一起, 在有序与无序的转化机制上, 把系统的形成、结构和发展联系起来, 是系统科学的重要内容之一。

当突变论作为一门数学分支——微分流形拓扑学时, 它是关于奇点的理论, 可以根据势函数把临界点分类, 并且研究各种临界点附近的非连续现象的特征, 从而为自然界中形态的发生和演化提供数学模型 (凌复华, 1984)。突变论的主要特点是用形象而精确的数学模型来描述和预测事物的连续性中断的质变过程, 在生物学、医学、气象学、药学、地质与地球、宏观经济、环境资源及工程技术等众多学科和领域中具有广泛的研究与应用 (赵新华和曹伟, 2013)。

突变论一般并不给出产生突变机制的假设, 而是提供一个合理的数学模型来描述现实世界中产生的突变现象, 对它进行分类, 使之系统化。例如, 尖点型突变是较简单的且应用广泛的基本突变模型, 其势函数为

$$V(x) = x^4 + ux^2 + vx \tag{2.3.1}$$

相空间为状态变量 x 及控制变量 u, v 构成的三维空间, 该势函数的临界点为方程 $\nabla xV(x) = 0$ 的解, 由平衡超曲面 M 给出, 如图 2.1 尖点型突变模型, 其中, 顶叶、底叶为极小点, 势函数稳定, 中叶为极大点, 势函数不稳定。M 在控制平面 C 即 u-v 平面中的投影得到分岔点集, 即控制平面 u-v 上由 (0,0) 点引出的两支曲线, 点 (0,0) 是分岔曲线的一个尖点, 因此将其称为尖点型突变。

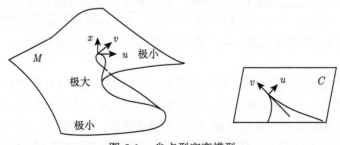

图 2.1　尖点型突变模型

突变论适用于研究内部作用尚属未知但已观察到有不连续现象的系统。例如, 可根据人类基因组中脱氧核糖核酸 (deoxyribonucleic acid，DNA) 序列估算突变率的

数学模型 (Aggarwala and Voight, 2016)。在将突变模型应用到数据处理时,很可能会遇到过拟合的情形,不仅影响了模型的泛化能力,降低模型的性能,而且会造成真正的"灾变",如在寻求和预测人类疾病与新突变基因的模型时,由于模型高度敏感,其承载能力将会突然变小,以至于出现突然的破坏,使预测与解释完全失效。

应用突变论还可以设计许多解释模型。例如经济危机模型,它展现了经济危机在爆发时是一种突变,并且具有折叠型突变的特征。而在经济危机后的复苏则是缓慢的,它是经济行为沿着"折叠曲面"缓慢滑升的渐变。此外,还有社会舆论模型、战争爆发模型、人的习惯模型、对策模型、攻击与妥协模型等。

2.3.5 涨落

一个由大量子系统组成的系统,其可测的宏观量是子系统的统计平均效应的反映。但系统在每一时间的实际物理量并不能精确地处于这些平均值,或多或少有些偏差或起伏,这些在平均值附近的起伏摆动称为涨落 (fluctuation)。涨落是偶然的、杂乱无章的、随机的。从热力学系统考虑,由于系统相对于其子系统来说非常大,涨落相对于平均值是很小的,即使偶尔有大的涨落也会立即耗散掉,系统总要回到平均值附近,这些涨落不会对宏观的实际测量产生影响 (Alemany et al., 2012)。然而,在临界点附近,涨落可能不会自生自灭,而是被不稳定的系统放大,最后促使系统达到新的宏观态。从另一个角度来说,涨落是指系统中某个变量自发地偏离某一平衡态的现象,它使系统离开原来的状态或轨迹。

系统内部原因造成的涨落,称为内涨落;而系统外部原因造成的涨落,称为外涨落。处于平衡态系统的随机涨落,称为微涨落;而处于远离平衡态的非平衡态系统的随机涨落,称为巨涨落。对于远离平衡态的非平衡态系统,随机的小涨落有可能被迅速放大,使系统由不稳定状态跃迁到一个新的有序状态,从而形成耗散结构。当系统处于远离平衡态时,随机的小涨落可以通过非线性的相干作用和连锁效应被迅速放大,形成系统整体上的"巨涨落",从而导致系统发生突变,破坏原有结构的稳定性,为系统形成新的有序结构创造条件。

复杂系统的若干现象之间也有一些交错表达的部分,如涨落和演化,都包含了在平衡态附近的变迁,巨涨落产生新的结构,演化则在平衡点处可能产生新的系统。这些现象都描述了系统在发生、发展、变化和消亡等过程中与以往线性系统不同的特性,有的描述的是过程,有的描述的是时间点或状态点上的变化,它们共同刻画出复杂系统的群像。

2.3.6 崩塌

我们可能观察到过这样的现象,一个沙堆可以通过增加更多的沙粒从而不断地增高,如图 2.2 所示,一粒沙粒的加入就可能导致沙堆受到大范围的破坏,形成崩落的沙粒和流动的沙堆。

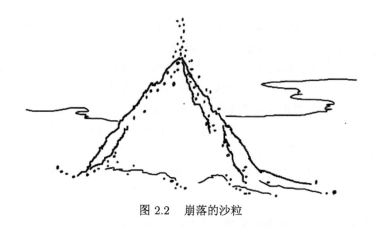

图 2.2　崩落的沙粒

当沙堆处于一种临界的状态时, 即表面的沙粒只是刚好能静止在它所处的位置, 细微的表层和沙粒的棱角以各种可能的方式稳定在一起, 稍有扰动就会导致崩塌 (collapse)。

许多破坏的情形, 如地震、滑坡、雪崩、断裂与破坏、文明消亡等, 均与沙粒崩塌类似 (Aimers and Hodell, 2011), 其破坏过程通常是一种跨尺度演化的过程, 即由大量微损伤的累积通过跨尺度的非线性联合而诱发宏观灾变 (何国威等, 2004)。在整个过程中, 微小尺度上的某些无序结构的效应可能被强烈放大, 上升为显著的大尺度效应, 对系统的灾变行为产生重要的影响 (欧阳敏, 2009)。

这些固体破坏造成的灾害常常难于预测 (白以龙, 2002), 原因是：①大多数固体破坏为突发性灾害, 灾变发生前很难捕捉到明显的征兆；②宏观上大体相同的灾变也常常具有不同的灾变行为, 也就是灾变呈现出不确定性, 因而使宏观平均量不足以表征灾变行为。这类复杂特征的根源在于多尺度耦合效应, 特别是存在敏感耦合的情形, 小尺度上的某些无序性细节在非线性演化过程中可能被强烈地放大, 变成大尺度上的显著效应。

2.4　复杂系统的统计研究

宏观物体内部包含着大量的、处于各自相异运动状态的粒子。这类运动粒子的数量巨大, 存在大量自由度, 无法由经典力学进行描述。即便运用经典力学进行计算, 也可能会得出在特性上完全不同的规律, 而且探究其中任一个粒子在任一时刻的状态是无法实现的, 也是不必要的。我们感兴趣的是如何从原子尺度模拟中推断出宏观性质的相关数据。为此, 复杂系统理论探索最初都带有 "统计" 研究的痕迹。

2.4.1 统计系综

1902 年, 物理学家吉布斯 (Josiah Willard Gibbs) 创立了统计系综 (statistical ensemble) 的研究方法。在一定的宏观条件下, 大量性质和结构完全相同的、处于各种运动状态的、各自独立的系统的集合称为统计系综。不同于以分子作为统计个体, 吉布斯以由大量分子组成的整个热力学系统作为统计的个体, 解决了气体分子运动理论的困难, 建立了经典平衡态统计力学的系统理论, 对统计力学给出了适用任何宏观物体的完整形式。

系综的方法适用于由大量相互作用的粒子所组成的系统, 按系统所处的不同宏观条件, 采用不同的系综及其对应的不同形式的分布函数 (Kastner, 2006)。系统的一种可能的运动状态可用相空间中的一个相点表示。随着时间的推移, 系统的运动状态改变了, 相应的相点在相空间中运动, 描绘出一条轨迹。由大量系统构成的系综则可表示为相空间中大量相点的集合, 随着时间的推移, 各个相点分别沿各自的轨迹运动。系综是统计力学的一种表述方式, 并不是实际的物体, 构成系综的系统才是实际物体。

平衡态统计力学主要考虑处于平衡状态的系统, 此时系统的宏观性质不随时间改变, 其分布函数不显含时间。统计力学的基本假设是系统每一种可能的微观运动状态的概率相等, 系统的任意宏观量是相应微观量在一定宏观条件下对系统一切可能的微观运动状态的统计平均值。

系综理论使统计力学成为普遍的微观统计理论, 显示出了从宏观结构出发, 通过微观量求取宏观量并揭示宏观规律的可能性。

2.4.2 统计力学

统计物理学在揭示物质微观结构, 即微观粒子相互作用的基础上, 用概率统计法, 对由大量粒子组成的宏观物体进行研究, 并对其物理性质及宏观规律做出微观解释, 又称为统计力学 (statistical mechanics)。这类研究方法既是系统学研究的物理学起源, 也是复杂系统研究常常以分子动力学模型作为起点的原因 (李政道, 2006)。

统计力学主要研究大量原子、分子等粒子集合的宏观运动规律, 也就是把从原子尺度模拟中获得的微观信息转换为宏观信息。统计力学一般分为两个分支: 平衡统计力学和非平衡统计力学。平衡统计力学主要研究热力学定律的起源、热力学态函数值的计算以及用其原子论性质表述的系统的其他平衡特性, 该研究领域被称为 "统计热力学"。非平衡统计力学主要研究近热力学平衡系统、宏观输运方程的本质及其各种系统, 以及用其原子论性质表述的系统的其他非平衡性质, 该研究领域被称为 "统计动力学"。

已经知道, 处于平衡状态附近的非平衡系统的主要趋势为向平衡状态过渡。平衡态附近的主要非平衡过程有弛豫、输运和涨落等。对于一个包含有大量粒子的宏观物理系统来说, 无序状态的数目比有序状态的数目大得多, 以至于无法比拟。系统处于无序状态的概率超过了处于有序状态的概率。孤立物理系统总是从比较有序的状态趋向比较无序的状态。在统计热力学中, 对应于熵的增加。统计热力学对微观粒子的运动求平均进而在理论上推导出热力学的一些结论, 为以宏观实验为主的热力学提供了理论解答。

由于涉及大量粒子及其概率特征, 运用统计力学可以预测许多物理现象和宏观系统。例如, 在市场经济体或构成人类社会的经济结构及其他相互作用的单元, 用以描述收入、货币、债务和财富之间的相互关系 (Kusmartsev, 2011)。

2.4.3 统计动力学

1905 年, 爱因斯坦 (Albert Einstein) 发表了《热的分子运动论所要求的静液体中悬浮粒子的运动》, 描述了布朗粒子运动的无规行走方法, 揭示了扩散的微观机制: 布朗运动是永不停歇、无规则的液体分子热运动的宏观表现, 颗粒越小, 温度越高, 布朗运动越明显。所谓宏观表现, 指的是布朗运动通过花粉在水中的无规则运动现象——宏观、肉眼可见地——表现了水分子的无规则运动。布朗运动不是液体分子的无规则运动, 只是间接证实了分子的热运动。这一表述将实验现象和理论解释和谐地统一起来, 标志着统计动力学的开端。

20 世纪 40 年代, 布朗运动的动力学研究被广泛关注。广义地看, 运用纯粹的微观理论对一个复杂系统的演化过程进行完全的动力学描述并不合适, 因为其中包含了大量的自由度。目前大部分模型建立在输运理论的基础上, 因此有许多现象被类比为布朗运动。

统计动力学探索由若干、无规则运动、开放的子系统构成的大规模、开放的复杂系统, 从宏观系统的结构出发, 依据子系统运动及其内部相互作用所遵循的动力学规律, 求取系统的宏观性质及其变化规律。统计动力学的关键之处在于引入时间因子, 因而更注重考虑运动特征, 强调进程与过程的动态本质。统计动力学能够描述系统的微观行为与宏观演变过程之间的内在联系, 即微观系统从任意的初始点出发而到达末态的中间过程的演化问题。

近年来, 湍流、等离子体、渗透媒介、表面生长等偏离布朗运动的反常扩散现象引发了诸多关注, 其数学描述与物理解释的研究正在兴起。在爱因斯坦的无规行走扩散解理论中, 行走是一个不连续的过程, 假设颗粒在每个振荡周期内随机跳跃一次。但是, 连续时间无规行走理论引入了两次跳跃之间的等待时间分布, 以描述这类统计动力学亦难以解释的现象。

悖论是指在逻辑上可以推导出互相矛盾的结论, 但表面上又能自圆其说的命题或理论体系, 依循统计动力学方法可消弭社会悖论与统计悖论。例如, 每个家庭生育多个孩子对个体经济是有益处的, 但在人口基数较大的时期, 倘若每个家庭生育两个孩子, 将导致社会教育和能源资源紧缺, 从而给社会和每个家庭带来不利影响, 因有益反而导致了不利, 这是一种典型的社会悖论。若考虑时间因子, 则可削减社会悖论的形成。在较短时间范围内, 上述不利影响的解释是具有现实基础的。若从更长的时间范围来看, 计及劳动力数量对经济发展、社会福利与家庭养老的推动力与贡献, 对于家庭和社会, 生育多个孩子最终将是有益的。21 世纪以来, 以日本社会为代表的低生育率和老龄化现象造成的对社会结构、经济发展的衰退影响, 逐渐发生在更多发达国家甚至发展中国家, 尽管许多国家已纷纷开始提振生育率, 但是, 类比统计动力学引入时间因子后的效应, 一方面, 在短时间范围内, 低生育率不易逆转, 另一方面, 人口发展周期较长, 不易获得类似快速提振经济的效果。

在多过程、跨尺度、大规模的复杂工程与社会系统中, 多子系统的发展、演化、预测与引导、各子系统之间的属性交叉、累积影响和短时跃迁等, 均可借助统计动力学的方法在量的方面进行归纳, 在各因素门类等方面进行追溯, 从而建立多尺度、多分辨率统计动力学模型。在累积效应或瞬时破坏效应的进程中, 进行基于跨尺度关联的时间、空间分析, 探索其动态变化在各观测尺度之间的内在联系, 进而通过微观系统的统计动力学分析揭示宏观系统的变化规律。

2.5 小　　结

本章介绍复杂系统的一般特性。这些由典型现象、规律提取、过程总结等文字语言描述的性状, 是复杂系统相对静止的状态, 其中充满了哲学和思辨的研究过程, 涉及众多研究对象和问题。为帮助读者简明扼要地了解相关问题的本质, 以"三论"、统计研究为起承, 给出工程背景与应用, 共同刻画了复杂系统。

参 考 文 献

白以龙. 2002. 工程结构损伤的两个重要科学问题——分布式损伤和尺度效应. 华南理工大学学报: 自然科学版, 30(11): 11-14.

何国威, 夏蒙棼, 柯孚久, 等. 2004. 多尺度耦合现象: 挑战和机遇. 自然科学进展, 14(2): 121-124.

李政道. 2006. 统计力学. 上海: 上海科学技术出版社.

凌复华. 1984. 突变理论——历史、现状和展望. 力学进展, 14(4): 389-404.

(美) 梅拉妮·米歇尔. 2011. 复杂. 唐璐, 译. 长沙: 湖南科学技术出版社.

(美) 普里戈金 I. 1984. 非平衡态统计力学. 陆全康, 译. 上海: 上海科学技术出版社.

欧阳敏. 2009. 复杂系统崩溃过程的分析与控制. 华中科技大学博士学位论文.

许国志. 2001. 系统科学与工程研究. 2 版. 上海: 上海科技教育出版社.

赵新华, 曹伟. 2013. 基于突变理论的控制及应用. 哈尔滨: 哈尔滨工业大学出版社.

Aimers J, Hodell D. 2011. Drought and the Maya. Nature, 479: 44-45.

Aggarwala V, Voight B F. 2016. An expanded sequence context model broadly explains variability in polymorphism levels across the human genome. Nature Genetics, 48(4): 349-355.

Alemany A, Mossa A, Junier I, et al. 2012. Experimental free-energy measurements of kinetic molecular states using fluctuation theorems. Nature Physics, 8: 688-694.

Bohman T. 2009. Emergence of connectivity in networks. Science, 323(5920): 1438-1439.

Brooks M. 2023. Emergence: The mysterious concept that holds the key to consciousness. New Scientist, 10 May, 2023.

Das M, Green J R. 2019. Critical fluctuations and slowing down of chaos. Nature Communications, 10: 2155.

Holland J H. 1999. Emergence: From Chaos to Order. New York: Basic Books.

Kastner M. 2006. Topological approach to phase transitions and inequivalence of statistical ensembles. Physica A: Statistical Mechanics and Its Applications, 359(1): 447-454.

Kusmartsev F V. 2011. Statistical mechanics of economics I. Physics Letters A, 375(6): 966-973.

Leary R H. 2001.Flirting with Catastrophe. Science, 293(5537): 2013-2014.

Simon H A. 1962.The architecture of complexity. Proceedings of the American Philosophical Society, 106(6): 467-482.

van Wyk de Vries B, Francis P W. 1997. Catastrophic collapse at stratovolcanoes induced by gradual volcano spreading. Nature, 387: 387-390.

第 3 章　复杂系统的计算特性

运用数学语言简明地表达被考察对象是我们一直追求的目标。为了解系统较为微观的组成部分之间的相互作用如何与同一系统的宏观行为产生关联, 以及系统中主动参与活动的主体按照各自的行为规则与环境和其他主体的相互作用等, 必须借助严密的、可量化的计算, 因为只谈论错综复杂的现象不足以解答其机制与规律。

21 世纪是计算的时代。近年来, 高速发展的计算机技术为传统方法难以建模、难于计算的复杂系统研究提供了全新技术手段, 在海量数据的支持下, 复杂系统正在呈现出计算特征, 如长尾效应、幂律分布、无标度网络、尺度计算、行为运作、智能体等。在这一背景下, 以数据及智能计算为前提的复杂系统研究理论和方法, 开辟了从定性研究到定量研究的新道路。

本章介绍复杂系统的计算特征, 分别给出了自然科学和经济与社会领域中的复杂系统算例及分析。

3.1　幂律分布与特性

如何简洁准确地描述不符合叠加原理、非线性、千差万别的复杂系统, 从对若干现象的甄别逐渐转向对规律性事物的把握, 这一过程经历了漫长的道路。许多现象的内在规律是逐渐呈现并联系在一起的, 其中, 幂律及其分布和现象是对复杂现象最典型、最精辟的表述, 如今已经成为网络特性的关键词。

3.1.1　幂律分布

19 世纪意大利经济学家帕累托 (Vilfredo Pareto) 在研究个人收入的统计分布中, 发现少数人的收入要远多于大多数人的收入, 提出了著名的 80/20 法则, 即 20% 的人口占据了 80% 的社会财富, 并运用数学表达式描述了这种特征, 即帕累托定律 (Pareto 定律)。个人收入 X 不小于某个特定值 x 的概率与 x 的常数次幂存在简单的反比关系:

$$P(X \geqslant x) \sim x^{-k} \tag{3.1.1}$$

式中, k 为正的参数。帕累托定律最初只限于经济学领域, 后来这一法则也被推广到社会生活的许多领域。

1932 年, 哈佛大学语言学家齐夫 (George Kingsley Zipf) 在研究英文单词出现的频率时, 发现如果把单词出现的频率按由大到小的顺序排列, 则每个单词出现的频率 $f(r)$ 与它的名次 r 的常数次幂存在简单的反比关系:

$$f(r) \sim r^{-b} \tag{3.1.2}$$

这种分布就称为齐夫定律。出现或使用频率较高的词, 名次靠前, r 就较小。该定律表明在英语单词中, 只有极少数的词被经常使用, 而绝大多数词很少被使用。实际上, 包括汉语在内的许多国家的语言都有这种特点。

帕累托定律和齐夫定律都与简单的幂函数有关, 因此统称为幂律分布。其通式可写成

$$y = cx^{-r} \tag{3.1.3}$$

其中, x, y 是正的随机变量, c, r 为大于零的常数。幂律分布示意如图 3.1 所示, 横轴 X 代表财富 (单位: \$nB) 或词频的名次 (单位: nth), 财富越多, X 值越大, 词出现次数越多, 名次越靠前, X 值越小,, 纵轴 P 代表不低于某财富值的概率或某词出现的概率。可以看出, 图中的曲线是一条前段非常陡峭, 而后段延伸较长的曲线, 这种分布的共性是绝大多数事件的规模很小, 而只有少数事件的规模相当大。

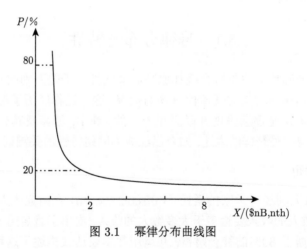

图 3.1　幂律分布曲线图

实际上, 幂律分布广泛存在于物理学、地球与行星科学、计算机科学、生物学、生态学、人口统计学与社会科学、经济与金融学等众多领域中 (Gabaix et al., 2003), 包括行星间碎片大小的分布、太阳耀斑强度的分布、计算机文件大小的分布、战争规模的分布、大多数国家姓氏的分布、科学家撰写论文数的分布、论文被引用次数的分布、书籍及唱片销售数的分布、每类生物中物种数的分布等, 都

是典型的幂律分布。以互联网页链接及点击次数的分布为例,大多数网页链接都是通过少数网站的点击完成的,也就是说,互联网的连接 80% 以上均指向点击率排名前 20% 的网页,在幂律曲线上表现为:当横轴 X 为互联网点击率时,点击率超 80% 的网站常常是排名前 20% 的网站。自然界与社会生活中存在着许多幂律现象,既体现了物理学、数学和经济学的理论价值,又丰富了人类行为与选择性的探索。

3.1.2 复杂网络中的幂律连接

1998 年,物理学家巴拉巴斯 (Albert-László Barabási) 经研究发现,互联网中 80% 以上的页面连接数不到 4 个,而占节点总数不到万分之一的极少数页面却与 1000 个以上的页面连接。他据此得出结论,许多复杂系统存在少数但高连接的节点,它们的连接度分布遵循幂次律,即任何节点与其他节点相连的概率

$$p(k) \propto k^{-\gamma} \tag{3.1.4}$$

式中,指数 γ 通常介于 2 和 3 之间。

以股市/期市中大户、中户与散户之间的连接网络为例,投资者持有的财富量对其投资行为有重要的影响,持有较大财富值的大户拥有最多的财富,同时具有获得最多市场信息的能力,对其他投资者的影响作用较大。与大户相比,中户持有的财富量次之,获取的市场信息量与对其他投资者的影响相对较小,散户则在拥有财富量、信息量和影响力等方面处于较弱地位。参照《中国证券登记结算统计年鉴》2012 年末 A 股账户市值分布表,按投资额度粗分,将市值 10 万元以下的划分为散户,10~50 万元的划分为中户,50 万元以上的划分为大户。据统计,中户与散户的连接最为紧密,与大户对中户的影响力相比,散户受到中户投资影响更大,更多散户的加入也是向着与中户建立连接的趋势发展,如图 3.2 所示。

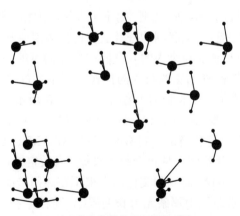

(a) 大户与散户的连接关系图

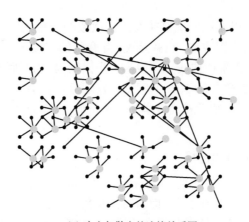

(b) 中户与散户的连接关系图

图 3.2   投资者连接关系网络图

图 3.2 中, 最大的黑色节点为大户, 最小的黑色节点为散户, 中等大小的灰色节点为中户, 黑色线段表示其连接的两个节点建立的连接。由图 3.2(a) 看出, 单个大户节点与更多的邻居散户节点连接, 但在与散户的远程连接方面, 与中户的连接特性相比, 大户与散户之间的联系没有中户与散户之间的联系紧密, 如图 3.2(b) 所示。通过以上两图可以直观地得出, 投资者人际网络体现了典型的网络幂律分布特征。

在表现为幂律分布的网络中, 由于每一个体与其他个体之间的连接在数量上和规模上的差异悬殊, 因而并不存在一个统一的、可以度量单一个体连接尺度的参量, 因此, 常常将这类网络称为无标度网络。可以说, 凡有生命、有进化、有竞争的地方都会出现不同程度的无标度现象, 更多详尽内容将在第 5 章展开。

3.1.3 长尾效应

幂律分布曲线刻画了 80/20 法则, 揭示了大量起因相异但发展路径类同的事物所遵循的共同规律。但是, 互联网的普及正使得很多规律发生改变。例如 Goolge AdSense 使成千上万小企业与个人的互联网广告成为可能, 电子商务正在打破过去的 20% 主流商品带来 80% 主要收入的模式。幂律分布曲线与横轴之间的空间变得越来越重要, 形成了一个长长的 "尾巴", 如图 3.3 所示。

2004 年, *Wired* 主编 Chris Anderson 系统研究了 Amazon、Blog、Google、eBay、Netflix 等互联网零售商的销售数据, 并与 Wal-Mart Stores 等传统零售商的销售数据进行对比, 观察到一种符合统计规律 (大数定律) 的现象, 提出了长尾理论。Anderson 得出结论, 商业和文化的未来不在热门产品, 也不在传统需求曲线的头部, 而在于需求曲线中那条无穷长的尾巴。例如, 在互联网的音乐与歌曲 CD(compact disc)、新书与旧书等销售中, 尽管单项的畅销品非常热门, 高居营业额的前列, 但由于仓储的无限扩充和特快专递的存在, 那些看上去不太热门的商品也在创造着出乎意料的营业额, 并成为这些新媒体销售收入的主要部分。

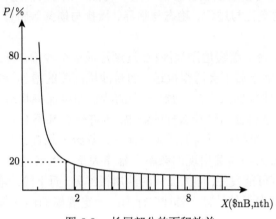

图 3.3　长尾部分的面积效益

长尾效应是幂律分布的现实化表达。长尾效应提醒我们, 规律的 "另一面" 起作用了。在一定程度上, 原来 20% 的关键客户已经不能带来 80% 的销售收入, 原来 20% 的主流商品也已经不能再带来 80% 的销售收入。这里, 并不是关键客户和主流商品的销售变少了, 而是我们原来不在意的 "长尾" 变得更长了, 原来 "边缘化" 的部分占据的份额在增加。也就是说, 在经济现象中, 差异化供给的长尾部分可以创造出 80% 的效益, 这是互联网电商时代创造的长尾效应。如图 3.3 所示, 长尾部分无限延伸的阴影部分面积可抵得上 20% 热销产品所带来的利润额。

长尾理论揭示了以下事实: 由于成本和效率的因素, 当商品储存流通展示的场地和渠道足够宽广, 商品生产成本急剧下降以至于个人都可以进行生产并且商品的销售成本急剧降低时, 几乎任何以前看似需求极低的产品, 只要有出售, 都会有购买。这些需求和销量不高的产品所占据的共同市场份额可以和主流产品的市场份额相比, 甚至占据的份额更大。

长尾效应和幂律分布由同一个方程表达了 "少即是多" 和 "80/20 定律" 两个看似矛盾的规律, 反映了复杂系统临界条件的不同将会造成发展结果的巨大差异。

3.1.4　自组织临界性中的幂律

作为复杂系统基本性质的自组织特征, 指的是复杂系统当前状态的形成主要由系统内部各组成部分间的相互作用产生, 即在一定条件下, 系统是自动地由无序走向有序、由低级有序走向高级有序的, 而不是由任何外界因素控制或主导所致，自组织过程是一个熵减有序化的过程。"临界性"则指的是在这一过程中系统处于一种特殊敏感状态，微小的局部变化可以不断放大、扩延至整个系统。沙堆模型可以形象地说明自组织临界态的形成和特点，常用来描述自组织现象各种起因、现象或规律的变化与过程、稳态与临界、微扰与崩落等特征，参见图 2.2 沙堆模型。

设想在一个平台上缓缓地添加沙粒，逐渐形成一个沙堆。开始时，由于沙堆平矮，新添加的沙粒落下后不会滑得很远。随着沙堆高度的增加，沙堆的坡度会达到一个临界值，不需要任何人为的干预，表面的沙粒即可保持状态。这时，只要有一粒沙滚落，都无法预料会出现什么样的结果，也许什么都不会发生，也许只有很少沙粒会滑落，或许一个很小面积的沙粒滑落正好导致一场连锁反应。有趣的是，临界态时沙崩的规模大小与其出现的频率呈幂律关系。也就是说，一粒、数粒或所有沙粒的沙崩都有可能发生，但大面积的沙崩很鲜见，而小的沙崩却屡见不鲜。这是可借数学公式来表示的沙崩"幂律"行为：一定规模的沙崩频率与其规模大小的幂次成反比。

自然界中许多系统均可通过自组织达到同样的临界状态，从而变成一群微妙的相互锁定的子系统，刚好能保持在临界的边缘，各种规模的崩落不断出现，事物重组的频率恰好能使它们平衡在临界的状态。当前大城市的规模越来越大，人口达千万以上的国际化都市越来越多，这些城市在电力、交通、食品和水等方面的供应和输运是一个非常庞大的体系，虽然没有集中地发号施令，但是各种各类机构、单元和个人通过自组织式的参与，自发地完成相应功能，共同构成了大都市的有效结构模式，例如纽约、东京等国际化都会。由于自然老化或人为干预等原因，这些与公共安全和公用设施紧密相关的功能，也会在某些时间和地点发生失效或崩溃等事故，但是，自组织及其临界性的特性使其有一种自适应的、自愈的功能，从而保证了大城市能够保持在稳定的平衡状态。

幂律分布是自组织临界系统在混沌边缘，即从稳态过渡到混沌态的一个标志，利用它可以预测这类系统的相位及相变。也就是说，由大量相互作用的成分组成的系统会自然地向自组织临界态发展，当系统达到这种状态时，即使是很小的干扰事件也可能使系统发生一系列灾变。近年发生的、波及范围最广、破坏力最大、损失最严重的应是 2003 年发生的"北美大停电事件"，本书第 7 章将从多尺度效应出发对其起因、经过和发展给出详细分析，此处不作过多介绍。

尽管很多系统曾经或将趋于临界状态，但是还没有一个一般性的理论能够确切地指出哪些系统会趋于临界状态，哪些系统则不会有类似的趋势。如何判断、区分和预测诸如"破坏"等指征的问题，正是当前非线性动力学与控制领域亟待解决的科学与工程问题。

3.2 可计算的 Agent

在牛顿的经典动力学中, 任意一质点处于静止状态或运动状态或具有某种运动趋势时, 总是遵循着显式的、固有的定律。由于非线性和复杂性, 系统发生和发展的进程中并没有可以依循的特定路线。为了描述复杂系统中的子系统、子结构、子组件、子元及其之间的相互关系及相互作用, Agent 的概念和方法常被用来描述开放环境中具有自主性、选择性和学习能力的单元。根据研究对象、目的任务和环境条件等特点, 可由单个或多个 Agent 的属性与功能, 通过设计、模拟和计算, 获得曾经 "不可分" 和 "不可知" 事物在一定环境和条件下的演变与发展过程。

3.2.1 为 Agent 赋予属性

Agent 具有智能性, 拥有知识库和推理机。作为人工智能最早的尝试, Agent 是在某一环境下能持续自主地发挥作用, 具备自主性、反应性、社会性、进化性等特征的计算实体。在 *The Society of Mind* 中, 计算机学家和人工智能学科创始人明斯基 (Marvin Lee Minsky) 将社会与社会行为的概念引入计算系统中, 计算实体 Agent 可以感知环境并且执行相应的动作, 同时建立自身的活动规划, 对未来的环境变化进行感知、推理并采取动作, 进而实现一系列目标。

Agent 常被译为智能体或代理, 为避免歧义, 仍沿用原英文名称 Agent。可见, Agent 被赋予了以下特性:

(1) 自主性。根据外界环境的变化, 主动地对自身的行为和状态进行调整, 即对于外界环境的改变具有的自我管理和自我调节的能力。

(2) 反应性。能够感知所处的环境并对相关事件作出适时反应, 即具有对外界的刺激做出反应的能力。

(3) 社会性。与其他 Agent 或人进行合作的能力, 不同的 Agent 可根据其意图与其他 Agent 进行交互, 以达到解决问题的目的。

(4) 进化性。即积累或学习经验和知识, 并修改自身的行为以适应新环境的能力。

单个 Agent 可在被赋予某些属性的条件下具有上述一种或多种特性, 从而使子单元具有能动、自主、开放、智能等特点, 假若有更多 Agent 加入, 并带有各种不同的属性, 则构成了计算和分布式智能的系统形态。

3.2.2 Multi-Agent 表达的复杂系统

Minsky(1961) 提出的 Agent 是由 40 个 Agent 共同组成的学习机系统开始的, Multi-Agent 构成的模拟器系统用来学习如何穿过迷宫, 其中包含了一个对成功给予奖励的机制, 不仅成为人工智能研究中最早的尝试之一, 也促成了 Multi-Agent 在解决大规模、不确定、复杂、实时等现实问题中的应用。

智能控制系统中引入基于 Agent 的人工智能和决策分析技术, 通过构造 Multi-Agent 模型对现实系统进行建模, 能够有效提高控制决策的智能性和灵活性。复杂网络的基本原理是将系统中的大量组成单元抽象为点, 把单元之间的关联抽象为边, 若以 Agent 表示网络中的节点, 两个节点之间的边则为 Agent 之间的交互与协作, 网络节点的动力学特性即可由 Multi-Agent 群运动特性表征。例如, 传统金融理论难以捕捉投资者复杂的学习行为和市场的动力行为, 也难以揭示新兴市场的运行规律, 若将 Multi-Agent 引入金融市场的描述与研究中, 则可抛开传统思想与工具的束缚, 化解数学模型对假设条件的苛刻要求 (Chen, 2012)。

从本质来看, Agent 的属性是由计算过程赋予的, 其初值所具有的自主性、反应性、社会性和进化性等特征和量值是根据研究对象和研究目的而设定的, 其建模、推理、学习及规划等方法, 以及 Multi-Agent 的交互规则、协调方式、合作与调度、冲突消解等技术, 一方面提供了表达复杂系统的组分、特征、度量与相互作用的方式, 这与传统的建模等分析手段不同, 另一方面, 这种分布式人工智能的形态为解决复杂系统问题提供了可计算的工具, 而且, 这种自主式的智能将使 Agent 的智能随着计算技术的提升而不断增强。

3.2.3 Multi-Agent 的感知与计算

感知计算 (aware computing) 是当代计算机技术与智能理论相结合的应用进程中较为先进的部分。感知计算包含了智能信息处理和智能信息控制两方面的内容, 亦称为 "智能感知"(intelligence perception)。"感" 指与视觉、听觉、触觉等有关的计算, 例如情感的计算、动作计算、人体参数的测量与认知及其相关理论模型、传感器件、传输方法、数据处理算法等。而与数据趋势分析、态势与情况判断、行为与交互分析、理论与规律验证等认知与决策支持相关的部分, 均属于 "知" 的内容。

社会感知计算强调利用先进计算机技术感知现实世界个体行为和群体交互, 理解人类社会活动模式, 并为个体和群体交互提供智能辅助和支持。由于感知是 "客观" 的, 因此可作为 Multi-Agent 控制中的一个环节。在 Multi-Agent 控制框图中, 感知类似于一个功能强大的传感装置, 可由此获得受控系统的任意状态及其变化等。当系统变得更加复杂时, 人类持续增加的参与必然引入 "主观" 性, 认知过程可完成这一任务。认知是个体思维对信息进行加工的心理功能, 即通过形成概念、知觉、判断或想象等心理活动来获取知识的过程。认知过程可以是自然的或人造的、有意识或无意识的。这与 Agent 的定义与性质描述一致, Agent 具有思维, 并可以产生行为或趋向, 亦可称为社会认知计算。在这一意义上, 就可借

Agent、认知及其行为等组件与过程完成社会计算中传统硬式控制无法考察的活跃因素——行为及来源的探索与分析。

3.2.4 与元胞自动机的异同

对于离散空间上个体间相互作用而形成整体上的复杂行为的研究, 与 Multi-Agent 系统类似的还有元胞自动机 (cellular automaton, CA), 它是一类时间和空间都离散的动力系统。元胞自动机由散布在规则格网 (lattice grid) 中的元胞 (cell) 组成, 每一元胞选取有限的离散状态, 遵循同样的作用规则, 依据确定的局部规则做同步更新。大量元胞通过简单的相互作用而构成静态系统的演化。

与常见的动力学模型不同, 元胞自动机并不由严格定义的物理方程或函数确定, 而是用一系列模型构造的规则构成。因此, 元胞自动机是一类模型的总称, 或者说是一个方法框架。其特点是时间、空间、状态都离散, 每个变量只取有限多个状态, 且状态改变的规则在时间和空间上都是局部的。

与 Multi-Agent 系统相比, 元胞自动机与之有许多相似之处, 但还是存在一些区别, 如:

(1) Multi-Agent 系统中 Agent 可能是移动的, 而元胞自动机模型中的元胞个体通常是不移动的。

(2) Multi-Agent 系统中多个 Agent 可以占据一个格网点, 而在元胞自动机的每个格网点只能拥有一个特定状态的 cell。

(3) Multi-Agent 系统中个体形成的关系模型通常是稀疏, 而元胞自动机则是面向整个网格空间的。Multi-Agent 系统运行时主要考虑个体的行为, 而元胞自动机考虑整个空间上每个 cell 的状态。

元胞自动机可用于社会、经济、军事和科学研究的许多领域。例如在化学中, 元胞自动机可用来模拟原子、分子等各种微观粒子在化学反应中的相互作用, 进而研究化学反应的过程; 在社会学中, 元胞自动机可用于研究经济危机的形成与爆发过程、个人行为的社会性以及流行现象 (如服装流行色的形成); 在计算机科学中, 元胞自动机可以被看成是并行计算机并用于并行计算的研究中等。

3.3 行 为 计 算

行为 (behavior) 是复杂性科学中最活跃的要素, 个体行为与群体行为也是复杂系统中最难以评估的因素。SFI 研究机构近年来将行为作为主要研究方向, 行为分析也是当前社会计算领域的重要研究内容。将行为科学与运作管理结合而提出的行为运作 (behavioral operations), 则试图通过行为动因、行为影响及激励效应等分析探寻如何对这一最活跃要素进行有效利用。

3.3.1　社会计算

社会计算是使用系统科学、人工智能、数据挖掘等科学理论作为研究方法, 将社会科学理论与计算理论相结合, 帮助人类更深入地认识社会、改造社会, 是解决政治、经济、文化等领域复杂性社会问题的一种理论和方法论体系。社会计算开创了计算社会科学等新型研究方法。

借助社会计算的方法, 可以对社会个体或者群体进行建模, 研究分析个体或群体的行为、认知和心理, 对人群交互的特点及社会事件演化规律进行分析。在社会经济和安全领域, 可以利用大规模的数据信息, 基于社会计算方法对系统进行分析处理, 从而对社会舆情进行实时监控、分析、预警以及决策支持与服务, 并为管理者提供可靠有效的决策支持、应急预警、政策评估和建议等。

社会计算的研究目前尚处于起步阶段, 还缺乏可计算、可实现、可比较的基础理论和模型方法, 可操作可扩展的计算实验平台也尚未建立, 但社会计算的研究已经引起了各国学者的重视。

3.3.2　行为与行为运作

行为是不同的个人或群体, 在一定物质条件、社会文化制度、个人价值观念等影响下, 在生活中表现出来的生活态度和具体的生活方式以及对内外环境因素刺激所做出的能动反应。在大系统工程、社会管理等领域, 人类行为的参与加剧了复杂系统的运动与变化, 并最终导致了复杂巨系统的产生。

在经济学和社会学的影响下, 人们意识到人的心理与行为因素是系统复杂性的根源, 也是复杂系统的关键组成部分。行为运作将认知和社会心理学的理论与运作管理中经典的量化模型、计算机模拟等方法相结合, 以解决这类复杂和不确定的系统性偏差。运作管理是企业管理、产品制造和服务提供过程中对生产系统进行的有效管理, 主要是对各种运作活动的计划、协调和控制。运作管理虽然离不开人的活动, 但通常忽略人类行为, 而行为运作则将人的行为看成是系统机能和性能的核心组成部分 (刘作仪和查勇, 2009)。

行为运作也与人因工程 (亦称为人机工效学) 不同, 对行为的有效利用是行为分析与运作的目的之一。人因工程常将人、工作场所、硬件 (工具、设备及工作场所) 的设计与人的体力、体形和功能联系起来, 使得作业能够与人更相适应, 减少人员失误和对健康的损害, 并提高安全性和工作效率。例如, 通常情况下在机舱环境、温湿度、仪表盘、操作装置、空气对流及照明灯光等方面的设置和设计。而行为运作则以行为执行中包含的认知过程为特征, 具有判断、推理及后效影响的作用。例如流程化工工业中, 人员对设备故障状况的处理行为包含了推理、判断甚至干预的过程。

在一定程度上, 对行为的可计算意味着社会计算实现的可能性。此外, 行为运作主要考察与认知心理学相关的行为, 即那些已能解释的人类大部分以及后天习得为主的智能行为, 这类行为涉及问题解决、学习、决策以及直觉等。也就是说, 行为运作是在行为分析的基础上, 利用激励、奖惩等手段对行为进行有效管理的过程, 类似于控制中的执行器。

3.3.3 行为运作管理中的服务与报酬要素

复杂系统机制分析的目标是实现对复杂系统的管理与控制。管理是一个组织内部用行政命令机制调配组织有限资源而获得最佳配置效率的过程, 可见复杂系统的管理将是对行为这一最活跃要素的调配、组织与平衡。管理科学部分是从运筹学发展而来, 依赖于统计学、数学和物理学, 还有部分是数理经济、行为科学及其他领域研究的延伸, 因此其更进一步的发展将主要依赖于社会科学。

在设计和考察行为运作的各类措施时可以自然地发现, 若干约定与规则对个体或群体的影响成效差异巨大, 个人或集体的技术水平、健康状况、生活条件甚至职业认同感等诸多因素影响着行为运作管理的最终效果。以标准化作业的长周期流程工业过程中的工作人员为例, 虽然是在同一规范、流程和标准下作业, 但是在例行巡查中能够发现故障并及时排除故障的员工并不常见。在逐一分析教育水平、职业背景和个体差异等因素后, 我们用服务将管理与行为联系起来。

服务是这个时代的特征, 在新的历史发展时期我国正在转变为服务型社会。完善的服务将使负有安全责任的流程工业工作人员拥有并以较高的职业技术水平、健康和生活条件、社会和责任认同感等完成工作任务。社会服务提供了满足社会需求的活动, 服务是管理的社会特性。一般地, 每个个体都要参加到生产活动中, 按照生产和生活的基本组成来划分, 可将服务分为生产性服务和社会性服务。

企业内部提供的生产性服务, 即直接为物质生产提供的服务, 如原材料运输、能源供应、信息传递、科技咨询及劳动力培训等。生产性服务的质量和水平直接影响员工的工作态度、创造能力和合作倾向等。而社会性服务主要是由各级政府部门统筹管理和监督实施的, 是为保障社会正常运行与协调发展所提供的, 如公用事业、文教卫生事业、社会保障和社会管理等。社会性服务的质量和水平对个体的影响直接体现在工作中的责任感、归属感和贡献力等方面。事实上, 这些服务内容常常相互交叉而难于完全区分。

服务业的高发展水平是发达国家的显著标志。目前, 发达国家的服务业占其国内生产总值的比重高达 60%, 主要发达国家甚至达到 70%, 这些国家服务业吸收劳动力的比重达到 70%, 如图 3.4 所示。在我国, 服务业发展状况较为缓慢, 在国内生产总值中的比重较低。到 2014 年, 服务业占国内生产总值的比重为 48.11%, 吸收劳动力比重为 40.60%, 与发达国家或其他中低收入国家相比差距较大。

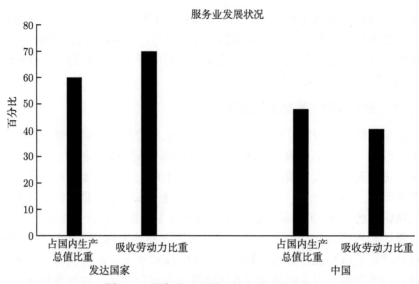

图 3.4　服务业对经济与就业的贡献状况

现代服务业以基础服务、生产和市场、个人消费服务与公共服务等为主, 多与人们的生产生活紧密相连。图 3.5 给出了现代服务业的主要项目。图中, 与传统第三产业相比显含现代服务业所特有的知识特性, 使得服务学也参与到行为运作中, 成为可计算的要素, 从而成为社会计算的一部分。

图 3.5　现代服务业及其知识特征

在行为运作的方式上, 除了前面提到的奖惩和激励, 报酬也是影响行为的重要因素。在考察激励的效率方面, 报酬原则作为一个关键参照值得重视。按照古典管理理论代表人法约尔 (Henri Fayol) 的报酬原则, 人员报酬首先要考虑的是维持职工的最低生活消费和企业的基本经营状况。在此基础上, 再考虑根据职工的劳动贡献来决定采用适当的报酬方式。也就是说, 确定人员报酬的出发点和顺序是"取决于不受雇主意愿和所属人员才能影响的一些情况, 如生活费用的高低、可雇人员的多少、业务的一般状况以及企业的经济地位等, 然后再看人员的才能"。报酬原则使报酬能够奖励有益的努力和激发热情, 且避免导致超过合理限度的过多的报酬。

企业运作系统是社会组织中最具代表性的复杂系统, 企业行为运作管理的主要目标是质量、成本、时间和柔性 (灵活性、弹性、敏捷性)。随着计算机技术的应用, 系统建模分析、设计及控制的手段等现代控制理论在企业的运作中得到了广泛应用。但由于企业内部员工的社会属性多样及激励效果多变等因素的影响, 行为运作管理进展缓慢并面临许多困难。

3.3.4 士气行为运作

部队纪律严明、训练严格、保障供给、晋升有序, 受外部环境的影响较小, 同时官兵团结一致、积极进取, 来自外部的干扰较少。对于年轻士兵, 学习、训练与生活的环境固定、目标明确, 经济与社会发展的直接影响程度低, 因此形成了高昂的士气, 具有很强的战斗力。

部队作为捍卫国家主权, 维护国家安全稳定, 为国家经济建设保驾护航的力量之一, 其运作管理必然区别于社会经济建设中的其他组织。下文将 "行为运作" 理论应用于军事管理领域进行探索和研究, 以部队士气为例, 对认知能力、一般激励的作用方式与效果进行运作及评价, 探索组织中个体或群体的认知能力、激励等内外动力共同作用的过程。

部队与企业相比, 行为运作理论更具可行性在于:

(1) 部队是特殊的集体, 缩小了人的活动场所, 决定了角色的单一性和固定性。

(2) 部队的行为运作效果与个人的切身利益密切相关。其行为动力来源为非个人的物质、货币等需求, 而是个人归属感、社会认同等精神需求。这是与社会其他组织最大的区别, 也是本质区别。

(3) 部队后勤保障体系为部队人员建功立业、创造性工作搭建了平台。这也是下文在行为运作中对货币价值未予考虑的主要原因。

可以看出, 部队行为运作管理系统较企业行为运作具有更强的完整性和操作性。这里所指的部队士气是部队组织成员的归属感、战斗精神、顽强的意志等精神因素的外在体现。在这个特殊的群体中, 人格健全是该组织中个体的必要条件, 部队在征兵、体检、训导、日常心理咨询等环节的举措有力地保证了部队中的每名成员的人格健全, 从而排除了部队组织中人格因素给不同个体行为带来的差异。

　　在部队行为运作管理中, 士气是行为运作状态的集中体现。采用相应运作方式, 可调动大家的积极性, 从而提高部队的士气。在 Vensim 软件 (美国 Ventana Systems, Inc. 开发, 可提供简易而具有弹性的方式来建立包括因果循环 (casual loop)、存货 (stock) 与流程图等相关模型) 建模分析, 将士气的初始值设为 5.2, 最佳运作状态也就是极大值设为 10, 通过不断地进行运作控制, 部队的士气在初期呈直线上升, 一段时期后基本趋向稳定, 形成带有 S 形振荡的行为运作模式, 如图 3.6 所示。

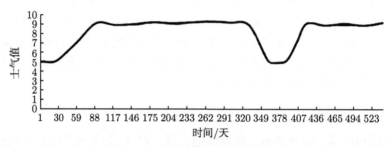

图 3.6　士兵士气与行为运作过程

　　以一年时长为例, 运作周期分为形成区、凝聚区、振荡区, 形成区为新兵入伍至下连时间段, 凝聚区为新兵下连至老兵复员前的时间段, 振荡区为老兵复员至新兵入伍的时间段 (冯成建, 2012)。对三个时间段的分析总结如下:

　　(1) 在起始段, 即新兵入伍半个月中, 士气值稍有回落, 这源于入伍光荣感消逝、单调的军营生活落差及积极性短暂下降。其后的半个月, 经过理性认识与集体帮助, 形成正激励, 实现身份转换, 士气值缓慢回升。

　　(2) 接下来的两个月, 通过环境激励, 积极性成倍增长到一名合格兵的水平。三个月后重新编组, 加入老兵连的新环境, 进入比较稳定的凝聚区, 士气曲线在一个恒定值上下小范围浮动。在这一过程中, 充分应用表扬、功奖等行为运作方式使部队的士气稳定在一定的水平, 保持了战斗力。

　　(3) 在年底新老兵更替, 进入振荡区。由于联系断裂、榜样减少、人数下降等, 士气明显下降。

　　该条曲线亦可视作个体士气值的变化过程。因个体在教育基础、来源地区经济水平以及同乡多寡等方面有差异而导致的士气值变动, 在个体曲线上只对状态变化的时长有影响, 总体上仍服从图 3.6 所示的三个明显区段特征。士兵行为的组织动力、运作环境与物质条件等较为单一, 而对长程工业操作员、金融经济环境中 Agent 等的行为考察, 因受个体认知、生产条件、社会环境等影响, 运作效果各异。尽管上述模型略显粗糙, 却显示了数据对复杂系统可计算建模的重要意义。

3.4 计算复杂度

计算复杂度 (computational complexity) 常用于衡量模式分类算法的计算资源消耗。已经知道, 特征维数、模式数目、类别数等参量对分类的效率和性能具有重要影响, 在理论上, 尽管可以设计出性能非常优良的识别器, 但是, 假若工程应用中在时间、设备消耗等方面的约束不能忽略, 则必须考虑设计方法的计算复杂度。

计算复杂度采用函数 "阶" 的概念, 即 $f(x)$ 具有 $h(x)$ 的阶, 当

$$\exists c, x_0, \quad \text{使得} \quad \forall x > x_0, \quad \text{有} |f(x)| \leqslant c|h(x)| \tag{3.4.1}$$

记作 $f(x) = O(h(x))$, 读作 "$h(x)$ 的大 O 阶"。式 (3.4.1) 表明, 对于足够大的 x, 函数 $f(x)$ 的上界不会超出所限定的范围。例如, 当 $f(x) = a_0 + a_1 x + a_2 x^2$ 时, 有 $f(x) = O(x^2)$, 因为对于任意 x, 总可以通过对 x^2 项选择足够大的 c、x_0, 以超过 $f(x)$ 的常数项、一次项和二次项。

可见, 一个函数的大 O 阶函数并不唯一, 例如上述 $f(x)$, 其大 O 阶函数可以是 $O(x^2), O(x^3), O(x^4), O(x^2 \ln x)$ 等。因此, 在实际应用中, 需尽可能确定一个准确的大 O 阶函数, 以衡量计算复杂度。

3.4.1 时间复杂度

对所考察的对象任务建立适当的参数模型是完成后续分类的基础。通常情况下, 设计分类算法前需分析样本集的构成, 以尽可能了解样本数据的主要分布特性, 然后, 根据已掌握的参数信息决定任务分类的具体方法。例如, 假设沿传送带到来的两类鱼——鲈鱼和鲑鱼, 是随机的难以准确预测: 有可能是鲈鱼, 类别为 ω_1, 也可能是鲑鱼, 类别为 ω_2。

若假定下一条是鲈鱼的先验概率为 $P(\omega_1)$, 而下一条是鲑鱼的先验概率为 $P(\omega_2)$, 由于没有其他鱼类, 因此 $P(\omega_1) + P(\omega_2) = 1$, 先验概率反映了可能出现的鱼类的先验知识, 这可能与季节或水域等因素有关。如果在实际判别之前, 对下次将出现的鱼的类别做判断, 所能依据的信息将只有先验概率, 即若 $P(\omega_1) > P(\omega_2)$, 则判别为 ω_1, 否则, 判别为 ω_2。显然, 若 $P(\omega_1)$ 远大于 $P(\omega_2)$, 那么判断为 ω_1 的结果在大多数情况下是对的, 但若 $P(\omega_1) = P(\omega_2)$, 将只有 50% 正确率, 显然是不合理的。

不同种类的鱼具有不同的特征, 可以考虑使用更多的特征指标 x, 例如, 采用光泽度来提高分类性能。设 x 为一个连续随机变量, 其分布由类别状态决定, 表示为 $p(x|\omega_i)$, 称为类条件概率密度函数, 即类别状态为 ω_i 时的 x 的概率密度函数。

　　以最大似然估计为例, 首先利用训练样本估计类条件概率密度 $p(x|\omega)$, ω 为类别状态, x 为连续随机变量, $p(x|\omega)$ 即类别状态为 ω 时 x 的概率密度函数, 然后将估计结果当作真实的条件概率密度去设计分类器。这里, 为简化起见, 假设属于某类别的训练样本 T_i 对于参数分布 $\theta_j (j \neq i)$ 是互相独立互不影响的, 因而可以对每个类别分别进行处理, 同时也可简化参量标号。

　　假设 $p(x|\omega)$ 为具有均值 μ 和协方差矩阵 M 的多元高斯分布, 则可将估计类条件概率密度 $p(x|\omega)$ 问题转变为 μ 和 M 参数估计

$$\hat{\mu} = \frac{1}{n} \sum_{k=1}^{n} x_k \tag{3.4.2}$$

$$\hat{M} = \frac{1}{n} \sum_{k=1}^{n} (x_k - \hat{\mu})(x_k - \hat{\mu})^{\mathrm{T}} \tag{3.4.3}$$

式中, n 为训练样本数。

　　在讨论一个算法的计算复杂度时, 关注的是这个算法所需要的基本数学操作 (如加法、乘法和除法) 的次数, 也就是在计算机上运行该算法所需要的时间和存储器消耗, 对于式 (3.4.3), 各部分的计算复杂度为

$$g(x) = -\frac{1}{2} \underbrace{\left(x_k - \hat{\mu} \right)}_{O(nd)}^{\mathrm{T}} \underbrace{\hat{M}^{-1}}_{O(d^3)} (x_k - \hat{\mu}) - \frac{d}{2} \ln 2\pi - \underbrace{\frac{1}{2} \ln |\hat{M}|}_{O(nd^2)} + \underbrace{\ln P(\omega)}_{O(n)} \tag{3.4.4}$$

式中, d 为样本维数, 估计样本均值 $\hat{\mu}$ 的计算复杂度为 $O(nd)$, 由于对每一维训练 (总计 n 维) 样本均需相加 n 次, 而相加之后除以 n 只需运算一次, 因此不影响计算复杂度。协方差矩阵 $\hat{M}$ 中的 $d(d+1)/2$ 个独立元素需计算 n 次乘法和 n 次加法, 其计算复杂度为 $O(nd^2)$, $\hat{M}$ 的行列式计算复杂度为 $O(d^2)$, $\hat{M}$ 的逆矩阵计算复杂度为 $O(d^3)$。$P(\omega)$ 为先验概率, $P(\omega)$ 的计算复杂度为 $O(n)$。此外, 由于类别数 c 通常远小于 n 或 d^2, 且通常条件下 $n > d$, 也就是样本量远大于特征维数, 否则, 也将无法求得协方差矩阵的合适逆矩阵。因此, 对于式 (3.4.4), 其计算复杂度主要由 $O(nd^2)$ 项确定, 即对于样本分布的参数估计, 其计算复杂度为 $O(nd^2)$。

　　这里, 考察的是运行该算法所需要的时间或步数, 因此也可称之为时间复杂度 (time complexity)。

3.4.2　空间复杂度

　　在并行处理等应用场合, 有时需强调空间–时间复杂度, 也就是在考虑某一算法所需要的时间, 即时间复杂度外, 需考察运行该算法所需要的存储器或处理器

消耗, 常称之为空间复杂度 (space complexity)。例如, 一个类别的样本均值可以用 d 个不同的处理器来计算, 每一个处理器负责对 n 个样本中的特定分量做相加, 那么, 空间复杂度为 $O(d)$, 即所需存储器或处理器的数量, 而时间复杂度为 $O(n)$, 即需要串行处理的步骤数。

由于样本训练所需时间和存储器/处理器较多, 因而学习过程计算复杂度较大, 与之相比, 分类过程的计算复杂度则小得多。例如, 对于一个测试样本 x, 需计算向量差 $(x - \hat{\mu})$, 即计算复杂度为 $O(d)$。也就是说, 在几乎所有的模式分类问题中, 分类阶段比学习阶段更快速、更便捷。因此, 在分类算法设计过程中, 需重点关注样本学习算法的计算复杂度。

3.5 小　结

由于计算机技术水平的发展与提升, 大规模计算和仿真实验成为复杂系统研究和分析的重要手段。本章从复杂系统的计算特性出发, 分析了幂律分布及其在不同领域内的具体表现形式与相应的变形。在阐述 Agent 与 Multi-Agent 系统的基础上, 通过微观个体的规则与关联, 赋予 Agent 相应的属性, 对经济与社会领域中的复杂系统进行仿真实验, 达到对宏观的经济或社会现象的预测与分析, 以及对个体行为的考察等, 并探讨了社会计算为社会系统中的复杂现象分析与计算带来的新途径, 以及行为运作的相关因素影响与实例分析。最后, 给出了模式分类中的计算复杂度等特性分析。

参 考 文 献

冯成建. 2012. 基于 Agent 的部队行为动力学与运作管理研究. 中国科学院研究生院硕士学位论文.

黄小原. 1998. 计算经济学初探——兼评诺贝尔经济学奖理论中的计算思想和作用. 科技导报, 16(10): 41, 59-62.

刘晓光, 刘晓峰. 2003. 计算经济学研究新进展——基于 Agent 的计算经济学透视. 经济学动态, (11): 58-61.

刘作仪, 查勇. 2009. 行为运作管理: 一个正在显现的研究领域. 管理科学学报, 12(4):64-74.

施永仁, 高亮, 张江, 等. 2006. 基于 Agent 的计算经济学及其在供应网络中的应用. 复杂系统与复杂性科学, 3(2): 69-76.

Chen S H. 2012. Varieties of agents in agent-based computational economics: A historical and an interdisciplinary perspective. Journal of Economic Dynamics and Control, 36(1): 1-25.

Duda R O, Hart P E, Strok D G. 2007. 模式分类. 2 版. 北京：机械工业出版社.

Ferber J. 1999. Multi-Agent Systems: An Introduction to Distributed Artificial Intelligence. Reading: Addison-Wesley.

Gabaix X, Gopikrishnan P, Plerou V, et al. 2003. A theory of power-law distributions in financial market fluctuations. Nature, 423: 267-270.

Hoel E P, Albantakis L, Tononi G. 2013. Quantifying causal emergence shows that macro can beat micro. PNAS, 110(49): 19790 -19795.

Jennings N R, Sycara K, Wooldridge M. 1998. A roadmap of agent research and development. Autonomous Agents and Multi-Agent Systems, 1(1): 7-38.

Li Y L, Zhang W, Zhang Y J, et al. 2014. Calibration of the agent-based continuous double auction stock market by scaling analysis. Information Sciences, 256: 46-56.

Minsky M. 1961. Steps toward artificial intelligence. Proceedings of the IRE, 49: 8-30.

Tesfatsion L. 2006. Agent-based computational economics: A constructive approach to economic theory. Handbook of Computational Economics, 2: 831-880.

Wooldridge M, Jennings N R. 1994. Agent theories, architectures, and languages: A survey//International Workshop on Agent Theories, Architectures, and Languages. Amsterdam, The Netherlands: Springer Berlin Heidelberg, 1994: 1-39.

Wooldridge M, Jennings N R. 1995. Intelligent agents: Theory and practice. The Knowledge Engineering Review, 10(2): 115-152.

Wooldridge M. 2009. An Introduction to Multiagent Systems. 2nd ed Hoboken: John Wiley & Sons Inc.

第 4 章　复杂网络理论及其应用

复杂网络 (complex network) 是具有自组织、自相似、吸引子、无标度和小世界等特性的大规模网络。复杂网络的非线性动力学与复杂性, 体现在其处于复杂拓扑结构上的节点状态随时间发生多重复杂变化。数量巨大的节点可以代表任何事物, 例如, 人际关系构成的复杂网络节点代表单独个体, 万维网组成的复杂网络节点可以表示不同网页。通过对复杂网络的研究, 能够在一定的范围内对复杂系统进行刻画与预测, 并应用于实际的生产和组织结构中。

复杂网络中的 "复杂", 在西文语境中表达了繁复、重叠、交织等意思, 是与中文语境中 "复杂" 最类似的部分。考察具有复杂拓扑结构的网络是研究系统的有效方法, 一方面, 可借助当前最具有代表性的网络研究图景描绘关于复杂的事实, 另一方面, 复杂网络可展示出复杂问题从定性研究向定量研究的进步。

4.1　复杂网络概述

网络可用图来描述, 图是由若干给定的点及连接两点的线所构成的图形, 用点代表事物, 用连接两点的线表示相应的两个事物间具有的某种关系, 这就是通常用来描述某些事物之间具有某种特定关系的网络。

4.1.1　复杂网络研究历程

由点的集合 V 和边的集合 E 构成的二元组合称为图 (Bang-Jensen and Gutin, 2009), 表示为 $G = (V, E)$, 与图的概念类似, 网络也是节点和连边的集合。很多情况下, 无须对两者做严格区分。但是, 复杂网络与图论有着天然的区别与联系。对于任一复杂网络, 若不考虑其动态特征, 那么, 复杂网络即构成一张图。与网络对应的图包含了网络的全部结构特征, 这对于复杂网络建模以及理解复杂网络动态行为具有重要意义。由此可以看出, 相对于图来说, 复杂网络更具备动态特征。

复杂网络理论研究始于 20 世纪 60 年代, 匈牙利数学家 Erdös 和 Rényi(1960) 建立了 Erdos-Renyi 随机图理论, 简称为 ER 网络。在该理论框架下, 网络节点的连接与否由某一概率确定, 利用这种方法生成的网络被称为随机网络。在此后长达 40 年的时间里, 随机网络都被认为是最适宜描述现实的网络。

20 世纪末, 复杂网络研究取得了极大进展。1998 年, 美国 Cornell 大学学者 Duncan J. Watts 和 Seven H. Strogatz 提出了小世界网络模型 (即 Watts-Strogatz

模型, 简称为 WS 模型), 描述了从完全规则网络到完全随机网络的转变, 并发表了刊于 *Nature* 的文章 "Collective dynamics of 'small-world' networks", 认为小世界网络既具有与规则网络类似的聚类特性, 又具有与随机网络类似的较小的平均路径长度 (Watts and Strogatz, 1998; Strogatz, 2001)。1999 年, 美国 Notre Dame 大学学者 Albert-László Barabási 与 Réka Albert 在 *Science* 刊文 "Emergence of scaling in random networks" 指出, 许多实际的复杂网络的连接度分布具有幂律形式 (Barabási and Albert, 1999)。大量实验研究表明, 真实网络几乎都具有小世界效应, 同时大多数真实网络还具有无标度特性 (Pastro-Satorras and Vespignani, 2001a)。

4.1.2   复杂网络结构

已经知道, 网络 (networks) 是节点 (node) 和连边 (edge) 的集合。集合 V 称为顶点集, 常常被用来代表实际系统中的个体, 集合 E 被称为边集, 多用于表示实际系统中个体之间的关系与相互作用。如果节点按照确定的规则连边, 所得到的网络就称为规则网络 (regular networks)。如果节点按照完全随机的方式连边, 所得到的网络就称为随机网络 (random networks)。如果节点按照某种 (自) 组织原则的方式连边, 将演化成各种不同的网络, 称为复杂网络。

如果节点对 (i,j) 与节点对 (j,i) 对应为同一条边, 那么该网络为无向网络 (undirected networks), 否则为有向网络 (directed networks)。若对每条边都赋予相应的权值, 那么该网络就称为有权网络 (weighted networks), 否则, 为无权网络 (unweighted networks), 如图 4.1 所示。

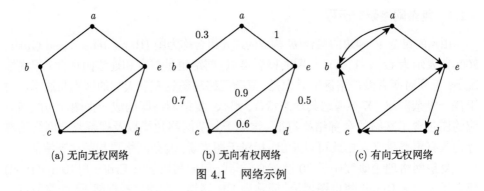

(a) 无向无权网络   (b) 无向有权网络   (c) 有向无权网络

图 4.1   网络示例

4.1.3   复杂网络的几何特征量

为了表示复杂网络的拓扑结构特性和动力学性质, 一类复杂网络的基本概念、特征量和度量方法逐渐得以确立。

1. 节点度分布

度 (degree) 也称为连通度。节点 i 的度 k_i 指的是与该节点相连接的边数。网络中所有的节点并不具有相同的度, 度分布函数 $P(k)$ 表示随机选择的节点正好有 k 条边连接的概率:

$$P(k) = \frac{1}{N} \sum_{i=1}^{N} \delta(k - k_i) \tag{4.1.1}$$

式中, δ 为 Dirac 函数, N 为网络的节点数。

一般来说, 一个节点的度越大, 意味这个节点在网络中越重要。

所有节点的度的平均值称为网络的平均度, 记为 $\langle k \rangle$。即

$$\langle k \rangle = \frac{1}{N} \sum_{i=1}^{N} k_i \tag{4.1.2}$$

2. 平均路径长度

平均路径长度 (average path length, APL) 是指网络中所有节点对之间最短距离的平均值。这里节点间的距离是指从一个节点到另一个节点所要经历的边的最小数目, 而所有节点对之间的距离最大值称为网络的直径。平均路径长度和直径衡量的是网络的传输性能与效率。平均路径长度的计算公式为

$$\mathrm{APL} = \frac{2}{N(N-1)} \sum_{i \neq j \in V} d_{ij} \tag{4.1.3}$$

其中, d_{ij} 为节点 i 和 j 之间的距离。

3. 群聚系数

群聚系数 (clustering coefficient) 用来衡量一个复杂网络的集团化程度, 是表征网络特征的一个重要参数。节点 i 的群聚系数描述网络中与该节点直接相连的节点之间的连接关系, 可定义为: 与该节点直接相邻的诸多节点之间实际存在的边数与最大可能存在边数的比, 即对于节点 i, 若 k_i 表示节点 i 的度, c_i 表示节点 i 的邻节点之间实际存在的边数, 则在这 k_i 个邻节点之间最多可能有 $k_i(k_i - 1)/2$ 条边, 那么 C_i 表示为

$$C_i = \frac{2c_i}{k_i(k_i - 1)} \tag{4.1.4a}$$

有 $C_i \in [0, 1]$。

平均群聚系数 C 为所有节点群聚系数的算术平均值, 即

$$C = \frac{1}{N} \sum_{i=1}^{N} C_i \qquad (4.1.4\text{b})$$

当 $C = 0$ 时, 说明网络中所有节点均为孤立节点, 即没有任何连边。当 $C = 1$ 时, 说明网络中任意两个节点都直接相连, 即网络是全局耦合网络。节点的群聚系数反映该节点的近邻之间的集团性质, 近邻之间联系越紧密, 该节点的群聚系数越高。

4.2   复杂网络基本模型

4.2.1   规则网络

在规则网络中, 每个节点都按照确定的规则连接在一起, 网络结构十分有序, 所有节点具有相同的度和群聚系数。规则网络的特征是平均群聚程度高而平均路径距离长。例如, 具有平移对称性的一维链、二维晶格等都是规则网络。图 4.2 展示了一种规则网络, 网络的节点数为 $N = 16$。可以看出, 任何一个节点的近邻数目都相同, 每一个节点的度均为 $k = 4$。

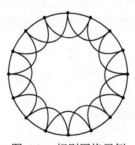

图 4.2   规则网络示例

4.2.2   随机网络

随机网络的节点是以随机方式连接在一起, 如图 4.3 随机网络示例。ER 随机图模型给出两种随机网络的生成方法, 一种是假定有 N 个节点, 存在 C_N^2 条边, 从中随机连接 M 条边即可构成随机网络; 另一种生成方法为给定概率 p, 对于 C_N^2 个节点对中任意节点对都以概率 p 进行连接, 从而构成随机网络。

在随机网络的规模、连接概率 p 与网络性质之间存在如下关系。

(1) 在随机网络中, 连接边随机设置, 大多数节点具有大致相同的度, 接近网络的平均度 $\langle k \rangle$。

(2) 对于一个给定连接概率为 p 的随机网络, 若网络的节点数 N 充分大, 则网络的度分布接近泊松分布 (Poission distribution), 也就是说, 随机网络的度分布是具有峰值的泊松分布。

一般来说, 随机网络具有低的平均群聚程度和小的平均路径长度特征 (Albert and Barabási, 2002)。

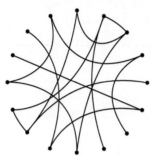

图 4.3　随机网络示例

4.2.3　小世界网络

小世界网络 (small world networks) 模型的基本构造思想为: 通过以某个很小的概率 p 切断规则网络中原始的边, 并随机选择新的节点重新连接 (Watts and strogatz, 1998), 如图 4.4(a) 所示 WS 模型。当 p 为 0 时, 网络就是规则网络, 而 p 为 1 时, 网络就变成随机网络。当 p 处于 0 与 1 之间的变化区间时, 所生成的网络具有较小的平均路径长度和较高的群聚系数, 即小世界特性。

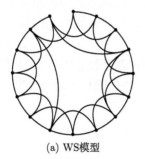

(a) WS模型　　　　　　　　　　　　　　　(b) NW模型

图 4.4　小世界网络示意图

由于 WS 模型在生成过程中可能产生孤立节点, 不利于网络特征的分析。1999 年, 小世界模型 (WS 模型) 的提出者 Duncan J. Watts 与其合作者 Mark Newman 共同提出了 NW (Newman-Watts) 模型。其基本构造思想为: 以概率 p 在随机选取的一对节点之间加上一条边, 如图 4.4(b) 所示, 其中任意两个不同的节点之间至多只能有一条边, 并且每一个节点都不能有边与自身相连。在理论分析上, NW 小世界模型要比 WS 小世界模型简单一些。当 p 足够小且 N 足够大时, NW 小世界模型本质上等同于 WS 小世界模型。

在以概率 p 切断规则网络中原始的边, 随机重连新节点构成新网络过程中, 当 p 由 0→1 变化时, 根据 4.1 节平均路径长度与群聚系数的概念, $L(p)$ 和 $C(p)$ 的变化如图 4.5 所示。

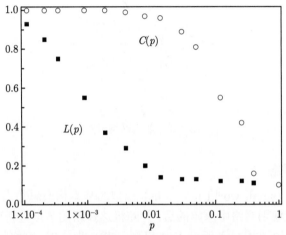

图 4.5   小世界网络的平均路径长度与群聚系数

可以看出, 当 p 增加时, 平均路径长度 $L(p)$ 快速减小, 而群聚系数 $C(p)$ 基本保持不变。由于两个节点间可能出现最短路径, 因此小世界网络具有类似随机网络的较小平均路径长度, 同时, 小世界网络具有类似规则网络的较大群聚系数特征 (Lü et al., 2004)。

由这一过程可知, WS 模型是所有节点的度都近似相等的均匀网络。在 NW 模型中, 若每个节点的度至少为 K, 则当 $k \geqslant K$ 时, 随机选取一个节点, 度为 k 的概率为

$$P(k) = C_N^{k-K} \left(K_p/N\right)^k \left(1 - K_p/N\right)^{N-k+K}$$

其中, K_p 是度为 K 的节点数, 而当 $k < K$ 时, $P(k) = 0$。

4.2.4   无标度网络

对于上述随机网络及小世界网络, 网络中的节点数量或网络的规模是一定的, 不因连接的改变而发生变化。但是现实网络是开放的, 随着新节点的不断加入, 原

有网络的节点与规模将持续增加和扩张。例如, 互联网将因新网页的不断加入, 使得由网页节点构成的这一典型复杂网络的规模呈指数级扩张。因此, 随着新增节点及其与网络中原有节点连接的持续增加, 实际网络系统会变得越来越大。

在随机网络中, 一个节点与其他节点的连接数量呈泊松分布, 在规则网络结构中, 一个节点与其他节点的连接数量是一定的, 这两类网络的节点与其他节点的连接的数量分布都有规则可循, 因而是有尺度的网络。1999 年, Barabási 和 Albert 通过追踪万维网的动态演化过程, 发现通过超链接与网页、文件所构成的万维网网络, 并非如一般的随机网络一样有着均匀的度分布 (Barabási and Albert, 1999; Albert and Barabási, 2002)。他们发现, 万维网是由少数高连接性的页面串联起来的。绝大多数 (超过 80%) 的网页只有不超过 4 个超链接, 但极少数页面 (不到总页面数的万分之一) 却拥有极多的链接, 超过 1000 个, 有一份文件甚至与超过 200 万个其他页面相连, 这一现象具有幂律分布的特性。统计物理学家常将服从幂次分布的现象称为无尺度现象, 因此, Barabási 将具有这一特性的网络称为无标度网络 (scale-free network)。

现实世界中, 万维网、演员合作网和电力网都是无标度网络。例如, 影片中共同合作 (边) 的演员 (节点) 构成网络, 新加入的演员总是与具有更多连接 (度更大的节点) 的演员合作, 随着网络的扩张, 演员合作网将呈现出较小平均路径长度、较小群聚系数 (但仍远远大于随机网络的群聚系数) 的无标度特性; 再如, 新电网会优先考虑建立与大电网之间的航线, 等等。

无标度模型的特性由增长性和择优连接性两部分组成, 通过证明得到, 缺少其中任何一个机制都无法得到网络度分布的无标度性。

(1) 增长性。从具有 m_0 个节点的网络开始, 每次引入一个拥有 m 条边 ($m \leqslant m_0$) 的新节点, 与原有网络相连, 逐渐增长为规模较大的网络。当经过 n 步时, 网络中将会有 $n + m_0$ 个节点、nm 条新增边。

(2) 择优性。新加入的节点选择连接点是有偏好的, 即它选择某个节点 i 的概率 p_i 正比于这个节点 i 的度, 也就是说, $p_i = k_i / \sum_j k_j$。经计算可得度值为 k 的节点的连接概率密度函数 $P(k)$ 正比于幂次项 k^{-3}, 且当 $n \to \infty$ 时, $P(k) = 2m^2 k^{-3}$, 与 n 无关。

根据增长性和择优性, 网络的度分布将不随网络节点数 N 而改变, 并最终演化成标度不变 (scale invariance) 的状态, 即无标度 (scale free) 网络。这使 $P(k)$ 可化为

$$P(k) \sim k^{-\gamma} \tag{4.2.1}$$

通常, γ 介于 2 和 3 之间。图 4.6 为无标度网络的幂律分布。

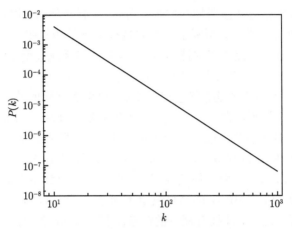

图 4.6 无标度网络的幂律分布示意图

可见, 在具有无标度特性的复杂网络中, 大部分节点只有少数几个连接, 而少量节点却拥有与其他节点很高的连接度。无标度模型不仅平均距离很小, 群聚系数也较小, 但比同规模随机网络的群聚系数要大, 当网络趋于无穷大时, 这两种网络的群聚系数均近似为零。表 4.1 列举了五种网络模型的几何特征量比较。

表 4.1 五种网络模型的几何特征量比较

网络类型	度分布函数	平均路径长度	群聚系数
规则网络	δ 函数分布	大	大
随机网络	泊松分布	小	小
小世界网络	类似泊松分布	小	大
无标度网络	幂律分布	小	小
现实网络	类似幂律分布	小	大

无标度网络的幂律分布特性使高度值节点存在的可能性大大增加, 因此, 无标度网络同时显现出针对随机故障的鲁棒性和针对蓄意攻击的脆弱性。无标度网络具有很强的容错性, 但是针对基于节点度值的选择性攻击而言, 其抗攻击能力相当差。高度值节点的存在使网络变得极其脆弱, 一个恶意攻击者只需选择攻击网络中很少的一部分高度值节点, 就能使网络迅速瘫痪。这一显著特点使无标度网络对意外故障有强大的承受能力, 但面对选择性攻击时则显得脆弱, 即具有稳健性和脆弱性双重特性。

新闻摘录 期货市场羊群效应对金融市场有什么影响? (财经频道, 2018–02–08)
羊群效应是指个人的观念或行为由于真实的或想象的群体的影响或压力, 而向与多数人相一致的方向变化的现象。无论意识到与否, 群体观点的影响足以动摇任何抱怀疑态度的人, 群体力量很明显使理性判断失去作用。

经济学中羊群效应是指市场上存在那些没有形成自己的预期或没有获得一手信息的投资者, 他们将根据其他投资者的行为来改变自己的行为, 而形成的一种从众效应。

大量实验研究表明, 真实网络几乎都具有小世界效应, 同时大多数真实网络还具有无标度特性。投资者的人际关系是一个典型的复杂网络, 具有小世界性、无标度性等复杂网络的特性。

目前我国期货交易市场的投机交易者中, 自然人户占 91.2%, 法人户占 8.8%, 是一个典型的中小散户占主导地位的市场。中小散户由于目光短浅、市场信息获取不够充分及跟风心理重等原因, 常常盲目追随大户或者周围投资者的投资行为, 从而出现羊群效应等典型的非理性投资行为, 对期货市场价格波动起着推波助澜的作用。

4.3 基于复杂网络的流行病学分析

复杂网络具有的小世界、无标度、群聚概念、幂律的度分布及自组织、自相似、吸引子等性质, 也是复杂系统的性质与显著特征。可以说, 复杂网络是大量复杂系统得以存在的拓扑基础, 因此可将复杂网络的研究视为分析复杂系统及其机制等关键问题的途径, 并将有助于理解复杂系统之所以复杂这一至关重要的问题。

正如互联网经济飞速发展的外在环境凸显并放大了经济现象中的长尾效应, 交通运输网和人类社会网的变迁正在使突发公共卫生事件的发生频度和危害程度急剧加深, 基于复杂网络的传染病流行病学的传播与建模分析就是在这一背景下出现的。

4.3.1 流行病的传播过程

流行病学是研究疾病分布规律及影响因素, 借以探讨病因, 阐明流行规律, 制订预防、控制和消灭疾病的对策和措施的科学。传染病流行病学 (infectious disease epidemiology) 则主要研究传染病在人群中发生、流行过程及影响过程的因素, 并制订预防、控制和消灭传染病的对策与措施。传染病的特点是有病原体、传染性和流行性, 感染后常有免疫性。传染病的传播和流行必须具备 3 个环节, 即传染源 (能排出病原体的人或动物)、传播途径 (病原体传染他人的途径) 及易感人群 (对该种传染病无免疫力者)。若能完全切断其中的一个环节, 即可防止传染病的发生和流行。在这些环节中, 隔离病患 (传染源) 进而切断传播途径是最有效的手段, 距人类首次对传染病建立隔离制度已有 600 多年, 并一直沿用至今。

关于流行病传播的数学模型研究始于 20 世纪。1927 年, 英国生化学家 William Ogilvy Kermack 与物理学和数学家 Anderson Gray McKendrick 研究了 1906 年孟买发生的鼠疫流行规律, 发现存在一个与人口密度有关的感染阈值, 只要人口密度超过某一阈值, 传染就会持续发生, 到达临界点时传染开始变弱, 直至最后逐渐消失 (Kermack and Mckendrick, 1927), 在此基础上, 提出了 SIR 模型 (susceptible infected recovered model) 及阈值理论 (Kermack and McKendrick, 1932, 1933), 并得出结论: 在易感人群已经耗尽之前, 疫情就结束了, 从而奠定了传染病动力学的研究基础。

近年来, 国际或地区重大传染病疫情多发或突发情况大为增加 (Ruan and Wang, 2003)。例如, 2003 年中国 SARS 疫情 (Zhou et al., 2004; Wang and Ruan, 2004), 2014 年西非 Ebola 病毒疫情 (Blackley et al., 2016) 等, 正在成为突发公共卫生事件中对社会公众健康危害程度大、涉及范围广的特别重大事件 (Ladner et al., 2019)。当前, 应急管理、物理隔离、免疫预防等有效干预措施, 在遏止与阻断严重传染病的发生和蔓延中起到了非常重要的作用, 与此同时, 基于复杂网络的传染病流行病学等传播过程研究, 揭示着造成人类健康严重损害的重大疫情的发生与发展规律。

基本传染数 (basic reproduction number), 通常写作 $R0$ 或 R_0, 是传播动力学中的参数, 在流行病学中, 是指在没有外力介入、同时所有人都没有免疫力的情况下, 一个感染某种传染病的人可能传染他人数目的平均值。在 COVID-19 疫情期间, 世界卫生组织 (World Health Organization, WHO) 于 2020 年 1 月 23 日报告初步估计 R_0 为 1.4~2.5(WHO, 2020-01-23), 但是在医疗机构中有扩大的情况。在疫情发展的过程中, 2020 年 2 月 27 日, 国家卫健委高级别专家组组长、国家呼吸系统疾病临床医学研究中心主任钟南山院士介绍, 这次新冠肺炎疫情 R_0 值为 2~3, 重症患者会更高。

2021 年 7 月, 美国疾病控制与预防中心 (Centers for Disease Control and Prevention, CDC) 披露关于 Delta 毒株的最新研究信息, Delta 毒株具有高传染性, 远高于 COVID-19 标准株、SARS、流感、感冒、天花。Delta 平均基本传染值 R_0 为 7.5, 也就是说平均一个感染者可以传染 7 至 8 个人, 与 R_0 值为 8.5 的水痘处于同一个级别。

需要注意的是, 感染率 (prevalence of infection) 是指在某个时间内能检查的整个人群样本中, 某病现有感染人数所占比例, 是评价人群健康状况常用指标之一。

例如, 在密切接触者中, 尽管有一些现象表明年龄较大者的感染率有所上升, 但值得注意的是, 10 岁以下儿童的感染率 (7.4%) 与人口平均感染率 (7.9%) 相似, 感染率和年龄之间并没有明显的关联性。

4.3.2   流行病的感染模型与流行模型

传染病动力学模型以 SI、SIS、SIR 及 SIRS 为典型的基本模型, 其共同特征是所研究网络群体中的人群节点至少包括两种类型, 即易感态 S(susceptible) 与感染态 I(infective), 这两类人群状态也是所有流行病模型的基础。R(removed) 为移出态, 表示对疾病具有免疫力或被治愈的群体, 区别在于含 R 的模型将非感染者细分为两类, 即初始意义上的 S 态和不参与或不影响疾病传染过程的 R 态。SI 模型描述了不会反复感染疾病的一般情形, SIS 模型描述的是可能反复多次受到感染的情形, SIR 表示治愈后具有终生免疫力, 而 SIRS 模型则刻画出治愈后具有暂时免疫力、但仍然可能被感染的情形, 因而从总体上给出了传染病流行的感染与传播模式。

1. SI 模型

SI 模型是最简洁的流行病传播动力学模型。在 SI 网络模型中, 节点的状态为最基础的两类: 易感态 S 和感染态 I。易感态 S 是指该节点没有被感染, 假若自由地与感染者接触, 那么自身也有可能成为感染者。感染态 I 是指不仅自身已经被感染, 而且也有能力把疾病传染到其他节点。若在 t 时刻, 感染态节点 x 使与其相连的易感态节点 S 发生转变, 如

$$S \rightarrow I \quad 感染数量 \quad \lambda K_x(t)$$

其中, $K_x(t)$ 为 t 时刻节点 x 接触到的节点数量, $\lambda K_x(t)$ 表示的是 t 时刻被 x 感染的节点数量, λ 为感染概率。由上文知, 在小世界网络模型中, 可以认为 $K_x(t) \approx k \approx \langle k \rangle$, 即可将节点 x 接触到的节点数量、节点 x 的度、网络的平均度等三者视为近似相等。

因此, 对于网络节点总数量一定的情况, 当 $S(t)$ 表示易感态节点占总节点数的百分比, $I(t)$ 表示感染态节点占总节点数的百分比, 感染态的变化率有以下方程:

$$\begin{cases} \dfrac{\mathrm{d}I(t)}{\mathrm{d}t} = \lambda I(t) k S(t) \\ I(t) + S(t) = 1 \end{cases} \tag{4.3.1}$$

式中, 感染节点数量的变化为 $\lambda I(t) k S(t)$, 由式 (4.3.1) 求解可得到

$$I(t) = \frac{1}{1 + \left(\dfrac{1}{I_0} - 1\right) \mathrm{e}^{-\lambda k t}} \tag{4.3.2}$$

当时间在不断变化时, I 态的百分比也在不断变化。式中, I_0 为在实验开始时处于 I 态的人群占节点总数量的百分比。

2. SIS 模型

被感染的个体 (I 态) 通过药物或者自身恢复获得治愈而变为健康状态 (S 态), 但在治愈后尚未获得永久的免疫能力, 感染过程将反复发生 (I 态), 这一过程可描

述为 SIS 模型, 譬如流感类流行病。与 SI 模型不同之处在于, SIS 模型中的 I 态有时可以转变成为 S 态, 当然, 这种转变是在一定的概率下发生的。

在时刻 t, 感染态节点 x 使与其相连的易感态节点受到感染, 同时通过治愈恢复为 S 态的过程, 如

$$S \to I \quad \text{感染数量} \quad \lambda K_x(t)$$

$$I \to S \quad \text{恢复数量} \quad \gamma \lambda K_x(t)$$

$I \to S$ 表达了 I 态节点有时候也会转变为 S 态的过程, 转变概率为 γ, 通常可取作 1。SIS 模型所表示的过程如图 4.7 所示。

图 4.7　SIS 模型示意图

从概率的角度来看, λ 为 S 态到 I 态的感染概率, 在 t 时刻, 节点 x 与 $K_x(t)$ 个 S 态节点发生关联, 这样就得到 S 态被感染的概率是 $1 - (1 - \lambda)^{K_x(t)}$, 即

$$S \to I \quad \text{感染概率} \quad 1 - (1 - \lambda)^{K_x(t)}$$

$$I \to S \quad \text{恢复概率} \quad \gamma$$

可以看出, 从感染数量和感染概率对 SIS 模型的解释都是合理的。若不考虑网络干扰, 可得

$$\begin{cases} \dfrac{\mathrm{d}I(t)}{\mathrm{d}t} = \lambda I(t) k S(t) - \gamma I(t) \\ I(t) + S(t) = 1 \end{cases} \tag{4.3.3}$$

当 $\gamma = 1$ 且经过整理后可以得到

$$\frac{\mathrm{d}I(t)}{\mathrm{d}t} = -I(t) + \lambda I(t) k [1 - I(t)] \tag{4.3.4}$$

令 $\mathrm{d}I(t)/\mathrm{d}t = 0$, 可以推导得到 λ 的传播阈值 $\lambda_c = 1/\langle k \rangle$。若 $\lambda \geqslant \lambda_c$, 病毒就会在人群中任意流动, 否则病毒就会在人群中消逝。

这一阈值 λ_c 的存在描述了如下基本事实: 在一个网络空间中, 当传染病的传播概率大于人群关系密度时, 传染病会大范围蔓延; 当传播概率小于人群关系密度时, 传染病不会蔓延。初始未感染者密度越大, 感染越容易大规模暴发。但是, 随着感染者的恢复或死亡, 传染病将不再在这一群体中流行并逐渐消失。需要注意的是, 并非不再有感染者时感染过程才消亡, 而是在此之前传播就已结束。

3. SIR 模型

现实世界中存在一些病毒, 感染这些病毒的个体一旦痊愈将获得一定的免疫功能, 如天花、计算机病毒等。SIR 模型适合于描述感染者在治愈后可以获得终生免疫力, 或者感染者几乎不可避免地走向死亡的情形, 形成既非易感态也非感染态的节点状态, 称为移出态。这类节点既不会感染别人, 也不会被感染, 即不再对传播动力学过程产生任何响应, 可以看成已从系统中移除。SIR 模型传播过程如图 4.8 所示。

图 4.8 SIR 模型示意图

在 t 时刻, 节点 x 上个体的状态的演化过程可表示为

$$S \to I \quad \text{感染数量} \quad \lambda K_x(t)$$

$$I \to R \quad \text{移出数量} \quad \eta \lambda K_x(t)$$

或

$$S \to I \quad \text{感染概率} \quad 1 - (1 - \lambda)^{K_x(t)}$$

$$I \to R \quad \text{移出概率} \quad \eta$$

$I \to R$ 所表达的意思是说 I 态人群有时候会被移出, 移出概率为 η。经推导可得

$$\begin{cases} \dfrac{\mathrm{d}I(t)}{\mathrm{d}t} = \lambda I(t) \, kS(t) - \eta I(t) \\ \dfrac{\mathrm{d}R(t)}{\mathrm{d}t} = \eta I(t) \end{cases} \tag{4.3.5}$$

式中, $R(t)$ 表示 t 时刻移出态节点占总节点数的百分比, $I(t)$ 代表 t 时刻感染态节点占总节点数的百分比, 可得易感态节点占总节点总数的百分比为 $1 - I(t) - R(t)$, 当 $\eta = 1$ 可得

$$\frac{\mathrm{d}I(t)}{\mathrm{d}t} = \lambda I(t) \, k \left[1 - I(t) - R(t)\right] - I(t) \tag{4.3.6}$$

据式 (4.3.6), 可以推出 λ 的阈值 $\lambda_{\mathrm{c}} = 1/\langle k \rangle$, 若 $\lambda > \lambda_{\mathrm{c}}$, 病毒就会在人群中任意流动, 但是在某个时间点, 各种状态的数量会达到一种平衡, 这时候网络中的所有节点都将处于可能被移出的状态, 能够被感染的节点是不存在的, 这也是 SIR 模型和 SIS 模型的根本区别。SIR 模型各类节点占比变化过程如图 4.9 所示。

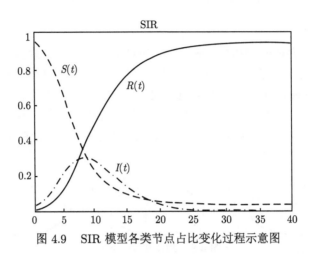

图 4.9   SIR 模型各类节点占比变化过程示意图

可以看出, 在节点占比 $S(t)$、$I(t)$、$R(t)$ 分别为 0.94、0.04 和 0.02 的初始条件下, 易感态节点占比 $S(t)$ 单调递减, 同时, 感染态节点占比 $I(t)$ 快速增加, 到达峰值点后逐渐下降, 与 $S(t)$ 一起趋于零, 呈现出先升后降的趋势, 最终, 随着感染节点获得恢复和免疫能力, 移出态节点占比 $R(t)$ 趋于 1, 传染病传播过程结束。

群体免疫正是基于这一原理, 当网络中不存在易感态节点时, 整个传染过程将不会发生。借助群体免疫措施提高群体免疫力, 使得人群中有免疫力的人数占人群总数的比例提高到一定程度, 将这些具有免疫力的节点视作空节点, 空节点越多, 群体分布越稀疏, $\langle k \rangle$ 就越小, 阈值 λ_c 将越大, 从而无法达到传播条件, 群体免疫作用最终变得有效。

4.3.3   基于无标度网络的流行病传播模型

现实世界中人们通过相互之间的各种连接关系形成的网络具有无标度网络特征。在无标度网络中, 网络的规模和节点的度分布并不是相互依存的关系, 各节点度的相似性很小, 即度分布没有一个特定的平均值指标, 也就是说, 如 $k \approx \langle k \rangle$ 的关系不复存在。无标度网络节点的度分布, 可用一个与网络规模无关的参数描述, 这一特征在网络动力学特性上起着至关重要的作用。考虑节点度的差别, 式 (4.3.6) 中的微分方程可视为无标度网络下的 SIR 模型,

$$\begin{cases} \dfrac{\mathrm{d}S(t)}{\mathrm{d}t} = -\lambda k S(t)\mu(t) \\[2mm] \dfrac{\mathrm{d}I(t)}{\mathrm{d}t} = \lambda k S(t)\mu(t) - I(t) \\[2mm] \dfrac{\mathrm{d}R(t)}{\mathrm{d}t} = I(t) \end{cases} \qquad (4.3.7)$$

式中, $S(t)$ 表示在 t 时刻节点所处的状态是易感态, 其值是 k 的密度函数; $I(t)$ 表示在 t 时刻节点所处的状态是感染态, 其值是 k 的密度函数; $R(t)$ 表示在 t 时刻节点所处的状态是移出态 (或免疫态), 其值是 k 的密度函数; λ 为感染概率。三者满足:

$$S(t) + I(t) + R(t) = 1 \tag{4.3.8}$$

$\mu(t)$ 表示 t 时刻网络中的任意一条边指向任意一个感染源的概率, 若节点度为 k 的概率为 $P(k)$, 那么, 任意一条边指向度为 k 的节点的概率为 $kP(k)$, 由此可得

$$\mu(t) = \frac{\sum\limits_{k} kP(k)I(t)}{\sum\limits_{s} sP(s)} = \frac{\sum\limits_{k} kP(k)I(t)}{\langle k \rangle} \tag{4.3.9}$$

若 $t = 0$ 时, $S(0) \approx 1$, $I(0) \approx 0$, $R(0) = 0$, 则有

$$S(t) = S(0)\mathrm{e}^{-\lambda k \int_0^t \mu(t)\mathrm{d}t} \approx \mathrm{e}^{-\lambda k \int_0^t \mu(t)\mathrm{d}t} = \mathrm{e}^{-\lambda k \xi(t)} \tag{4.3.10}$$

式中, $\xi(t) = \displaystyle\int_0^t \mu(t)\mathrm{d}t$, 有 $\xi(t) = \dfrac{1}{\langle k \rangle} \displaystyle\sum_k kP(k) \int_0^t I(t)$。

因 $R(t) = \displaystyle\int_0^t I(t)$, 有

$$\xi(t) = \frac{1}{\langle k \rangle} \sum_k kP(k)R(t) \tag{4.3.11}$$

对上式求导

$$\frac{\mathrm{d}\xi(t)}{\mathrm{d}t} = \frac{1}{\langle k \rangle} \sum_k kP(k)\frac{\mathrm{d}R(t)}{\mathrm{d}t} = \frac{1}{\langle k \rangle} \sum_k kP(k)I(t) = \frac{1}{\langle k \rangle} \sum_k kP(k)[1 - S(t) - R(t)]$$

可得

$$\frac{\mathrm{d}\xi(t)}{\mathrm{d}t} = 1 - \frac{1}{\langle k \rangle} \sum_k kP(k)\mathrm{e}^{-\lambda k \xi(t)} - \xi(t) \tag{4.3.12}$$

当 $t \to \infty$ 时, $I(\infty) = 0$, 有 $\lim\limits_{t \to \infty} \dfrac{\mathrm{d}\xi(t)}{\mathrm{d}t} = 0$,

$$\xi_\infty = 1 - \frac{1}{\langle k \rangle} \sum_k kP(k)\mathrm{e}^{-\lambda k \xi(\infty)} \tag{4.3.13}$$

若求非零解, 须满足

$$\frac{\mathrm{d}}{\mathrm{d}\xi_\infty}\left[1-\frac{1}{\langle k\rangle}\sum_k kP(k)\mathrm{e}^{-\lambda k\xi(\infty)}\right]\Bigg|_{\xi_\infty=0}\geqslant 1 \qquad (4.3.14)$$

所以有

$$\frac{1}{\langle k\rangle}\sum_k kP(k)(-\lambda k)=\lambda\frac{\langle k^2\rangle}{\langle k\rangle}\geqslant 1 \qquad (4.3.15)$$

从而得到传播阈值

$$\lambda_c=\frac{\langle k\rangle}{\langle k^2\rangle} \qquad (4.3.16)$$

因无标度网络中的度值 k 常被认为是连续的, 其度值可积

$$\langle k^n\rangle=\int_m^{k_{\max}}k^nP(k)\mathrm{d}k \qquad (4.3.17)$$

式中, $k_{\max}$ 表示有限规模网络中节点度的最大取值。由无标度网络特征 $P(k)=2m^2k^{-3}$, 计算得 $\langle k\rangle=2m$, $\langle k^2\rangle=2m^2\ln\left(\dfrac{k_{\max}}{m}\right)$, 则

$$\lambda_c=\left[m\ln\left(\frac{k_{\max}}{m}\right)\right]^{-1} \qquad (4.3.18)$$

又因 $k_{\max}=mN^{1/2}$, 可得阈值

$$\lambda_c=\frac{2}{m\ln(N)} \qquad (4.3.19)$$

可以看出, 随着 m 和 N 的增加, 临界阈值 λ_c 越来越小。当 $N\to\infty$ 时, 有 $\lambda_c\to 0$, 对于无标度网络而言, 若网络的规模为无限大, 无标度网络没有有限阈值。这意味着在没有边际的无标度网络上, 极少的感染态节点也将使流行性传染病传播至网络的每个节点。但是, 现实网络中的大部分网络, 其规模不可能是无限的, 节点总是有限的 (Jeong et al., 2000), 因而无标度网络的阈值也是客观存在的 (Pastor-Satorras and Vespignani, 2001a, 2001b)。

同时, 无标度网络的阈值和小世界的阈值不同, 在于无标度网络的阈值随着网络规模的变化而变化, 但小世界网络的阈值是网络本身的固有特性。

4.3.4 营区流行病防控

以部队营区这一特殊封闭区无标度网络人群的流行病传播为研究对象建立 SIR 模型, 通过全面深入分析和数值仿真, 揭示流行病在营区的发生过程, 从而对其传播特性进行总结, 对其未来的趋势进行预判. 同时还要追根溯源, 找到影响传播的根本因素, 做好理论上的储备. 基层部队是无标度网络人群, 各级人员编制是相对固定的, 训练演习期间的人员编组也是相对固定的, 所以在部队这个特殊群体的无标度网络中, 网络的尺度是有限的, 也是相对固定不变的, 因此部队营区中临界点阈值 λ_c 是存在的.

运用上述结果可以在不同的无标度模型网络上进行仿真实验, 这些无标度网络的规模分别是 $N = 10000$(师标准编制) 和 $N = 2000$(团标准编制). 在仿真实验中, λ 为变化参数, 用以分析在不同情况下传播阈值对网络变化的影响.

在无标度模型所生成的有限规模无标度网络上考虑 SIR 模型, 当网络规模 N 分别是 10000 和 2000 时, 令已存在的节点数 $m = 10$(班标准编制), $i(0) = 0.02$, $s(0) = 0.98$, λ 分别取 $2\lambda_c$ 和 $0.8\lambda_c$ 时, 得到图 4.10 所示 SIR 模型的传播过程.

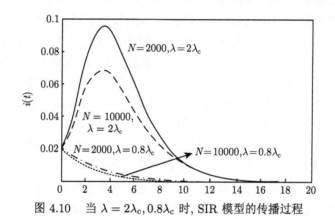

图 4.10　当 $\lambda = 2\lambda_c, 0.8\lambda_c$ 时, SIR 模型的传播过程

图 4.10 说明了有限规模无标度网络上传播阈值的存在, 而且当 $\lambda > \lambda_c$ 时, 疾病会在部队营区大规模暴发, 而当 $\lambda < \lambda_c$ 时, 疾病不会在营区大规模暴发, 采取及时的措施就会最终消失.

虽然通过复杂网络上的模拟与计算探究疾病传播的特性有助于传染病流行病的控制, 但是在实际中, 仅仅研究其传播是不够的. 在阻断疾病传播的基础上, 若能考虑免疫策略和经济成本, 进而在免疫成本较低的同时实现疾病传播的抑制或控制, 这对于挽救生命、节约成本、维持社会稳定都具有非常重要的现实意义, 也给疾病的预防与控制提出了新的启发与挑战.

2020 年, COVID-19 大流行病在全球蔓延, 基于复杂网络的传染病模型、封闭管理的有效性、疫苗的可及性和可负担性等基本模型和基本原理, 对制定、实施和执行疫情防控相关措施显示出重要的作用。

由于社会管理制度的不同、地区和经济发展水平之间的差异, 针对 COVID-19 大流行病的预防与控制, 涌现出了许多不同的管控方式。在与流行病预防与控制相关的其他研究领域, 如生物科学、重症医学、社会治理等, 必将随着对病毒溯源、疫苗研发接种、降低重症率和死亡率、社区管理等实践进程, 形成更完备深入的理论与方法, 从而帮助人们获得应对未来疫情风险的能力。

截至 2022 年 5 月, 国内疫苗接种量达 33.81 亿剂次。中国以提供抗疫物资和新冠疫苗、派遣医疗专家组等实际行动为全球抗疫合作作出积极贡献, 到 2022 年 5 月, 已向 120 多个国家和国际组织提供超过 22 亿剂新冠疫苗。

本节新闻摘录介绍全球为消灭脊髓灰质炎付出的努力, 提示病毒只要有传播, 疫情就有流行的风险。

....

新闻摘录　启动全球消灭脊灰行动 (世界卫生组织, 2018, 3)

过去三十年来, 人们在根除小儿麻痹症方面取得了巨大进展。1988 年全球消除小儿麻痹症倡议 (GPEI) 诞生, 当时小儿麻痹症在超过 125 个国家中肆虐, 每天近 1000 名儿童因此瘫痪。由于免疫工作惠及到近 30 亿名儿童, 自那时起小儿麻痹症病例降低了 99%。2012 年小儿麻痹症在印度绝迹, 而印度长久以来都被认为是最难根除该疾病之地。2015 年, 尼日利亚——非洲最后一个小儿麻痹症流行国——也宣布根除了该疾病, 小儿麻痹症只存在于巴基斯坦和阿富汗。但是, 2016 年尼日利亚新出现了两例因感染脊髓灰质炎病毒而导致的儿童瘫痪。

世界卫生组织称, 只要还有一个儿童感染有脊髓灰质炎病毒, 全世界所有国家的儿童就都面临被感染的风险。如果我们无法完全根除这种极具传染性的疾病, 那么十年之内, 病毒可能会卷土重来, 每年将新增 20 万例病例。2008 年起, 20 多个国家都曾暴发过小儿麻痹症疫情, 有些国家甚至出现多次疫情。

比尔及梅琳达·盖茨 (Bill & Melinda Gates Foundation) 表示, 目前是根除脊髓灰质炎的最后阶段, 现在比以往任何时候都更接近这一目标。最近两年, 根除野生脊髓灰质炎病毒的工作取得了前所未有的进展, 2015 年时还有 74 例病例, 2016 年就减少到了 37 例, 2017 年只在 2 个国家发现 12 例病例。

脊髓灰质炎病毒只能在人之间传播, 需要有尚未感染过的人才能不断传播和蔓延, 如果一个地区的所有人都对脊髓灰质炎病毒免疫, 病毒就无法找到 "新人" 感染。因此只要一个地区内有足够多儿童接种疫苗, 脊髓灰质炎病毒就会被根除。

....

4.4 复杂网络中的崩塌

在传染病模型中, 上文已经以无标度模型为重点对基层部队控制流行病的可行性方法进行了分析探讨, 发现网络的尺度有限时模型存在临界点阈值 λ_c。当 $\lambda > \lambda_c$ 时, 疾病会在部队营区大规模暴发。结合崩塌的概念, 不难看出疾病的暴发也是崩塌过程在复杂网络上的体现。

4.4.1 复杂系统崩塌现象

随着复杂系统规模的增大, 子系统之间的关联关系越来越紧密和复杂。在复杂系统的运行过程中, 不可避免地会受到系统外部及内部因素的干扰。其中某些干扰因素可能是致命的, 会导致某个或某些子系统崩溃。由于子系统之间的紧密联系, 崩溃的子系统可能会导致与其关联的其他子系统崩溃。这种影响由点及面, 在整个复杂系统中蔓延, 最终可能会导致系统功能完全丧失, 即系统崩塌。崩塌现象很难以精确的数学形式来表示, 但是复杂网络为崩塌现象的描述提供了可能。

现实世界中的大多数复杂系统都可以用网络来描述。网络中的节点可以代表真实系统中的子系统, 边代表子系统之间的相互关联。网络中的每一个节点可以有多种状态, 当前节点的状态可能会影响甚至决定与之有关联的其他节点的状态。如图 4.11(a) 所示, 若当前节点 u 处于某种崩溃状态 S, 下一时刻该状态将沿箭头方向向与之关联的节点扩散, 即开始崩塌扩散; 因各节点自身的差异性及可能具有一定的抗崩溃能力, 与之相邻的节点 v, w, x 受到崩溃节点 u 的影响只有超过一定阈值时才会崩溃, 这种抗崩溃能力源于子系统的初始设计, 如图 4.11(b) 所示。

其他节点则未必会在节点 u 的影响下变为崩溃状态, 且崩溃节点对其关联节点的影响往往存在一定的延迟, 如节点 y, 这种延迟是多方面原因造成的, 如空间距离、子系统本身的抗崩溃能力等。如果系统中所有节点经过一段时间的相互影响和作用后, 状态均变为 S, 则可以理解为系统在状态 S 下的完全崩塌, 如图 4.11(c) 所示。

在疾病传播的模型中, 每个人就是一个子系统。以 SIR 模型为例, 系统中节点的状态可分为 S、I、R 三种。其中一些节点在初始时刻处于状态 I, 即因外界干扰或自身情况患病。与状态 I 相连的 S 态人群会以一定概率转变为 I 态, 此处的概率即为感染概率 λ。在此模型下的系统崩溃扩散就可以表达为: 在一定规模的网络中, 状态 I 的节点以连接强度 λ 影响周围节点状态, 直至网络中所有节点都为状态 I, 即所有人都染病, 该系统完全崩塌。虽然在实际生活中, 系统中所有人都染病的情况很少出现, 但是疾病的大面积暴发体现了崩溃的过程, 只是在程度上没有达到完全崩塌。

沙堆模型是复杂系统崩塌的典型例子, 如图 2.2 所示。若以每一个沙粒为一个节点, 节点有两个状态: 崩塌和正常。在初始时刻设置一部分节点崩塌, 接下来每个时刻任意一个节点的状态必须由与其直接相连的节点状态决定。该节点的状态一旦设置为崩塌, 则其状态在演化过程中保持不变。基于这个演化规则, 如果网络中节点的度分布和临界值分布满足某种关系, 则单个或多个节点崩塌后会造成蔓延, 最终大量节点崩塌, 宏观表现为沙堆的完全崩塌, 如图 4.12 所示。

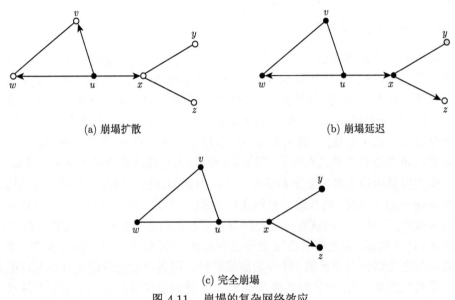

(a) 崩塌扩散   (b) 崩塌延迟

(c) 完全崩塌

图 4.11   崩塌的复杂网络效应

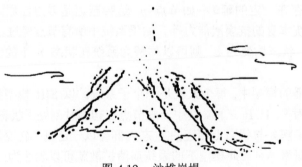

图 4.12   沙堆崩塌

4.4.2   复杂电网负荷容量模型

电力网络是一种复杂网络, 由电力网络的拓扑结构可反映出国家与区域的城市化和工业化的发展历程 (Watts and Strogatz, 1998)。在电力网络中, 发电厂、变电站和子站是网络节点, 高压传输线是网络的边, 将这些节点连接起来。2003 年 8 月 14 日, 美国东北部部分地区以及加拿大东部地区发生大范围停电, 在这次大停电事故中至少有 21 座电厂停运, 受影响地区达 24000 平方公里, 约 5000 万人受到事故影响。

事故调查报告显示, 大停电的起因是过热的电线弧垂落到树上, 引发一连串激烈的连锁反应, 最终导致输送电路崩溃。一个极为普通的故障现象, 何以引发如此猛烈的灾难事故, 以至于在事故蔓延过程中已无法辨别情况进而不可控制?

采用负荷–容量模型, Kinney 对北美大停电事故进行了有效的分析 (Kinney et al., 2005)。他认为网络中大部分节点的崩溃不会对整个电网系统造成影响。如果崩溃节点是负荷较大的电站, 往往会导致其他节点崩溃, 随着过载容量的增大, 电网系统的损失相应减少, 两者关系符合幂律分布; 网络中还存在第三类节点, 这类节点会在初始阶段符合幂律分布, 但在一段时间后损失影响会迅速下降。

该模型具体描述如下:

(1) 每个节点有一定的初始负荷 w_i, 以及最大容量限制 T_j;

(2) 在每个时序随机选择一个节点 i, 使其处于崩溃状态, 即 $w_i = 0$;

(3) 对于节点 i 的 k_i 个邻居节点, 每个邻居节点 j 会在原有负荷 w_j 上增加一定的负荷 Δw_j, 若 $w_j + \Delta w_j > T_j$, 则节点 j 崩溃; 否则, 节点 j 正常工作;

(4) 反复计算 (3) 中新节点的符合, 进行判断。

负荷–容量模型是一种典型的崩塌模型。这一模型中, 网络中的每个节点或边被赋予了一定的初始负荷和容量。当其中某个节点或边因为一些原因而超负荷并最终崩溃时, 这一节点或边的已有负荷会根据网络特性与规则设定分配给网络中与其相连接的其他节点或边。受到影响的节点或边因为增加了额外的负荷, 有可能会自身超负荷并导致崩溃, 从而进一步引发网络中的负荷重新分配, 并导致崩溃节点或边的数量不断增加。

现代电网的大范围连通使得供电线路、控制设备和操作人员广泛地连接起来, 形成了包括线路、设备与人员的巨大网络。当某一节点的容量超过其负荷而发生故障时, 预设的设备与措施失去控制, 造成周围节点超负荷运转进而导致更大范围的故障, 以至于线路崩溃、设备停转和失误操作等偶发情况在极短的时间内多发、连发, 最终导致电网系统完全崩溃。

....

新闻摘录 2003 年 8 月 14 日在美国和加拿大停电的最终报告 (北美电力系统可靠性协会, 2004, 4)

分析显示, 2003 年美国东北部及加拿大东部地区的大停电造成了约 250 亿到 300 亿美元的损失, 纽约州在 80% 供电中断的情况下, 断电 29 个小时后电力供应得以全部恢复。图 4.13 描述了 8 月 14 日以时间为横轴, 以电网事件、计算机事件和人员事件为纵轴的大停电事故发生与发展过程。

　　13:31 First Energy (FE, 第一能源) Eastlake 5 号机组因空调负荷较高跳闸，引起 FE 从相邻电网补充缺额，使控制区内偏低的系统电压调整更为困难；

　　14:02 Stuart-Atlanta 345kV 输电线路由于对树木放电跳闸，造成 MISO (Midwest Independent System Operator, FE 的上级调度中心) 的状态估计软件不能有效运行；

　　14:14 MISO 的计算机控制软件没有进行有效运算，造成 MISO 未能及时对下午的电网安全问题提早警告；

　　14:14-15:59 FE 的自动化系统故障，14:14 EMS(Energy Management System) 告警系统失灵，14:20 远端控制停止运行，14:41 EMS 主服务器死机，14:54 备用服务器死机。FE 自动化系统停止运行造成相关人员无法了解情况，加之因对树木放电造成的短路，最终成为停电事故的主要原因；

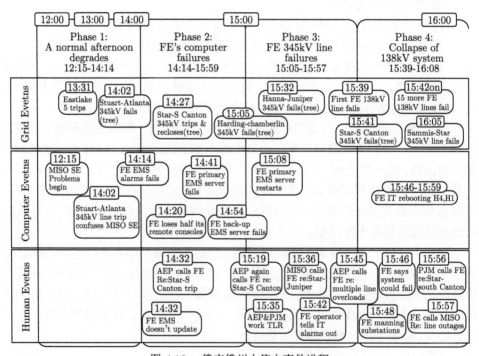

图 4.13　俄亥俄州大停电事件进程

(来源：Timeline: Start of the Blackout in Ohio, Final Report on the August 14, 2003 Blackout in the United States and Canada)

　　15:05-15:41 三条 345kV 线路断开，15:05 Harding-Chamberlin 345kV 线路断开，15:32 Hanna-Juniper 345kV 线路断开，15:41 Star-S Canton 345kV 线路断开，

原因均为线路对树木放电。电网电路走廊的植物生长超过预计, 线路重载导致弧垂加剧, 线路对树木放电引发短路, FE 的三条 345kV 重要线路在低于运行极限的情况下跳闸, 造成 FE 地区电压进一步降低。

同时, 由于缺乏 FE 的数据支撑, PJM(Pennsylvania/Maryland/New Jersey 联合电力系统) 和 AEP(American Electric Power, 美国电力公司) 没有认识到危险程度。

15:19-15:57 AEP、MISO、FE、PJM 工作人员之间发生若干问询电话, 因 "太多事情顷刻间发生, 而没有时间调查详情", 线路退出情况不明;

15:39-15:42 及之后俄亥俄州北部 138kV 输电系统解列, 15:39 FE 138kV 线路跳闸, 15:42 开始超过 15 条 138kV 线路跳闸;

16:05 Sammis-Star 345kV 线路跳闸, 俄亥俄州东北地区的电路系统问题引发为美国东北部和加拿大安大略地区大停电事故, 触发了系统崩溃。

此后, 发生了一系列连锁反应, 包括: 多回输电线路跳开、潮流大范围转移、系统发生摇摆和振荡、局部系统电压进一步降低、引起发电机组跳闸, 使系统功率缺额增大, 进一步发生电压崩溃, 同时有更多的发电机和输电线路跳开, 造成大面积停电的发生。

4.5 小 结

本章以 SIR 流行病模型为基础, 基于无标度网络探讨基层部队流行病免疫的可行性方法, 因实际网络的规模受限, 在基层部队无标度网络人群中存在临界点阈值 λ_c。现在人口超千万的大规模城市 (群) 越来越多, 这些城市对交通、食品、供水和电力等必需品及输送清运系统的依赖之巨大, 已经构成了一个具有自组织特征的复杂系统, 而因电力供应而形成的复杂网络历经的一次严重事故揭示了崩塌的产生、发展和内在机制, 使得复杂工程系统的非线性动力学及其特征得以展现出来。

参 考 文 献

段志生. 2008. 图论与复杂网络. 力学进展, 38(6): 702-712.

方锦清, 汪小帆, 刘曾荣. 2004. 略论复杂性问题和非线性复杂网络系统的研究. 科技导报, 2004(2): 9-12.

何大韧, 刘宗华, 汪秉宏. 2009. 复杂系统与复杂网络. 北京: 高等教育出版社.

何越磊. 2005. 沙堆模型复杂性现象及自组织临界性系统研究. 西南交通大学.

李涛. 2013. 基于无标度网络的营区流行性传染病传播模型与防控研究. 中国科学院大学硕士学位论文.

刘小涛. 2015. 复杂网络上的传染病传播和免疫接种策略研究. 兰州大学硕士学位论文.

吕金虎. 2004. 复杂动力网络的数学模型与同步准则. 系统工程理论与实践, 24(4): 17-22.

汪小帆. 2006. 复杂网络理论及其应用. 北京: 清华大学出版社.

印永华, 郭剑波, 赵建军, 等. 2003. 美加 "8.14" 大停电事故初步分析以及应吸取的教训. 电网技术, 27(10): 8-11.

周涛, 张子柯, 陈关荣, 等. 2014. 复杂网络研究的机遇与挑战. 电子科技大学学报, (1): 1-5.

Albert R, Barabási A. 2002. Statistical mechanics of complex networks. Review of Modern Physics, 74(1): 47-97.

Bang-Jensen J, Gutin G Z. 2009. Digraphs: Theory, Algorithms and Applications. London: Springer.

Barabási A L, Albert R. 1999. Emergence of scaling in random networks. Science, 286 (5439): 509-512.

Blackley D J, Wiley M R, Ladner J T, et al. 2016. Reduced evolutionary rate in reemerged Ebola virus transmission chains. Science Advances, 2(4): e1600378.

Erdös P, Rényi A. 1960. On the evolution of random graphs. Publication of the Mathematical Institute of the Hungarian Academy of Sciences, 5: 17-61.

Kermack W O, McKendrick A G. 1927. A contribution to the mathematical theory of epidemic. Proc. Royal Society London. Series A, Contain Papers of a Mathematical and Physical Character, 115(772): 700-721.

Kermack W O, McKendrick A G. 1932. Contributions to the mathematical theory of epidemics-II: The problem of endemicity. Bulletin of Mathematical Biology, 53(1/2): 57-87.

Kermack W O, McKendrick A G. 1933. Contributions to the mathematical theory of epidemics-III: Future studies of the problem of endemicity. Bulletin of Mathematical Biology, 53(1/2): 89-118.

Kermack W O, McKendrick A G. 1939. Contributions to the mathematical theory of epidemics-IV: Analysis of experimental epidemics of the virus disease mouse ectromelia. The Journal of Hygiene, 39(3): 271-288.

Kinney R, Crucitti P, Albert R, et al. 2005. Modeling cascading failure in the North American power grid. The European Physical Journal B Condensed Matter and Complex Systems, 46(1): 101-107.

Ladner J T, Grubaugh N D, Pybus O G, et al. 2019. Precision epidemiology for infectious disease control. Nature Medicine, 25(2): 206-211.

Lü J H, Yu X H, Chen G R, et al. 2004. Characterizing the synchronizability of small-world dynamical networks. IEEE Trans. Circuits and Systems I, 51(4): 787-796.

Lü J H, Wen G H, Lu R Q, et al. 2022. Networked knowledge and complex networks: An engineering view. IEEE/CAA J. Autom. Sinica, 9(8): 1366-1383.

Jeong H, Tombor B, Albert R, et al. 2000. The large-scale organization of metabolic networks. Nature, 407(6804): 651-654.

Pastor-Satorras R, Vespignani A. 2001a. Epidemic dynamics and endemic states in complex networks. Physical Review E, 63(6): 066117.

Pastor-Satorras R, Vespignani A. 2001b. Epidemic spreading in scale-free networks. Physics Review Letters, 86(14): 3200-3203.

Ruan S, Wang W. 2003. Dynamical behavior of an epidemic model with a nonlinear incidence rate. J. Differential Equations, 188(1): 135-163.

Strogatz S H. 2001. Exploring complex networks. Nature, 410(8): 268-276.

Wang W, Ruan S. 2004. Bifurcation in an epidemic model with constant removal rate of the infectives. J. Mathematical Analysis & Applications, 291(2): 775-793.

Watts D J, Strogatz S H. 1998. Collective dynamics of 'small-world' networks. Nature, 1998(393): 440-442.

Zhou Y, Ma Z, Brauer F. 2004. A discrete epidemic model for SARS transmission and control in China. Mathematical & Computer Modeling, 40(13): 1491-1506.

第 5 章　多尺度数据与多尺度计算

多尺度现象在自然界中普遍存在, 许多学科对此都有研究。但是, 多尺度科学是近些年才被提出的, 并受到越来越多的关注。多尺度科学是一门研究各种空间尺度和时间尺度及相互耦合现象的科学。多尺度科学的研究领域十分宽广, 涵盖了较多学科, 如流体动力学、材料学、生物学、气象学、环境科学、化学和高能物理等门类, 而多尺度分析是这些科学研究的核心。

5.1　多尺度分析

尺度是划分探索自然界进程的标尺, 科学技术的进步源源不断地为拓宽与加深这一标尺提供动力。20 世纪末以来, 科学家认为未来重大科学突破将发生在更宏观或更微观的条件环境下, 当前, 这一设想正在被证实, 如深空深海、深地深蓝、生命健康等领域的技术进步, 无不是在更加宏观或更加微观的尺度探索世界而取得的巨大成就。

5.1.1　多尺度现象与多尺度数据

对多尺度现象的研究与分析是当代科学技术发展提出的要求。一个由众多子系统组成的复杂系统, 其每一个组分在发展和变化过程中都具有自己的步调和时间结构, 它们之间的区别依赖于不同尺度现象的存在。微观尺度是粒子力学的尺度, 其特征长度为粒子间相互作用的典型程, 约为 10^{-9}mm 数量级。而对标准条件下的气体, 其宏观尺度的特征长度超过 1mm, 在这一大尺度上系统的行为可通过一些宏观变量来描述, 如密度、温度和宏观流体运动速度等。

不同尺度上的细分有助于获取更多信息, 进而可描述事物的机制与规律。多个学科已形成尺度研究的理论和方法, 例如信号处理中的小波分析、图像处理中的尺度不变特征转换 (scale-invariant feature transform, SIFT) 方法和动态过程分析的 EMD(empirical mode decomposition) 方法等。

对于不同研究领域, 多尺度具有不同的含义。在物理学、经济学、生物学、历史学和地质学等领域, 特征时间的数量级及对比过程的相对数量级等范围等级的设定, 各有其表述尺度。物理学用碰撞时间、寿命、弛豫时间及其他不同数量级的特征时间来描述和区分不同的过程 (郭雅芳和王崇愚, 2001), 经济学关注短期波动、中期调整和长期增长 (曼昆, 2007), 生物学会比较突变和环境变化的速率、同一物种形成和不同物种形成之间的进化速率 (张彤和蔡永立, 2004), 历史学则用年来描述政治事件, 用几十年来描述社会与经济发展, 用几百年来描述民族和文化等因素, 地质学常常用代、纪等描述地质变化过程 (韩颜颜等, 2014)。

一般地, 对于尺度上的划分常参照以下依据:

(1) 按照时间上的度量级, 如生物系统和天气系统的生命史等;

(2) 按照空间上的度量级, 如固体变形、地震分析和材料分析等;

(3) 按照研究对象的状态, 如多相多态介质耦合等;

(4) 按照频率, 如信号数字处理中的多分辨分析。

由于研究对象的不同, 即使按照同样的划分依据, 同一名称的尺度参量在物理意义上也不尽相同, 例如在天气系统中, 中尺度大气运动的基本特征是水平尺度为 $2 \times 10^3 \sim 2 \times 10^6$ m, 而这已经远远超过了材料设计中最大的宏观尺度为 $10^{-6} \sim -10^0$m。这也说明了尺度的多变性和复杂性。

传统的多尺度问题具有相似性或弱耦合, 即不同尺度上的物理过程具有相似性, 因此可以求相似解; 或者, 不同尺度上的物理过程具有弱耦合, 因此可以采用平均法求解。目前, 在处理多尺度问题时可遵循以下分析途径。

(1) 平均法。将具有子结构的系统考虑为均一系统, 将所有参数平均处理, 如空间平均、时间平均及系统平均等。

(2) 离散化模拟。将系统全部离散化为足够小的单元, 使在这一单元尺度上构建的模型可以表达系统宏观结构的所有主要信息, 实现对多尺度系统的完整描述。

复杂系统由于具有多样性和强耦合等特性, 不同尺度上的物理过程既不具有相似性, 耦合也不再是弱的, 因此以往的分析方法难以刻画其组成部分之间的相互关系。也就是说, 传统的相似解和平均法对复杂系统多尺度问题不再适用。

在生物科学、流体动力学、材料学和化学中, 许多重要问题的本质都表现为多尺度, 涉及从分子尺度到连续介质尺度上不同物理机制的耦合和关联 (柴立和, 2005; 曾彭, 2015)。例如, 在生物和化学领域, 分子尺度上的不同性态产生了生物体尺度上的复杂现象; 在流体力学中, 不同时空尺度的涡相互作用构成复杂的流动图案。这些问题的共同特点是不同尺度上物理机制的耦合和关联 (何国威等, 2004; 白以龙, 2007)。只考虑单个尺度上某个物理机制, 不可能描述整个系统的复杂现象, 因而多尺度研究的核心问题是多过程耦合和跨尺度关联 (钱宇华等, 2015)。

一般地, 多尺度科学研究的主要内容包括: 多尺度现象的描述、多尺度现象的机制和多尺度现象的关联。多尺度现象的描述就是将过程分解, 对事物选择合适的尺度来分析和讨论, 研究每个尺度下的行为状况; 多尺度现象的机制分析就是从微观的动力学方程或场方程到反映物质形态分布宏观现象的粗视化过程, 从微观动力学到中观动力学再到宏观唯象现象的各种尺度上的显现, 揭示多尺度现象的物理机制。多尺度现象的关联是指如何进行尺度的转换和推演。关联的表达是多种多样的，可能是具有严格确定性关系的函数显式表达形式，可能是客观对象之间确实存在、但在数量上并不严格对应的依存关系，也可能是完全不存在内在联系的虚假相关关系，甚至是相互制约的关系等。可以说，因果关系也是关联关系的一种。

但是，无论是更微观地划分了的时频特性还是简洁分离的模态特征，这类变换与分离方法实质上只是对多尺度信息的计算与分析，并不包含跨尺度关联的动力学过程与特征。也就是说，小尺度上的变化是如何引起大尺度上崩塌的问题还未解决，多尺度分析尚未揭示尺度之间的影响关系及它们之间的相互作用过程。在不同尺度上研究关联也是一项重要的内容，这其中不仅包含不同尺度内关联的映射，也包括各尺度之间的关联关系。

多尺度现象的描述、机制和关联这三方面并不独立，通常三者相互交叉而联系在一起。

5.1.2　宏观与微观领域中的多尺度分析

在宏观科学领域或微观科学领域，多尺度分析均显示出许多颇有前景的应用。例如，多尺度大涡模拟方法用于分析湍流过程；统计细观损伤力学连接了细观与宏观尺度，可用于描述非均匀介质损伤演化；能量最小多尺度方法正在应用于化学多尺度现象的特性分析；多尺度有限元法 (finite element method, FEM) 和非齐次多尺度法则可分析与计算多孔介质中的多尺度问题等。

对不同的研究对象，多尺度分析遵循的基本路径为：

(1) 尺度分解。多尺度对象系统涉及各种各样的复杂过程，不仅同一尺度下有不同过程的耦合，且不同尺度下也有多过程的发生。由于每个单尺度的结构及其内部发生的过程都要比原始结构简单，因此，复杂系统可以经尺度分解，简化为若干不同尺度、相对单一、并实现部分解耦的结构。

(2) 子过程分析。复杂系统的典型特征是多尺度关联和多过程耦合，直接对全过程进行分析时无法揭示其内在机制，但是，由于每一尺度上和不同尺度间的耦联中都伴随着特征子过程，因此可通过分尺度分析子过程。

(3) 多尺度综合。在尺度分解和子过程分析的基础上，不同尺度下的关联关系和多过程耦合进程共同形成描述复杂系统的综合模型，因而多尺度综合是尺度计算与分析的关键环节，需在澄清不同尺度的相互作用和耦合条件等情况下展开。

有限体积法和有限元方法在宏观尺度上进行网格剖分，然后通过在每个单元里求解细观尺度的方程 (构造线性或者振荡的边界条件) 获得基函数，把细观尺度的信息反映到有限体积法或有限元法的基函数里，从而使宏观尺度的解包含了细观尺度的信息。这类方法常用于力学问题的数值计算，也用于各类场问题的数值求解, 如固体力学、流体力学、热传导、电磁学、声学和生物力学, 以及温度场、电磁场、流场等。

均匀化方法通过对单胞问题的求解, 把细观尺度的信息映射到宏观尺度上, 从而推导出宏观尺度上的均匀化等式, 即可在宏观尺度上求解原问题。而非均匀化多尺度方法是构造多尺度计算方法的一般框架, 该方法有两个重要的组成部分: 基于宏观变量的整体宏观格式和基于微观模型对宏观系统的估计与建模方式 (E, 2017), 常用于材料学和地学等研究领域。

小波分析也是多尺度领域的常用方法, 具体内容将在 5.2 节详细介绍。

不同研究领域对多尺度现象的描述、机制与关联的表达常常带有各自的特征 (Engquist et al., 2009)。在物理学和力学领域的多尺度分析, 主要针对三个方面。一是跨物质层次的固体变形和强度理论。固体变形直至破坏跨越了从原子结构到宏观结构的近十个尺度量级, 需要通过跨尺度研究实现材料结构的力学设计, 从而对正在服役的材料的寿命实现准确预测 (江山, 2008)。二是湍流和复杂流动。涉及多维动力系统的复杂多尺度流动是其中难度较大的部分, 常见的求解流体流动的数值计算方法有: 有限差分法、有限元法、有限体积法、边界元法和格子类方法等 (高智, 2003)。三是多相多态介质耦合、多物理场耦合及多尺度耦合分析 (李静海和郭慕孙, 1999)。

化学和化工领域中的多尺度研究是进展较快的部分。化学基础理论从电子排列的微观结构到宏观化学性质的探求, 包含着最基础的多尺度问题。高分子聚合物的结构和性能则涉及极广的时间和空间尺度 (孙其诚等, 2010)。而气固液多相反应的过程工程是流动、传递、分相和反应相互耦合的多尺度问题。

生命活动是最复杂的自然现象, 在生物领域, 应力和细胞生长的关系、组织工程、微小生物的特异性质等牵扯到从毫米到微米、纳米的多尺度结构 (孙小强和保继光, 2015)。同时, 自然界中的生物系统由调节有机体不同时间和空间区域的多功能网络构成, 维持着有机体的生长、发育和再生, 从决定蛋白质功能的最基本的氨基酸分子到调节激素分泌的细胞群体等, 生物系统具有在时间、空间和功能上的多尺度特性。

材料的性质, 特别是力学性质, 通常与多种尺度的过程相关联, 包括从原子尺度到宏观尺度。各个尺度间强烈的相互关联导致了材料表现出的各种行为, 所以材料行为的物理本质便具有多尺度性 (陶辉锦和尹健, 2007)。根据材料内部结构的尺度特征, 研究者可从纳观、细观和宏观不同层次分析研究, 例如利用多尺度均匀化有限元方法, 预测碳纳米管和纳米薄层各参数对复合材料层合板的宏观弹性模量的影响, 对新材料研究具有一定的指导作用。

目前, 气象系统分析中的天气特征尺度是应用较多的宏观尺度, 其中, 空间尺度主要以天气系统的水平尺度的大小来衡量, 时间尺度以天气系统的历程时间长短来衡量。大气中各类天气系统的特征尺度相差很大, 按特征尺度大致划分为: 行星尺度天气系统、天气尺度天气系统、中间尺度天气系统、中尺度天气系统和小尺度天气系统, 有时也将行星尺度天气系统和天气尺度天气系统统称为大尺度天气系统 (胡润山等, 2005), 其中, "中尺度系统" 的概念是在 20 世纪 50 年代初随着气象雷达和加密观测网的发展而形成的。

对于化学或化工系统、经济系统、生态系统、天体系统及地貌系统等横向领域的多尺度分析, 因不存在统一的哈密顿量, 所以不能像平衡系统那样进行统计和重整化, 是目前多尺度科学面临的难点。

从纵向来看, 最小作用量原理促使了拉格朗日力学和哈密顿力学的诞生, 已经发展成为一套标准的变分法, 求解了大量关于物质和宇宙尺度结构的问题。但是, 对于真实世界中广泛存在的远离平衡态的复杂系统的多尺度现象, 目前还没有出现较好的方法, 这也意味着目前对自然界的多尺度现象尚未有明确和彻底的揭示。

5.1.3 数据驱动

当研究对象越来越复杂时, 描述其发展变化过程的方式逐渐从简洁的定理、定律转向繁复的表达式, 进而以海量数据来表述复杂对象过程的方式转变, 即以往按寻求机制如 Newton 定律等为驱动 (principle-driven)、以数学模型为主的描述, 向以全数据状态过程、数据驱动 (data-driven) 的方式快速变化。这一变化是建立在 "数据即事物本身" 的基础之上的。

越来越多的现象表明, 大量的信息包含在这些系统变化过程中所产生的数据中, 许多持续时间长、空间分布广、动态变化大的数据正呈现出多源、异构和海量等特征。可以说, 数据正在以前所未有的方式影响和改变着科学研究的范式。对于一些由简单子元构成但其组合行为却非常复杂, 以致不可能简化为某种数学描述的系统, 最好的描述就是它本身, 如前文的流体湍流和沙堆崩塌。这类系统自身能够计算并完成存储、传递和处理信息, 从而使数据驱动成为隐不可见的过程。

因果关系曾经指导并决定着系统的研究与控制, 例如, 以逆问题为特征的动力学与控制可视作为以 "果"——性能指标, 去反求 "因"——控制输入, 从而使得系统的动力学特性和控制手段决定了系统的控制性能。但是, 以数据驱动为特征的动力学分析与控制, 则摆脱了基于简单或复杂的模型的束缚。数据驱动控制以输入输出 (I/O) 数据为其关键基础, 通过在数据之间建立关于可解释或不可解释的联系, 来表述状态与过程、原因与结果。这一点在以往是不可能达成的。

如何从海量数据中提取有用信息、如何分析大样本数据的内在动力学机制,以及如何真正利用这些数据描述复杂系统, 尚未形成通用的数据计算技术, 非线性动力学分析还缺乏基于数据驱动的理论与方法。但是, 作为一种新型计算理论和方法, 数据驱动的计算具有如下特点。

(1) 数据是动力源也是结果态。数据既是对研究对象的发展、变化、状态的描述, 是其发生发展变化的动力, 也是其现象、性质、规律等结论的表达方式。

(2) 数据驱动具有 "使动" 之意。数据 (流) 能够使对象过程发生动态变化, 类似于 "激励" 或 "动力", 表达出既是起因又是结果的含义。

(3) 发现未知规律和机制的可能。在传统方式下, 发掘事物的规律和机制时, 可能是观察到一个现象, 再用一个定律来表示它, 然后辅之以数据, 然而由多尺度、多模态数据表达的事物发展规律, 并非显式的公式, 因而那些事实上起作用的机制或许能够以数据的方式表达自身, 因此可能发现未知的规律和机制。

在多尺度方法的探索上, 无论是多尺度数学研究还是多尺度建模与模拟, 其目的在于寻求打破目前认识复杂物理过程的障碍。这些复杂系统的组分在发展和变化过程上都具有自身的尺度特征, 它们之间的区别依赖于不同尺度现象的存在 (Glimm and Sharp, 1998a, 1998b)。而现有复杂系统的理论和模型只能模拟单尺度过程或没有互相作用的分离尺度过程, 因此多尺度研究还有待进一步的发展 (Liang, 2017)。

5.1.4 搜索引擎广告关键字数据及收益计算

互联网数据的获取较其他行业更为便捷, 同时其数据更具有显著的时效性、原始性和海量特征。数据的时效性使人们能够进行及时干预并获得相应的收益, 海量的原始数据记录了成百上千万计的个体与群体以及个体与群体之间的联结和行为等信息, 研究这些行为及行为方式产生的影响可以判断和追踪舆论、消费甚至安全等相关行业与领域实时变化的状态, 由此将产生巨大的潜在经济效益, 并可提供重要的社会安全保障。

以广告数据为例, 在互联网搜索引擎公司的盈利中, 相当可观的一部分来自于其搜索引擎页面上显示的广告被点击后的收益, 由于搜索引擎用户存在的个体差异, 如何提高用户在使用搜索引擎的同时对搜索引擎中所显示的广告进行有效的点击, 就成为各大搜索引擎公司关注的重点。

表 5.1 为互联网广告系统参数及其数值含义, 列出了主要的搜索引擎广告点击数据的参量, 包括日期 (date)、市场分布 (market, 表示不同地域范围)、引擎网络 (network, 表示用户在使用不同搜索引擎, 例如 Yahoo 搜索引擎、Bing 搜索引擎时点击广告的相关数据)、搜索量 (searches)、有效搜索量 (searches PB)、点击数 (clicks)、收益 (revenue) 及其组合参量等。

表 5.1　互联网广告系统参数表

参数	数值含义
date	数据采集的日期
market	市场 (如亚洲、北美洲) 分布
network	网络, 搜索引擎 (如 Yahoo、Bing)
searches	每日关键字的搜索量
searches PB	每日关键字的有效搜索量
bided searches PB	每日有广告投放的关键字有效搜索量
north ads PB	每日北部展示广告的数量
impressions PB	每日的广告总量
clicks	每日的广告点击数
revenue	每日的广告收益
COV	bided searches PB / searches PB
NFP	north ads PB / searches PB
depth	impressions PB / bided searches PB
north depth ratio	north impression / impression
north depth	north depth ratio * depth
CY	clicks / searches PB
CTR	clicks / bided searches PB
RPS	revenue / searches PB
PPC	revenue / clicks
bucket	数据来源实验池

　　可以看出, 互联网搜索引擎广告点击数据具有其他领域数据所不可比拟的即时性、原始性与海量特征, 因而本节以关键字的搜索引擎广告数据采集系统为例, 给出广告数据多尺度特征与应用。

　　基于关键字查询的广告数据采集展示系统由关键字数据趋势图和关键字相关数据列表两个部分组成, 如图 5.1 所示, 上部曲线为关键字 facebook 在 Y!Search 上的搜索量趋势图, 下部列表为关键字的所有相关数据。通过点选图中左侧框中的选项选择不同的时间尺度 (Daily, Weekly, RPS estimator), 图中下拉框中的 Market 选项来选择不同的空间尺度 (全球市场或某个地区), 并可通过 Network 选项选择关键字广告的搜索引擎数据。

　　一方面, 通过专门设计的广告数据采集系统获得广告的相关数据, 完成数据收集、分类、存储和展示等处理, 就可以观察同一广告在不同的市场、不同的时间和不同的网络下投放后的点击与收益数据 (陈文杰, 2015)。另一方面, 通过各种尺度上以及不同尺度下的广告关键字数据信息的有效展示, 能够将许多稍纵即逝的有用信息以更直接、更简洁的方式显示出来, 从而可以及时地监测点击数据的变动趋势, 观察市场敏感数据之间的关联, 预测未来广告热点, 并准确投放获得收益。

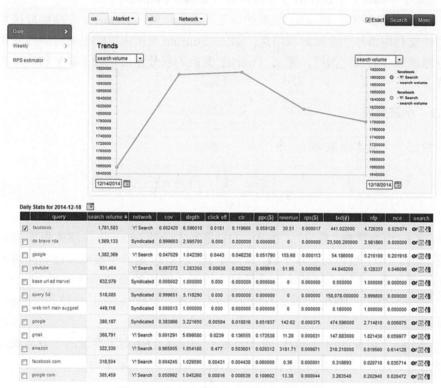

图 5.1　搜索引擎的广告关键字数据系统

5.2　时频处理与尺度空间

小波变换是一种窗口大小固定但形状可以改变的时频局部化技术, 通过尺度从粗到细的变化逐步聚焦分析对象的细节, 最终达到高频处时间细分, 低频处频率细分, 能自动适应时频信号分析的要求。小波分析是当前应用数学和工程学科中一个迅速发展的领域, 它在保留傅里叶 (Fourier) 分析优点的基础上, 又具有许多特殊的性能和优点。近来, 小波分析在面向图像压缩、特征检测及纹理分析的图像处理中获得了广泛应用。

Fourier 变换是数学发展史上的一个里程碑, 原因在于 Fourier 变换不仅具有数学上的重要理论价值, 尤其是 Fourier 变换使对信号的分析从时域转换到了频域, 获得了具有重大物理意义的频谱信息。Fourier 变换的实质是将信号分解成不同频率的正弦曲线的叠加, 利用 Fourier 变换对函数作频谱分析, 反映整个信号的时间频谱特性, 以揭示平稳信号的特征。正是 Fourier 变换的这种重要的物理意义, 决定了 Fourier 变换在信号分析和信号处理中的独特地位。

与小波变换相比, Fourier 变换的局限性在于: 第一, Fourier 变换提取信号的频谱需要利用信号的全部时域信息; 第二, Fourier 变换未反映出随时间的变化时信号频率成分的变化情况; 第三, Fourier 变换的积分作用平滑了非平稳信号的突变成分。

5.2.1 小波变换

给定一个基本函数 $\psi(t)$, 令

$$\psi_{j,k}(t) = \frac{1}{\sqrt{j}}\psi\left(\frac{t-k}{j}\right) \tag{5.2.1}$$

式中, j, k 均为常数, 且 $j > 0$; $\psi_{j,k}(t)$ 是基本函数 $\psi(t)$ 先作移位再作伸缩以后得到的。$\psi(t)$ 被称为基本小波, 或母小波, $\psi_{j,k}(t)$ 是母小波经移位和伸缩所产生的一簇函数, 称为小波基函数或简称小波基。常用的小波基函数有 Morlet 小波、Meyer 小波、Harr 小波、Daubechies 小波、Mexicanhat 小波和 Gauss 小波等。

对于平方可积的信号 $x(t)$, 即 $x(t) \in L^2(R)$, $L^2(R)$ 为可度量的平方可积的一维函数集合, $x(t)$ 的小波变换 (wavelet transform, WT) 定义为

$$WT_x(j,k) = \frac{1}{\sqrt{j}}\int x(t)\psi^*\frac{t-k}{j}\mathrm{d}t$$
$$= \int x(t)\psi_{j,k}^*(t)\mathrm{d}t = \langle x(t), \psi_{j,k}(t)\rangle \tag{5.2.2}$$

式中, j,k,t 均为连续变量, j 为尺度因子, k 为时移。尺度因子 j 的作用是把基本小波 $\psi(t)$ 作伸缩, 当 $j > 1$ 时, 若 j 越大, 则 $\psi(t/j)$ 的时域支撑范围 (即时域宽度) 就越小; 当 $j < 1$ 时, j 越小, 则 $\psi(t/j)$ 的宽度越宽。k 的作用是确定对 $x(t)$ 分析的时间位置, 也即时间中心。因此, j 和 k 联合确定了对 $x(t)$ 分析的中心位置及分析的时间宽度。因子 $1/\sqrt{j}$ 使在不同的尺度 j 下, $\psi_{j,k}(t)$ 始终能和母函数 $\psi(t)$ 有着相同的能量, 也可保证计算方便。信号 $x(t)$ 的小波变换 $WT_x(j,k)$ 是 j 和 k 的函数, 又可视为信号 $x(t)$ 和一簇小波函数的内积。因此该式又称为连续小波变换 (continuous wavelet transform, CWT)。

考虑频域上的小波变换, 令 $x(t)$ 的 Fourier 变换为 $X(\Omega)$, $\psi(t)$ 的 Fourier 变

换为 $\Psi(\Omega)$, 由 Fourier 变换的性质, $\psi_{j,k}(t)$ 的 Fourier 变换为

$$\psi_{j,k}(t) = \frac{1}{\sqrt{j}}\psi\left(\frac{t-k}{j}\right) \quad \Leftrightarrow \quad \Psi_{j,k}(\Omega) = \sqrt{j}\Psi(j\Omega)\mathrm{e}^{-jk\Omega} \tag{5.2.3}$$

由内白塞瓦尔定理, 式 (5.2.2) 可重新表示为

$$WT_x(j,k) = \frac{1}{2\pi} < X(\Omega), \Psi_{j,k}(\Omega) >$$

$$= \frac{\sqrt{j}}{2\pi}\int_{-\infty}^{+\infty} X(\Omega)\Psi^*(j\Omega)\mathrm{e}^{jk\Omega}\mathrm{d}\Omega \tag{5.2.4}$$

此式即为小波变换的频域表达式。

小波变换较之前的工具手段而言具有很好的时频定位功能。如果 $\psi_{j,k}(t)$ 在时域是有限支撑的, 那么它和 $x(t)$ 作内积后将保证 $WT_x(j,k)$ 在时域也是有限支撑的, 从而实现时域定位功能, 因此 $WT_x(j,k)$ 反映的是 $x(t)$ 在 k 附近的性质。

同样, 若 $\Psi_{j,k}(\Omega)$ 具有带通性质, 即 $\Psi_{j,k}(\Omega)$ 围绕着中心频率是有限支撑的, 那么 $\Psi_{j,k}(\Omega)$ 和 $X(\Omega)$ 作内积后也将反映 $X(\Omega)$ 在中心频率处的局部性质, 从而实现频率定位性质。图 5.2 给出了 Daubechies 基函数的时间–频率位置信息, 从 5.2(b)~(d) 可以看到, 当时间压缩时, 频谱将扩展, 图 5.2(c) 中基函数的宽度是图 5.2(d) 中基函数的一半, 而其谱宽是图 5.2(d) 中谱宽的 2 倍, 也就是说, 支撑度在时间上减半、在频率上倍增, 形成了宽度和高度不同但面积相等的单元, 同时提供了时间和频率的位置信息。

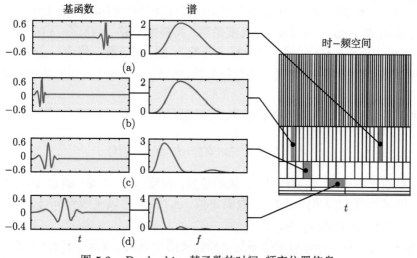

图 5.2　Daubechies 基函数的时间–频率位置信息

小波变换继承和发展了短时 Fourier 变换 (short-time Fourier transform, STFT) 局部化的思想, 同时又克服了窗口大小不随频率变化的缺点, 提供了一个面积保持不变的时–频窗口, 具有如下特点。

(1) 小波函数具有紧支撑的性质, 因此在求不同时刻的小波系数时, 只用到该时刻附近的局部信息, 无须像 Fourier 变换需要利用信号的全部时域信息。

(2) 小波系数不仅像 Fourier 系数那样随频率不同而变化, 而且对同一频率在不同时刻的小波系数也是不同的。

(3) 根据时间–频率窗宽度可变的特点, 小波变换时间–频率窗的宽度在检测高频信号时变窄, 在检测低频信号时变宽, 保留了信号的突变成分。

在实际应用中, 小波变换也存在自身的局限性。小波函数的选择是小波分析中的一个难点, 对于同一个工程应用问题, 用不同的小波函数进行分析得到的结果可能相差甚远, 往往需要通过实验来选取。而且, 小波分析虽然是时频分析的有效工具, 但是对于性质随时间稳定不变的信号, 处理的理想工具仍然是 Fourier 分析。此外, 即使是小波变换, 也同 Fourier 变换类似地仅聚焦在信号或数据的时频处理上, 而在信号或数据的多尺度探索上, 目前尚未出现像 Fourier 变换给信号处理带来的颠覆性的里程碑式的理论与方法。

5.2.2　多分辨分析

多分辨分析 (multi-resolution analysis, MRA) 又称为多尺度分析, 是建立在小波函数空间概念上的理论。MRA 不仅为正交小波基的构建提供了一种比较简单的方法, 也为正交小波变换的快速算法提供了理论根据。它的基本思想是随着尺度由大到小的变化, 在各尺度上可以由粗到细地观察目标。在大的尺度空间里只能观察到目标的概略, 而在小尺度空间里则可观察到目标的细微部分。

定义函数 $\varphi(t) \in L^2(R)$ 为尺度函数, 其整数平移 $\varphi_k(t) = \varphi(t - k)$ 满足 $< \varphi_k(t), \varphi_{k'}(t) >= \delta(k - k')$, 这里的 δ 函数为 Dirac 函数。将由 $\varphi_k(t)$ 在 $L^2(R)$ 空间张成的一个空间 V_0 定义为零尺度空间, 即 $V_0 = \text{span}\{\varphi_k(t)\}, k \in \mathbf{Z}$, $\mathbf{Z}$ 为整数集。

对尺度函数进行尺度伸缩和平移, 可以得到

$$\varphi_{j,k}(t) = 2^{j/2}\varphi(2^j t - k) = \varphi_k(2^j t) \tag{5.2.5}$$

式中, 整数平移确定 $\varphi_{j,k}(t)$ 沿 x 轴的位置, 尺度 j $(j \in \mathbf{Z})$ 确定 $\varphi_{j,k}(t)$ 定的形状, 即其宽度和幅度。若对 j 取固定值, $\varphi_k(2^j t)$ 可以张成空间 V_j, 即 $V_j = \text{span}\{\varphi_k(2^j t)\}, k \in \mathbf{Z}$, V_j 为尺度空间。

基于以上, 多分辨分析是指满足下列性质的一系列子空间 $\{V_j\}, j \in \mathbf{Z}$。

(1) 一致单调性: $\cdots \subset V_2 \subset V_1 \subset V_0 \subset \cdots$;

(2) 渐进完全性: $\bigcap\limits_{j\in\mathbf{Z}} V_j = \{0\}$; $\bigcup\limits_{j\in\mathbf{Z}} V_j = L^2(R)$;

(3) 伸缩规则性: $f(t) \in V_j \Leftrightarrow f(2^j t) \in V_0, j \in \mathbf{Z}$;

(4) 平移不变性: $f(t) \in V_0 \Leftrightarrow f(t-k) \in V_0, k \in \mathbf{Z}$;

(5) 正交基存在性: 存在 $\varphi \in V_0$, 使得 $\{\varphi(t-k)\}$ 是 V_0 的正交基, 即 $V_0 = \operatorname{span}\{\varphi(t-k)\}, k \in \mathbf{Z}$, 且

$$\int_R \varphi(t-n)\varphi(t-m)\mathrm{d}t = \delta(n-m), \quad m,n \in \mathbf{Z} \tag{5.2.6}$$

如果 $\varphi(t-k)$ 是 V_0 的正交基, 则 $\varphi_{j,k}(t) = 2^{j/2}\varphi(2^j t - k)$ 是子空间 V_j 的正交基。在此基础上, 设 W_j 为 V_{j+1} 在 V_j 中的补空间, 即 $V_{j+1} = V_j \oplus W_j$, $\oplus$ 表示函数空间的并集, $W_j = V_{j+1} - V_j$, 任意 W_m 和 W_n 是相互正交的。因此, $L^2(R) = \bigoplus\limits_{j\in\mathbf{Z}} W_j$, 即 $\{W_j\}_{j\in Z}$ 构成了 $L^2(R)$ 一系列的正交子空间。设 $\{\psi_{0,k}; k \in Z\}$ 为空间 W_0 的一组正交基, 那么对于所有 $j \in \mathbf{Z}$, $\{\psi_{j,k}; k \in \mathbf{Z}\}$ 为空间 W_j 的一组正交基, 整个集合 $\{\psi_{j,k}; j \in \mathbf{Z}, k \in \mathbf{Z}\}$ 构成了 $L^2(R)$ 的一组正交基, 其空间关系如图 5.3 所示。

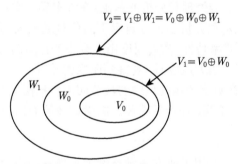

图 5.3 多分辨分析的空间关系图

由图可见, 当尺度 j 变大, 尺度函数的定义域变大, 实际平移间隔也变大, 不能反映小于该尺度的函数的细微变化。以最简单的基函数 Haar 函数为例

$$\varphi(t) = \begin{cases} 1, & 0 \leqslant t < 1 \\ 0, & 其他 \end{cases} \tag{5.2.7}$$

通过平移组合可张成 V_0 空间, 若分析高频信号, 则可对 Haar 小波进行多次二进压缩, 如一次二进压缩 $\varphi(t) \to \varphi(2t)$, 再平移组合即可构成高频空间。对于常见正弦信号, 分别对其进行 2 层、3 层及 4 层的 Haar 小波分解并重构, 结果如图 5.4 所示。可以看出, 尺度越大所反映的信号的细节就越不明显。

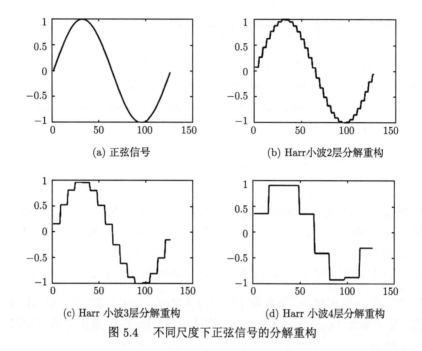

(a) 正弦信号   (b) Harr小波2层分解重构

(c) Harr 小波3层分解重构   (d) Harr 小波4层分解重构

图 5.4　不同尺度下正弦信号的分解重构

　　小波是多分辨率信号处理和分析的基础, 在许多领域有不同的发展与应用。多分辨率理论可用于表示和分析多个分辨率下的信号或图像, 从空间的概念上形象地说明了小波的多分辨率特性, 随着尺度由大到小变化, 在各尺度上可以由粗到细观察图像的不同特征。在大尺度时, 观察到图像的轮廓, 在小尺度的空间里, 则可以观察图像的细节。在数字图像处理中的具体应用包括图像匹配、图像还原、图像分割、图像去噪、图像增强、图像压缩和形态学滤波等 (Huang et al., 2019, 2021)。

5.2.3　尺度空间

　　多尺度图像分析主要用于研究视觉尺度的图像感知问题, 形成人类感知过程的分层处理过程。对于一幅图像, 近距离观察与远距离观察看到的图像效果是不同的, 前者比较清晰且较大, 能看到图像的一些细节信息, 后者比较模糊且较小, 只能看到图像的一些轮廓信息, 这就是图像中的尺度差异。

　　在图像处理任务中, 当目标出现尺度变化、旋转、光照和视角等变化时, 整体图像特征处理方法就不再适用, 图 5.5 表示了图像的若干变化, 分别为原图像、图像平移、图像缩放 0.5、图像旋转 45°、含噪声图像和镜像, 图中添加了画框以便于比较。尺度不变特征转换 (SIFT) 算法可通过尺度变化的方式提取图像中的不变特征 (也称为关键点), 也就是说, SIFT 特征对图像缩放和旋转具有不变性, 同时, 对仿射失真、视角变化、光照和图像噪声等干扰具有较强的鲁棒性 (Lowe, 1999, 2004)。

尺度空间 (scale space) 是一种多尺度表达, 即以连贯的方式处理不同尺度图像的一种结构空间。SIFT 图像处理的第一步为构造尺度空间。

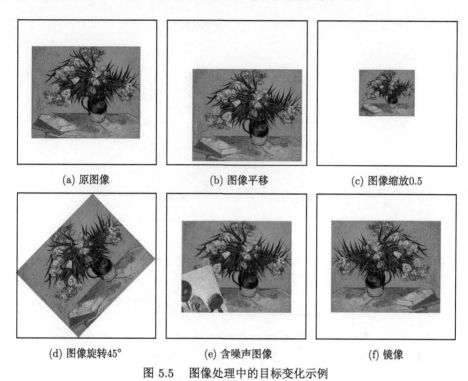

(a) 原图像　　　　　(b) 图像平移　　　　　(c) 图像缩放0.5

(d) 图像旋转45°　　　　(e) 含噪声图像　　　　(f) 镜像

图 5.5　图像处理中的目标变化示例

尺度空间的基本思想是在图像处理中引入一个尺度参数, 通过连续变化尺度参数获得多尺度下的尺度空间表示序列, 并对这些序列进行尺度空间主轮廓的提取, 实现边缘、角点检测和不同分辨率上的特征提取等处理过程。尺度空间中各尺度图像的模糊程度逐渐变大, 能够模拟人在距离目标由近到远时目标在视网膜上的形成过程。

一个图像的尺度空间 $L(x, y, \sigma)$ 定义为一个变化尺度的高斯函数 $G(x, y, \sigma)$ 与原图像 $I(x, y)$ 的卷积, 即

$$L(x, y, \sigma) = G(x, y, \sigma) * I(x, y) \tag{5.2.8}$$

式中, $*$ 表示卷积运算; (x, y) 是空间坐标; σ 是尺度系数, 值越小表示图像被平滑得越少, 相应的尺度也就越小, 即大尺度对应于图像的概貌特征, 小尺度对应于图像的细节特征。尺度可变高斯函数为

$$G(x, y, \sigma) = \frac{1}{2\pi\sigma^2} \mathrm{e}^{-\frac{x^2+y^2}{2\sigma^2}} \tag{5.2.9}$$

输入图像 $I(x,y)$ 依次同标准差为 σ, $k\sigma$, $k^2\sigma$, $k^3\sigma$, $\cdots$ 的高斯核做卷积, 生成一系列由常量因子 k 分隔的高斯滤波图像, 如图 5.6 所示。

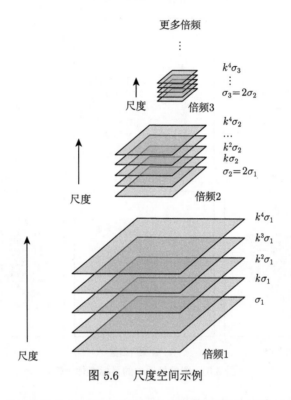

图 5.6　尺度空间示例

　　图中, 计算尺度空间可以分为两个过程, 一是通过卷积将原图像分为 σ_1 的倍频成分, 如 $\sigma_2 = 2\sigma_1$, $\sigma_3 = 2\sigma_2$ 等; 二是在每一个倍频中, 根据尺度参数 k, 在卷积计算中将其进一步细分为若干幅图像, 如 $k\sigma_1, k^2\sigma_1, k^3\sigma_1, k^4\sigma_1$ 等。为了使尺度具有一定的连续性, 在二者之间建立一个联系, 若使 $k^s\sigma = 2\sigma$, 即某一尺度上的核函数正好是倍频成分, 那么有 $k = 2^{1/s}$, 当 $s = 2$ 时, $k = \sqrt{2}$。

　　倍频之间采取降采样的方式, 第二倍频的第一张图像是第一倍频的第三张图像取降采样, 并按高斯核为 σ_2 做卷积后得到的平滑图像, 该倍频内的其他图像则使用 σ_2 与 k 值序列做卷积得到。其他倍频及其倍频内的图像成分可依此逐个计算。

　　由此, 经高斯核函数平滑后的倍频图像簇就形成了金字塔形的图像尺度空间, 逐层的平滑、降采样处理过程, 去除了不必要的噪声, 减轻了大计算需求的图像规模, 保留了关键点特征, 为后续查找关键点、提高关键点位置精度、消除边缘干扰及确定关键点方向等 SIFT 计算提供了良好的图像预处理基础。

5.2.4 尺度不变特征变换

尺度不变特征转换 (SIFT) 通过构造尺度空间, 并在空间尺度中寻找极值点, 提取其位置、尺度、旋转不变量, 广泛用于图像识别、地图感知与导航、3D 建模、手势辨识和动作比对等 (Tan, 1998)。

SIFT 基于局部特征的描述与检测来辨识目标, 对旋转、缩放等操作保持不变, 具有良好的稳定性, 同时, 对于亮度变化、视角变化、仿射变换、噪声等也具有一定程度的稳定性。例如, SIFT 对于有部分遮蔽的目标检测任务性能优良, 甚至只需要 3 个以上的 SIFT 特征就可以检测出位置和方向, 其辨识速度可接近即时运算, 适用于在海量数据库中实现快速准确匹配。

SIFT 算法的实质是在不同的尺度空间上查找关键点 (特征点), 并计算出关键点的方向。也就是说, SIFT 所寻找到的关键点 (特征点) 是不会因光照、仿射变换和噪声等因素而变化, 如角点、边缘点、暗区的亮点及亮区的暗点等, 如图 5.7 SIFT 尺度空间的前三个倍频图像所示。

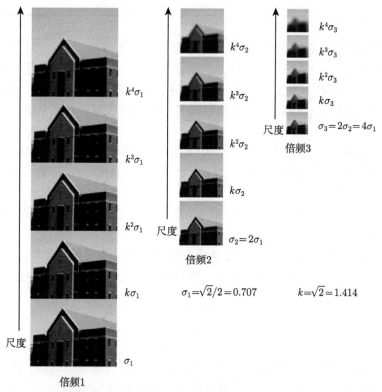

图 5.7 SIFT 尺度空间的前三个倍频图像 (Gonzalez and Woods, 2017)

图中, 每个倍频给出了 5 幅图像, 其中, 为便于计算, 选择 $\sigma_1 = \sqrt{2}/2 = 0.707$。使用标准差递增的高斯核函数对尺度空间中的各层图像逐步平滑, 且对来自前一个倍频的第三张图像的下采样, 使后续倍频获得了连续的图像信息。当 $k = \sqrt{2}$ 时, 用于平滑第二个倍频的第一幅图像的核参数, 与用于平滑第一个倍频的第三张图像的高斯核是相同的, 即均为 1.414, 如表 5.2 所示。可以看出, 倍频 3 第一张图像的高斯核参数与倍频 2 的第三张图像的核也是相同的, 均为 2.828。因此, 不必平滑降采样后的图像即可得到一个新倍频的第一幅图像, 保证了尺度空间上特征提取的连续性。

表 5.2　各倍频在不同尺度上的核参数

核参数		倍频		
		1	2	3
尺度	5	2.828	5.657	11.314
	4	2.0	4.0	8.0
	3	**1.414**	**2.828**	5.657
	2	1.0	2.0	4.0
	1	0.707	**1.414**	2.828

随着倍频和尺度参数的增加, 这些图像变得愈加模糊, 尽管在计算中损失了更多细节, 但是, 倍频 3 中大尺度上的图像其总体外观结构与原始图像依然保持了一致。也就是说, 从底层到上层, 图像金字塔的尺度变换是连续的, 尺度系数从小到大, 尺度越大图像越模糊, 从而模拟了人眼视物过程中视图从近到远在视网膜上的形成过程。

SIFT 是较为复杂的计算视觉算法, 构建尺度空间是其最基础的第一步骤, 后续计算检测是数字图像处理的其他过程, 本节在此不再展开。SIFT 方法包括如下步骤:

(1) 构建尺度空间。图 5.6 和图 5.7 概括了构建过程, 其中需设定的参数为 σ, k (k 由 s 计算求得) 和倍频的数量。

(2) 获取初始关键点。在尺度空间中根据平滑后的图像计算高斯差 $D(x, y, \sigma)$, 在每张图像中查找极值 $D(x, y, \sigma)$, 这些极值就是初始关键点, 其中

$$D(x, y, \sigma) = [G(x, y, k\sigma) - G(x, y, \sigma)] * I(x, y)$$

$$= L(x, y, k\sigma) - L(x, y, \sigma) \tag{5.2.10}$$

(3) 提高关键点定位的精度。通过 Taylor 级数展开对 $D(x, y, \sigma)$ 做插值运算。

(4) 删除不当关键点。删除低对比度或定位较差的关键点。

(5) 计算关键点方向。关键点在尺度空间中的位置表示了尺度独立性, 关键点的方向则实现了图像旋转的不变性, 关键点方向将用于后续图像匹配步骤中。

(6) 计算每一个关键点的特征。每一关键点的位置、尺度和方向表示了图像局部区域的关键点特征, 最终采用这些特征来识别图像之间或局部区域之间的相似性, 达到检测的目的。

SIFT 对旋转、尺度缩放、亮度变化保持不变性, 对视角变化、仿射变换、噪声也保持了一定程度的稳定性, 由此, 尺度空间满足视觉不变性。换言之, 当用眼睛观察物体时, 物体所处背景的光照条件变化使视网膜感知图像的亮度水平和对比度不同, 而尺度空间算子对图像的分析不受灰度水平和对比度变化的影响, 即满足灰度不变性和对比度不变性。另外, 相对于某一固定坐标系, 当观察者和物体之间的相对位置变化时, 视网膜所感知的图像位置、大小、角度和形状是不同的, 而尺度空间算子对图像的分析不受变换的影响, 即满足平移不变性、尺度不变性、欧几里得不变性及仿射不变性。

5.3 多尺度数据的经验模态分解计算

本节将给出多尺度建模与计算的典型实例分析, 包括亟待系统性解决的湍流分析、关注度持续增加的互联网数据及正在兴起的图像处理领域, 针对这些颇具挑战性的问题, 或给出具有启发意义的解, 或分析多尺度数据的处理, 或勾勒出图像的尺度计算核心, 以期展示当前许多领域中多尺度研究的进展。

5.3.1 经验模态分解方法

在非线性振动理论的研究中, 摄动法、平均法和多尺度法是常用的经典方法。在利用摄动法求解弱非线性系统的过程中, 常会出现某些因素或局部变化缓慢, 另一些因素或局部变化剧烈的情况, 因而对自变量采取多种不同的变化尺度渐进展开以求取近似解。对单自由度非保守系统, 设解为

$$x(t) = x_0(T_0, T_1, T_2, \cdots) + \varepsilon x_1(T_0, T_1, T_2, \cdots) + \varepsilon^2 x_2(T_0, T_1, T_2, \cdots) + \cdots \quad (5.3.1a)$$

式中, ε 是满足条件 $|\varepsilon| \ll 1$ 的任意小参数, $T_0, T_1, T_2, \cdots$ 为不同尺度的独立时间变量, 其中

$$T_r \overset{\text{def}}{=} \varepsilon^r t, \qquad r = 0, 1, 2, \cdots \quad (5.3.1b)$$

这是弱非线性振动方程的多尺度法, 它不但适用于严格的周期运动, 也适用于耗散系统的衰减振动和其他许多场合, 是以引入不同尺度的独立时间变量为特征的动力学分析方法。为提高平均法的计算精度, 可将时间尺度划分得更为精细, 由此发展为 20 世纪 60 年代的多尺度法。

当系统由弱非线性变为强非线性时, 大量曾经忽略或经降维处理的非线性不可再被忽略或替换, 系统求解也变得越来越困难。例如, 当研究对象由固体振动转

变为流体波动时, 所面临的有关湍流的研究中, 迄今为止依然存在许多悬而未决的问题。

　　湍流是一种高度复杂的三维非稳态、带旋转的不规则流动。在物理结构上, 可以把湍流看成是由各种不同尺度的涡旋叠合而成的, 这些漩涡的大小及旋转轴的方向是随机的。大尺度涡旋主要由流动的边界条件决定, 其尺寸可以与流场的大小相比拟, 是引起低频脉动的原因; 小尺度的涡旋主要由黏性力决定, 其尺寸可能只有流场量级的千分之一, 是引起高频脉动的原因。大尺度的涡旋破裂后形成小尺度涡旋, 较小尺度的涡旋破裂后形成更小尺度的涡旋。如图 5.8 航空器翼尖的湍流扰图所示。

图 5.8　　航空器翼尖的湍流扰图

　　在充分发展的湍流区域内, 流体涡旋的尺度可在相当宽的范围内连续地变化, 大尺度的涡旋不断地从主流获得能量, 通过涡旋间的相互作用, 能量逐渐向小的涡旋传递。最后由于流体黏性的作用, 小尺度的涡旋不断消失, 机械能转化 (或称为耗散) 为流体的热能。同时, 由于边界作用、扰动及速度梯度的作用, 新的涡旋又不断产生, 这就构成了湍流运动。

　　100 多年来, 人们对湍流的认识已经有了很大进步, 推进了航空航天、船舶动力、水利化工、海洋工程等工程技术, 以及气象与海洋等自然科学的进展。湍流流动一般具有高度非线性、强间歇性、多尺度及时空局域性等特点, 描述湍流运动的 Navier-Stokes (N-S) 方程在多数情况下, 解是不稳定的, 从而导致了流动的多次分叉, 形成了复杂流态, 而方程的非线性又使各种不同尺度的流动耦合起来, 无法将它们分别进行研究。

　　经验模态分解法 (empirical mode decomposition, EMD) 是一种先验性的信号处理方法, 依据信号自身的波动规律将信号分解为从高频到低频的不同时间尺度信号, 这些尺度信号称为本征模态函数 (intrinsic mode function, IMF), 进而获取数据序列在不同特征时间尺度上的时频分布规律, 适用于非线性非平稳信号的分析处理。EMD 方法是 Norden E. Huang 于 1998 年提出的 HHT(Hilbert-

Huang transformation) 的核心内容, HHT 被认为是近年来对以傅里叶变换为基础的线性和稳态谱分析的一个重大突破 (Huang et al., 1998)。

EMD 在工程领域获得了大量应用, 被广泛应用于航空航天、机械故障检测、土木工程、大气海洋、生物医学信号处理及图像处理等多个领域 (卢志明等, 2006; 张斌等, 2014; 朱博等, 2016)。EMD 的自适应特性非常适合于信号的多尺度分析, 经 EMD 分解得到的 IMF 分量数据长度与原数据长度保持一致, 将其作为尺度化的标准, 既能够反映信号自身的波动规律, 又能够保持数据长度不变, 避免因粗粒化引起的数据长度减少而导致样本无解的情况。本书将给出 EMD 多尺度方法应用于湍流数据的分析。

EMD 的基本思想如下:

(1) 对数据信号 $X(t)$, 确定其所有局部极值点, 并分别对极大值点和极小值点进行样条曲线拟合, 得到该信号的上、下包络线, 再对上、下包络线做均值处理, 得到均值线 $m_1(t)$。

(2) 对信号进行 IMF 第一次筛分, 得筛分数据信号 $h_1(t)$:

$$h_1(t) = X(t) - m_1(t) \tag{5.3.2}$$

判断 $h_1(t)$ 是否满足 IMF 判据, 即满足两点: $h_1(t)$ 的极值点和零点数目相等或相差数目为 1; $h_1(t)$ 的极大值点和极小值点包络线的平均值为 0。如果不满足, 将 $h_1(t)$ 作为原始信号继续重复步骤 (1), 直至 k 次后满足判据, 得到筛分信号 $h_{1k}(t) = X(t) - m_{1k}(t)$。至此筛分出代表数据信号 $X(t)$ 的第一阶本征模态函数 $c_1(t)$, 记为

$$c_1(t) = h_{1k}(t) \tag{5.3.3}$$

(3) 将原始信号 $X(t)$ 减去第一个 IMF 分量 $c_1(t)$, 得到余量 $r_1(t)$, 将 $r_1(t)$ 作为新的原始信号, 重复步骤 (1)、(2), 从而筛分出 $X(t)$ 前 i 阶本征模态函数 $c_i(t)$, 直到满足 IMF 筛分终止条件为止, 即第 n 次 IMF 筛分信号为单调函数或常数或者最后得到的余量 $r_n(t)$ 小于预先设定的阈值。

由此, $X(t)$ 可表示为

$$X(t) = \sum_{i=1}^{n} c_i(t) + r_n(t) \tag{5.3.4}$$

以往传统的分析方法常常根据一些固定的频率阈值将信号人为机械地分割研究, 忽略了信号自身的波动特点和信号不同成分之间的相互作用。EMD 自适应的特点能够保证每个尺度依据数据自身的时间尺度特征来进行信号分解, 反映了信号波动的真实情况。

考虑信号函数 $X(t) = \sin(2\pi \cdot 10t) + \sin(2\pi \cdot 100t)$, 如图 5.8 所示。该信号由两部分频率不一样的成分组成, 经过 EMD 分解后得到两个 IMF 分量, 即第一阶本征模态函数 imf1 和第二阶本征模态函数 imf2, 图 5.9 中显示出了 imf1、imf2 和余量 res。

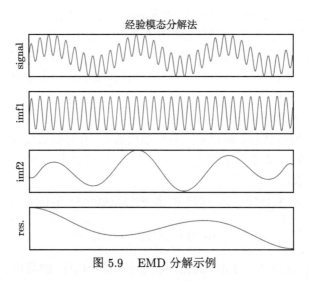

图 5.9   EMD 分解示例

这些 IMF 分量代表了原始信号从高频到低频不同时间尺度下的分量, 可以认为 imf1 频率对应 $\sin(2\pi \cdot 100t)$, 而 imf2 频率对应 $\sin(2\pi \cdot 10t)$, 由 imf1 到 imf2 是时间尺度从小到大。

可以看出 EMD 不需要选取基函数, 仅根据数据自身的特点就可以分解确定出不同尺度上的信号, 同时 IMF 分量已经反映了原始信号包含的大部分信息。

在实际应用中, 大量信号包含着许多相互耦合的成分, 通过 EMD 分解有时可得到多达 9 个 IMF 分量, 且每一个分量都代表一个时间尺度并具有相应的物理意义, 从而可以较好地将各时间尺度上的特点分离展现。

5.3.2   大气湍流数据的 EMD 分解

由于任何置入式的检测都会明显改变流场的特性, 因而对于航空航天、船舶舰艇等尾流湍流的数据较难获取, 甚至获取其类似的运动状态与运动轨迹也相当不易, 参见图 5.8, 航空器翼尖的喷烟显示了气流作用的轨迹与过程。而大气湍流是大气中一种不规则的随机运动, 湍流每一点上的压强、速度、温度等物理特性随机涨落, 它的存在使大气中的动量、热量、水汽和污染物的垂直和水平交换作用明显增强。

本节以北半球 6 月 1 日至 16 日的大气风速数据为基础, 展开大气湍流数据的 EMD 分解。该数据采样间隔为 20 分钟, 数据长度为 1152 点, 如图 5.10 所示。可以看到, 大气湍流中存在着各种尺度的涡旋运动, 速度信号里包含着显著的大尺度结构信息。

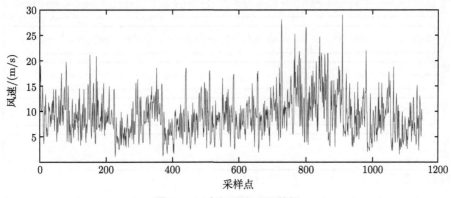

图 5.10　大气湍流观测数据

图中, 在 800~1000 点即 12~14 日之间, 平均风速大于 10m/s, 最大风速达到 29m/s。我们知道, 当风速达到 10m/s 时, 在气象上划分为六级强风, 往往 "大树枝摇动, 举伞有困难, 渔船加倍缩帆", 且大气的雷诺数较大, 因此该数据具有大气湍流的典型特征。

按照 EMD 分解方法及前述步骤, 该大气湍流观测数据经 EMD 法分解得到 8 阶模态, 如图 5.11 所示。IMF 分量代表了原始信号从高频到低频不同时间尺度下的分量, 从 imf1 到 imf8 时间尺度依次从小到大, 大气湍流中的小尺度的非线性效应比大尺度的非线性效应更强。也就是说, 数据被分离成 8 个不重叠的时间尺度, 小的尺度展现的是湍流的微结构, 而大尺度展现了大气风速的整体趋势走向, 这有助于研究不同尺度上湍流性质的映射与关联。同时还可以发现在小时间尺度上有着更强的间歇性。除此之外, 一些相邻的模态中可能含有相似尺度的振幅, 但是相同时间尺度的信号不会在同一个位置出现在不同的 IMF 分量中。

由大气湍流的多尺度分析可以看出, 研究其结构和尺度特征具有现实意义。经过分解后, 我们也可以对各个 IMF 分量进行处理以深入研究。

在时频分析方面, 由于 EMD 方法是按照高频到低频分解信号, 因此只要对低频分解信号进行重构, 就可以去掉低湍流度信号中的高频干扰, 还可以通过 HHT 时频谱获得信号频率成分及其对应频率成分出现的时刻, 从而将时域和频域特征联系起来。

在能量方面, 在 EMD 的基础上计算各个分量的湍动能, 研究各阶本征模态函数的湍动能的分布, 还可通过求解 Hilbert 边际谱, 探究整个物理空间中某一频率所包含能量的大小, 验证大气运动主要由大尺度的含能结构所控制等。

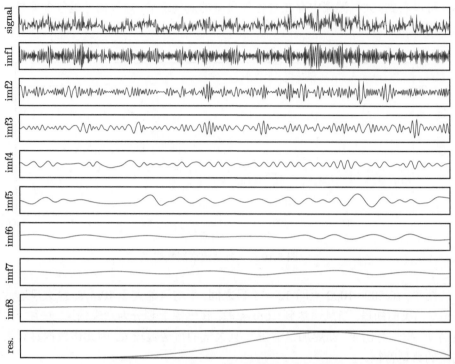

图 5.11 经 EMD 法分解后得到的各阶模态

此外, 分别对不同风向的风速进行经验模态分解, 可以探究湍流的各向异性及相干结构等性质。

5.3.3 心电信号的 EMD 与增强 Poincaré 散点图多尺度数据分析

EMD 是一种自适应的非线性数据分解方法, 能够依据信号自身的波动规律, 将原始信号分解为从高频到低频的波动分量。EMD 适用于非平稳非线性序列的处理, 其分解过程不会改变原来数据的长度, 因此在短时数据的多尺度分析中有着重要的应用。

生理信号是生命状态的反映, 其尺度信息丰富, 数据来源广泛, 研究不同尺度下信号及其关联对于了解生命运行状态, 以及对疾病的研究和诊断有重要意义。例如, 心电信号 (electrocardiosignal, ECG) 包括 P、QRS、T 波等几个不同的波群, 每一个波群含有不同的频率信息, 反映了心脏搏动的电活动过程, 对于心脏功能分析和疾病诊断有重要的指导意义 (Alcaraz and Rieta, 2010), 可用于判断心肌缺血等症状, 一般用 RR 间期来表示一次心动周期的时间。心率变异性 (heart rate variability, HRV) 是指逐次心跳周期差异的变化情况, 包含了神经体液因素对心血管系统调节的信息, 反映了自主神经系统交感神经活性与迷走神经活性及其平衡协调的关系, 可用以判断心血管疾病的病情、预防心源性猝死、研究冠心病及原发性高血压的发病机制等。

对 ECG 信号进行 EMD 分解, 数据来源于公开数据集 Physionet 的心房颤动数据库 (AF termination challenge database, AFTCD), 采样频率为 128Hz, 数据长度为 2560 (Moody, 2004; Goldberger et al., 2000)。PhysioNet 是美国国立卫生研究院 (National Institutes of Health, NIH) 资助的、由多家研究机构和医学中心共同建立的生理和生物医学信息资源库, 为研究人员提供的一个能够获取临床数据、共享数据分析算法与研究成果的开放平台。经 EMD 分解得到健康人 20s 内 ECG 信号的 11 个 IMF 分量和 1 个余量, 如图 5.12 所示。

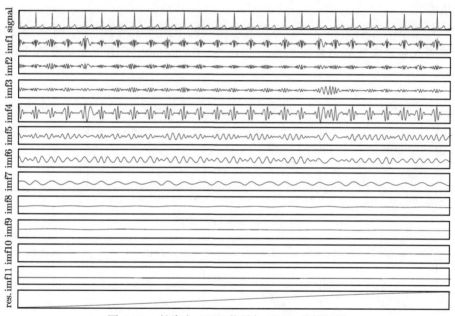

图 5.12　健康人 ECG 信号与 EMD 分解示例

其中, signal 为正常心电信号波形, 可以看出, 一般 P 波、QRS 和 T 波的周期律动, 在 IMPF 分量中, imf1 和 imf2 具有最高的频率, 主要代表了频率最高的 QRS 波群的成分; imf3 开始包含 P 波的频率成分; imf4 开始加入 T 波的频率信息, 它是 P、QRS、T 波三者的分量叠加的结果; imf5 代表 P、QRS、T 波低频部分分量的叠加; imf6 则显示了心动周期, 代表着心脏跳动的节律; imf5、imf8 则是更大时间尺度上的心脏生理调整节律, 代表了心脏的长时节律。对于每一个 IMF 分量都可以提取其能量和熵等特征, 分析生理信号的这些特征在不同时间尺度下的分布情况具有重要的临床意义 (曾彭, 2015)。

　　如果能够将不同尺度信息以相空间的图形化方法展现, 将是一种定量和定性相结合的更直观的方式。庞加莱 (Poincaré) 散点图提供了一种将时间序列映射在笛卡儿 (Descartes) 平面内的图形化表示方法, 散点的坐标由原始序列中两点组成的配对来表示, 这两点之间的时间间隔为庞加莱散点图的延迟量, 其标准形式的延迟为 1, 以展示时间序列中相邻各点间的关联性。

　　多尺度增强庞加莱 (Enhanced EMD Multiscale Poincaré Plot, EEMP) 分析法, 不仅提供了多尺度信息, 还能在庞加莱散点图的基础上展现数据各个尺度下的分布信息 (梁嘉琪, 2018)。这种增强方法是在传统庞加莱散点图的基础上, 运用非参数估计方法中的核密度估计 (kernel density estimation) 来计算各点的概率密度, 再将各点的概率密度值映射到区间为 [0, 1] 的 colorbar, 作为各点呈现颜色的依据。

　　对 EMD 分解后的 ECG 多尺度数据绘制增强庞加莱散点图, 图 5.13 给出了健康人与充血性心力衰竭 (congestive hearts failure, CHF) 受试者的 EEMP 图形。

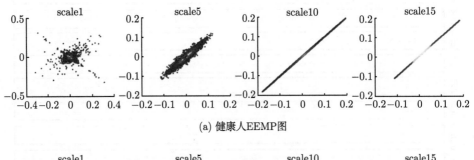

(a) 健康人EEMP图

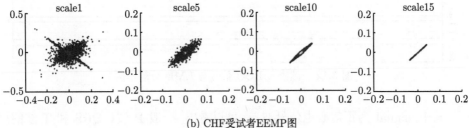

(b) CHF受试者EEMP图

图 5.13　健康人和 CHF 受试者 RR 间期在四个尺度上的 EEMP 示意图

　　健康人 ECG 信号的 EEMP 散点图通常呈彗星状, 如图 5.13 中 scale1 所示。RR 间期的庞加莱散点图包含了心率变异的线性和非线性变化趋势, 且其短时数据的图形与 24 小时长时数据的图形具有一致的形态, 这说明了心率波动具有分形的特点, 即总体上和细节处都可以直观地显示出逐次心跳之间心率变异的信息。健康人与 CHF 患者 EEMP 图中散点区域面积都会随着尺度增加而下降, 这可能归因于多尺度复杂变异性的总体降低。但是比较而言, CHF 患者在大尺度上占据较小的区域, 且半长轴明显较短。已有研究 (Lerma et al., 2003) 曾阐明, 严重的 CHF 患者的 RR 间期庞加莱散点图的面积小于健康人, 这与 EEMP 中大尺度低频下的发现一致。随着尺度的增加, 两者的半短轴 SD1 一直下降。这些形态变化在较低的尺度下更剧烈, 即高频下的变化明显。在数据分布方面, CHF 患者的数据分布更均匀, 因为这些区域几乎都是由蓝色填充。在实际的应用中, 可以依据这些特性进行快速的目测估计或简洁的面积计算。

5.4 肺疾病 CT 影像的人工智能辅助诊断及相关定量

2016 年以来, 在计算机软硬件技术快速发展的推动下, 人工智能科学与产业突飞猛进, 以深度学习为代表的智能信息处理技术, 在安防、物流、消费等领域获得了极大的成功, 并逐步向提高人类健康福祉的医疗领域发展。

在生物医学影像技术方面, 计算机断层扫描 (computed tomography, CT) 或高清 CT (high resolution CT, HRCT) 影像的人工智能辅助诊断技术, 用于乳腺钼靶影像检测与诊断时, 能够获得肿块检测和钙化检测 90% 左右的准确率 (Shen et al., 2020; Becker et al., 2017), 在病灶良恶性判别上, 则可达到 87% 的灵敏度和 90% 特异度 (龚敬等, 2019)。Google Brain 是生物医学信息技术研究实力较强的团队, 2017 年以来, 他们结合病理学研究方法, 将乳腺癌淋巴转移的亿级像素 (10+gigapixels) 病理载玻片与神经网络算法 Inception (GoogLeNet) 联系起来, 设计了淋巴结助手工具 (LYmph node assistant) 检测图像, 可成功识别肿瘤, 并准确查明癌症及其他可能病灶位置, 避免了某些因体积太小病理分析无法检测的情形 (Liu et al., 2017, 2019; Steiner et al., 2018), 详情可参阅本节新闻摘录 1。

医学图像分类是深度学习对医学影像诊断与分析做出重要贡献的领域之一。医学图像分割是医学图像处理与分析领域复杂而关键的步骤, 其目的是将医学图像中具有某些特殊含义的部分分割出来, 并提取相关特征, 为临床诊疗和病理学研究提供可靠的依据, 辅助医生做出更为准确的诊断。

5.4.1 肺病症 CT 影像基本特征

CT 成像是利用精确准直的 X 射线束对人体某部位一定厚度的断面进行照射扫描, 并由与射线线束一起旋转的探测器接收透射穿过该断面的 X 射线, 由于不同物质和组织吸收 X 射线能力不同, 因此 X 射线可用于诊断。HRCT 是一种薄层 (1~2mm)CT 扫描及高分辨率算法重建图像的检查技术, 能清晰地显示肺组织的细微结构, 几乎达到能显示与大体标本相似的形态学改变, 且扫描时不需要造影增强, 因而在与肺纤维化相关的诊断中具有非常重要的作用。医学图像分类时首先需将一张或多张医学图像全图或一小部分作为输入, 然后对图像进行特征提取与选择, 得到最具代表性的特征, 最后用分类器输出单一诊断变量, 作为疾病判断的依据。

与肺疾病相关常见病包括 20~30 种, 还有其他多种罕见病, 这些病症在肺部医学影像 (包括 X 光胸片、CT 影像) 上的表现具有较大的相似性, 如结节 (nodule)、蜂窝影 (honeycomb)、磨玻璃影 (ground glass opacity, GGO)、实变影 (consolidation)、网状影 (reticulation)、囊肿 (cysts) 和树芽征 (tree-in-bud) 等, 由于多种病症在临床表现、病理学分析和治疗药物方面相互重叠又各具特点, 只有经验丰富的医师才能够根据影像数据准确诊断并判断病情。例如, 大部分肺炎的肺部影像学特征都表现出显著的磨玻璃影特征, 如图 5.14 间质性肺炎典型影像学特征所示, 同时伴有其他若干特征, 而在新冠肺炎患者的肺部影像中, 典型症状为磨玻璃影, 但当程度加重时, 常常表现为磨玻璃影叠加纤维化。

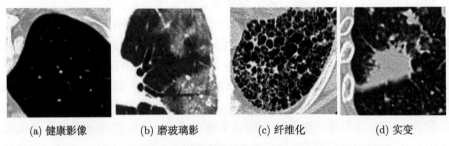

(a) 健康影像   (b) 磨玻璃影   (c) 纤维化   (d) 实变
图 5.14　间质性肺炎典型影像学特征 (Depeursinge et al., 2012)

图 5.15 为 COVID-19 感染及治疗恢复中肺部影像的连续图例, 症状发作后第 3 天, 两侧胸膜下见磨玻璃影密度增高, 边界模糊, 病灶影响双肺; 第 7 天, 可见病情发展迅速, 病变范围扩大, 内部支气管血管束增厚; 第 11 天, 经过治疗混浊逐步消散, 磨玻璃影呈不规则状; 第 18 天, 影像学特征显示病灶进一步缓解, 2 天后达到出院标准 (Shi et al., 2020), "肺部影像学显示炎症明显吸收"。

肺疾病的病因是多种多样的, 肺疾病诊断十分复杂。其他流感病毒、腺病毒、呼吸道合胞病毒等其他已知病毒性肺炎及肺炎支原体感染的 CT 影像, 尚需与新型冠状病毒导致的影像进行鉴别。

卷积神经网络 (convolutional neural network, CNN) 是深度学习与图像处理技术相结合所产生的经典模型, 在特定的图像问题处理上都卓有成效。一方面, 卷积核趋于小尺度, 网络层次加深, 保证足够的感受野; 另一方面, 为了突破其固定感受野的局限性, 引入多尺度和多处理流思想, 采用了多尺度卷积核形成 Inception 结构, 同时, 跳转连接提供了多尺度信息的融合, 形变卷积又增强了网络对于几何变换的建模能力。

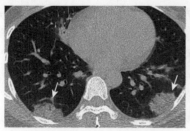 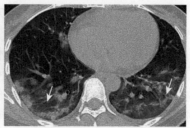

(a) 第3天：多病灶影响肺双侧　　　(b) 第7天：病变范围和密度过大，
　　　胸膜下部　　　　　　　　　　内部支气管血管束增厚

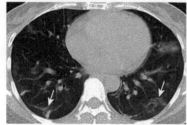 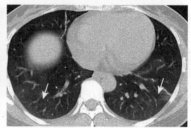

(c) 第11天：混浊逐渐消散　　　　　(d) 第18天：进一步缓解

图 5.15　COVID-19 恢复患者连续横向薄层 CT 扫描 (Shi et al., 2020)

　　通过对影像特征进行数量化分析，获得了特征分布的位置、数量、大小及占肺段横截面比例及整体占比等关键数据信息，才能准确地为各类分型——疑似、确诊、轻型、普通型、重型和出院提供准确支持。目前，在以医学影像学为基础的病情诊断和病程评级过程中，尚缺乏与先进的医学成像技术相适应的定量化评价方法，仍以专家个人经验或会诊的方式为主，由于缺乏判别标准，定量分析难执行且效率较低。

　　此外，在药物研制和方剂试制过程中，药物对肺部影像特征的影响及其变化进程的数量信息，对于考察、评估和监测药物的作用进程及性能具有重要的作用，如图 5.15 所示。因此，COVID-19 肺部影像学特征识别及相关定量分析对治疗进程、药物研制同样具有重要的作用。

5.4.2　IPF 人工智能辅助诊断及相关定量

　　特发性肺纤维化 (idiopathic pneumonia fibrosis , IPF) 是一种严重影响患者生活质量并危及生命的原因不明的慢性、进行性、纤维化间质性肺炎，主要发生在老年人中，且仅限于肺部，需根据寻常型间质性肺炎 (usual interstitial pneumonia, UIP) 型的组织病理学和/或影像学进行诊断。由于目前尚缺乏有效的治疗方法，随着对其认识加深，检出率和发病率逐渐升高，国内外对 IPF 的关注和相关研究近年来明显增多。

HRCT 是目前最有效的无创性检查方法, 但对 IPF 的正确评估仍然是缺乏经验的医生经常遇到的一个挑战, 即使在专家级放射科医生中, 观察者之间也存在着明显的差异。利用计算机辅助诊断技术, 探索针对 IPF 患者的 HRCT 的无创、可重复和局部性的定量分析方法, 是一种具有广泛应用价值的技术手段, 本节将介绍为建立特发性肺纤维化计算机辅助诊断系统的算法参考。

对网络结构中的卷积核大小、全连接层数以及每层单元数等超参数进行设计和搜索, 确定最佳单层 CNN 分类模型结构, 并综合 U-Net 网络结构融合了高层空间信息与底层丰富的细节信息, 符合肺实质任务的要求, 采用 U-Net++ VGG16 结构作为蜂窝影病灶分割模型。这里, 采用间质性肺疾病公开数据集 (Depeursinge et al., 2012)。

对 IPF 蜂窝影病灶的分割结果如图 5.16 所示。其中, Image 为样本数据, Ground_truth 为标注数据, Pred_mask 为掩模预测, Image+Pred_mask 为模型预测结果, 可见去假阳性化指标得到提升 (朱志敏, 2020)。

由于原数据集是不完全标注, 依据经验, 可以判断"误标注"的区域实际上也属于 IPF 蜂窝影病灶。这一结果表明模型已经能够充分利用学习到的病灶特征知识, 去"发现"未标注的新病灶。

间质性肺疾病 (interstitial lung disease, ILD) 是包含 200 多种可导致肺纤维化的疾病群体总称, 不同类型 ILD 在发病机制、影像和病理表现、治疗反应和预后方面存在明显异质性。UIP 是与 IPF 最相关的病变类型, 占 ILD 所有病例的 50%~60%。

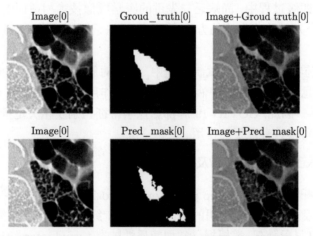

Image[0] Groud_truth[0] Image+Groud truth[0]

Image[0] Pred_mask[0] Image+Pred_mask[0]

图 5.16 U-Net++ VGG16 预训练模型分割结果图

在临床上, 对于肺部 HRCT 影像, 无论医师阅片或机器辅助, 根据四大国际呼吸学会的诊疗指南 (Raghu et al., 2018), 在诊断 IPF 为特发性类型时, 都需首先考虑年龄、性别, 并排除某些基础疾病用药史、暴露史等所致的 UIP。对于 UIP 型, 由于 HRCT 能够清晰地显示肺小叶气道、血管及小叶间隔、肺间质及毫米级的肺内小结节等, 因而可作为 IPF 独立的诊断标准之一。

根据 HRCT、特异性诊断和/或组织病理学, 判断是否存在间质性肺疾病, 以及是否为以下四种情况:

(1) 寻常型间质性肺炎 (UIP);

(2) 可能 UIP(probable UIP);

(3) 不确定 UIP(indeterminate UIP);

(4) 其他诊断 (alternative diagnosis)。

诊断流程如图 5.17 所示。其中, 对于可能 UIP、不确定 UIP 或其他诊断等结论, 需进一步按 70% 的会诊医师就建议方向 (即支持或反对) 达成一致意见, 由 "推荐" 表示强烈推荐 (strong recommendation),"建议" 表示推荐力度较弱或有条件 (conditional recommendation), 开展下一步支气管肺泡灌洗术 (bronchoalveolar lavage, BAL) 或肺活检等病理学检查, 即多轮多学科讨论 (multidisciplinary discussion), 才能做出阶段性以及最终诊断。如果未达成一致意见, 则不能达成相关建议, 具体地, 包括四类意见:

(1) 强烈推荐;

(2) 弱推荐;

(3) 弱不推荐 (conditional against);

(4) 强烈反对 (strong against)。

在这一诊断流程和判别基础之上, 基于循证医学的 IPF 治疗, 如用药、机械通气、长期氧疗或肺移植等方案, 才可合理开展。本节不对具体诊断流程做详细的专业说明, 如需了解详情, 可查阅相关文献。

因此, 围绕肺部 CT/HRCT 影像学机器学习的检测与分割, 作如下分析与讨论。

(1) IPF 诊断以围绕 HRCT 开始, 对与 IPF 紧密相关的 UIP 情形逐一分类, 有四种情况:UIP, 可能 UIP, 不确定 UIP, 其他 UIP 等, 一一对应了在模式分类上的可能结果, 因此 HRCT 在 IPF 诊断中具有且能够发挥巨大的作用。

(2) 无论是判别典型间质性肺疾病起始阶段, 还是在 UIP 分类诊断中, HRCT 在 IPF 诊断中具有关键且重要的作用。但是, 多学科讨论 (multidisciplinary discussion) 才是阶段性及最终诊断的依据。这表明了 IPF 肺部 HRCT 影像人工智能辅助诊断的客观性及其作用, 也是在肺疾病相关的 CT/HRCT 影像分割与识别中应用深度学习等强大计算工具作为决策支持的基础。

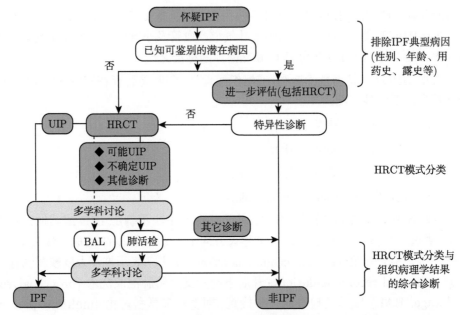

图 5.17   包含 HRCT 的 IPF 诊断流程 (Raghu et al., 2018)

(3) 对于肺疾病的诊疗, 因左右肺共有 5 个肺叶, 病灶发生的具体位置与肺疾病种类密切相关, 病灶的大小、层次等对于病情程度和治疗方案影响明显。例如, COVID-19 肺部影像学中磨玻璃影常见位于胸膜下并紧贴胸膜, 这是一个重要、关键的信息, 目前, 以 HRCT 肺部影像人工智能辅助诊断中尚未考察病灶的位置及其数量、面积、体积等相关定量因素, 因此, 如何将肺部影像学特征在分割识别、位置信息、量化分析上逐步纳入人工智能辅助诊断的范畴, 应是一个具有里程碑意义的突破。新闻摘录 2 介绍了一种 Caprini 风险因素定量评估表, 应用非常广泛, 可供参考。

(4) 为提高肺部影像 HRCT/CT 在肺疾病诊疗中的准确度等计算性能, 一方面, 按照经典的机器学习对于标准数据集、标注标签、样本均衡性等要求和途径, 可持续拓展计算网络的算力和性能; 另一方面, 还可另辟蹊径, 突破在训练、样本、测试等方面的制约, 探寻在医师经验、多学科讨论等方面的诊断机制, 开辟出新的人工智能辅助诊断途径。

2020 年, COVID-19 大流行再次引发人们对于肺部其他病灶 (如磨玻璃影、纤维化等) 的关注, 这些病灶不具备类似 IPF 肺部影像典型特征——蜂窝影那样明显的轮廓特征, 同时, 还存在样本不均衡、标注数据量低、需要新型学习模型等问题, 本节 IPF 相关分析可为加速实现 COVID-19 肺部影像的诊断提供支持。

5.4.3 COVID-19 肺部 CT 影像的特征分割

COVID-19 大流行对医疗卫生系统提出了更迫切的诊疗需求, 肺部影像学分析作为诊断新冠肺炎感染的有效方法, 提供了可解释的图像信息, 一直用作新冠肺炎感染者的诊断、病程分型和出院标准等重要依据。

2020 年 1 月 27 日, 国家卫健委发布《新型冠状病毒感染的肺炎诊疗方案 (试行第四版)》(以下简称《诊疗方案试行第四版》, 其他版本简称同此), 以肺部影像学临床特点 "早期呈现多发小斑片影及间质改变, 以肺外带明显, 进而发展为双肺多发磨玻璃影、浸润影, 严重者可出现肺实变, 胸腔积液少见" 作为临床诊断主要特征依据, 同时, 在分级诊疗方案中, 将 "影像学未见/可见肺炎表现" 作为判断轻型和普通型的依据 (《诊疗方案试行第五版》, 2020-2-4), 并做出将 "肺部影像学显示 24~48 小时内病灶明显进展 >50%者" 按重型管理 (《诊疗方案试行第六版》, 2020-2-19) 的划分, 进一步, 在解除隔离和出院标准方面, 明确规定包括 "肺部影像学显示炎症明显吸收" 等共计四项指标必须同时满足的要求。

因此, 按照疑似病例监测内容、确诊病例诊断依据、诊疗分型/影像分级、解除隔离和出院标准等四项环节, 肺部影像学判别和分析包含在 COVID-19 诊疗方案中的全部过程, 也就是说, 肺部影像学分析在防控 COVID-19 中是非常关键的, 具有重要的作用。

通常, 基于深度学习的图像处理方法在拥有大量注释数据的任务中表现良好, 而当可用的注释数据很少时, 可能会遭遇巨大的性能下降。由于需要高度熟练的呼吸科、放射学等专业知识, 在紧急或长期应用中, 标注大量 COVID-19 肺部 CT 影像数据既不现实又消耗巨大, 而无监督学习算法可不受标注数据与无标注数据之间在样本分布均衡性的制约, 能够减少对数据标注的过度依赖。

本节给出一种无监督 COVID-19 肺部 CT 影像分割模型, 充分应用了域适应 (domain adaptation)、注意机制 (attention mechanism)、生成对抗网络 (generative adversarial network) 在迁移学习、信息抽取等方面的优良性能, 如图 5.18 所示 COVID-19 肺部影像无监督注意机制网络分割模型。

图 5.18 中, 编码器提取多级特征并进行下采样, 每个特征提取阶段将特征图的大小减半以获取多尺度信息, 较深层次的语义信息和较浅层次的详细信息被发送到混合平衡注意模型 (hybrid balanced attention module, HBMA), 以过滤掉不相关的特征, 为融合操作做准备。解码器执行与编码器相对称的卷积, 深层以及各层的信息被传递回更浅层次, 因此最粗糙的层可以融合其他层提取的所有底层特征, 然后将其发送到 Sigmoid 层执行逐像素准确分割。

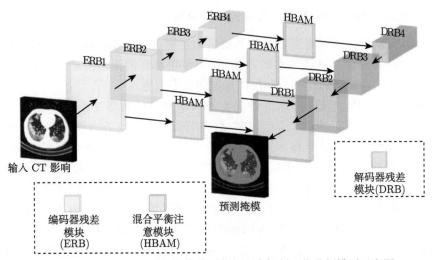

图 5.18　COVID-19 肺部影像的无监督注意机制网络分割模型示意图

其中, HBAM 模块组成示意图如图 5.19 所示。结合通道与空间注意机制, HBAM 模块由两个并行的注意机制 CAM (channel attention mechanism)、SAM (spatial attention mechanism) 组成, 可适应性地计算每个通道或每个位置的注意分数, 有

$$\mathrm{CAM}(x) = \sigma_2(f^{k\times k}(\sigma_1\mathrm{GAP}_{h,w}(x))) \tag{5.4.1}$$

式中, $\mathrm{GAP}_{h,w}$ 为沿高度 H 与宽度 W 的全局平均池化层函数; $f^{k\times k}$ 为卷积操作, $k \times k$ 是核函数; σ_1 为神经网络结构中常用非线性激活函数; σ_2 为非线性激活函数 sigmoid 与形状扩展函数的组合函数。类似地

$$\mathrm{SAM}(x) = \sigma_2[f^{3\times 3}(\mathrm{GAP}_c(x)] \tag{5.4.2}$$

式中, GAP_c 为沿通道 C 的全局平均池化层函数, 核函数选择为 3×3。

模型结构如图 5.19 中不同通道或空间颜色变化所示。并行结构可使两个独立机制达到自我优化和相互优化, 从而获得平衡的优化结果。将两个注意机制的分数相乘则得到混合平衡注意分数, 然后将其与原始输入特征相乘即可获得最终的注意机制输出

$$\mathrm{HBAM}(x) = \mathrm{SAM}(x) \odot \mathrm{CAM}(x) \odot x \tag{5.4.3}$$

实验数据采用带或不带注释的 COVID-19 病例肺部影像 CT 数据资源, 分别为意大利医学和介入放射学会 (Italian Society of Medical and Interventional Radiology, ISMIR)、百度 PaddleHub 联合 Coronacases Initiative 与 Radiopaedia (CIR) 等网站、中国胸部 CT 图像调查联盟 (China Consortium of Chest CT Image Investigation, CCCCII) 等研究机构和部门提供的相关公开数据集。

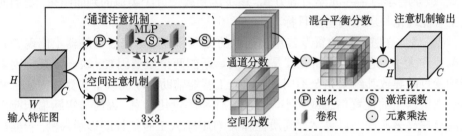

图 5.19　HBAM 模块组成示意图

　　ISMIR 提供的 60 个病例的 100 张轴向 CT 图像, 包括磨玻璃影 (GGO)、实变 (CO) 和胸腔积液 (PE), 由放射科医师分割注释。CIR 公布的 20 例未注释的 CT 扫描, 其中 10 例为 630×630 像素分辨率, 另外 10 例为 512×512 像素分辨率。CCCCII 构建的数据集包含 150 个病例、750 个 CT 切片, 对磨玻璃影和实变等进行了人工标注。

　　图 5.20 为采用不同方法模型的分割结果, 无 UDA 为未采用域适应的分割模型, 为对比病灶感知 (lesion-aware) 的效果, 列出了单一 CycleGAN 的分割结果。可以看出, 无 UDA 时产生了更多假阳性的预测, 经典 CycleGAN 可对齐其中两个域的特征, 但是丢失了某些病变信息并引入了伪影, 而结合了域适应、注意机制、生成对抗网络和病灶感知的模型, 其结果具有最接近手动分割的效果。

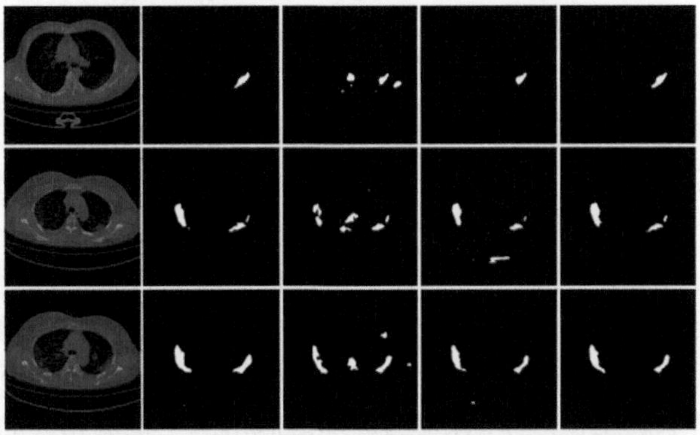

CT 影像 Ground-truth 无 UDA CycleGAN 本例

图 5.20　COVID-19 肺部影像的分割结果比较

当前, 在包括肺疾病 HRCT 影像的人工智能辅助诊疗及相关定量研究方面, 尽管已经取得了一些进展, 但远未达到临床应用的程度, 简要分析如下。

(1) 小样本/无样本条件下的诊断支持。人类专家能够在较少样本量甚至无样本的情况下诊断识别出罕见病 (征), 在机器学习中, 通过样本增强或模型设计的方式, 或学会学习——元学习等方式, 逐步达到或接近于类似的判断结果, 是当前人工智能理论与应用的重要目标。

(2) 病灶在脏器的位置及其量化信息的提取和应用。病灶在脏器上出现的具体部位和大小, 是疾病诊断尤其是肺疾病诊断的两个重要因素, 缺一或某一因素变动就可能导致其结果完全不同。当前人工智能辅助诊断的模型和算法尚未合并病灶在脏器上的位置信息或大小、面积、体积等量化信息, 因而与实际临床应用之间存在显著鸿沟。以寻常型间质性肺炎 (UIP) 人工智能辅助诊断为例, 若能在 HRCT 图像分割及识别的基础上进一步提取病灶量化信息, 如

① 位置: 病灶定位的一些关键点;

② 形状: 关键点形成的平面轮廓;

③ 面积: 计算二维轮廓内关键点总和;

④ 体积: 根据双肺结构的数字量和物理量的映射关系计算提取三维轮廓内病灶的体积。

这些因素对于病情诊断、病程分析与治疗措施等相关处置将具有重要的意义。

(3) 多学科讨论诊断方式对人工智能辅助诊断提出新需求。计算机断层扫描曾对疾病在早期被发现及诊疗起到划时代意义的重要作用, 随着计算机技术的广泛应用, 现有的许多极其依赖专业知识和经验判断的行业, 期待人工智能技术可充分利用大量数据、信息, 达到与人类专家相近的结果, 以肺疾病为例, 对将医学影像、病理学检查、活检信息及影像科、呼吸科、胸科、肺科、重症科等多学科讨论的诊断智能化提出了新需求。这一新挑战可能在当前的智能技术基础上获得突破, 也可能需要另辟他径, 例如, 从人类思维推理与机器语言推理等范式方面开拓出新路径。

新闻摘录 1　Google AI 医疗新成果: LYNA 提高转移性乳腺癌检测准确率 (Liu, 2019)

2017 年 3 月, Google 发布一种新的癌症检测算法方案, 可自动评估淋巴结活检, 被称为淋巴结助手 (lymph node assistant, LYNA)。在转移性乳腺癌的检测精度测试中, LYNA 的准确率达到 99%, 这远远超过人类的检测准确率。这些技术可以提高病理学家的工作效率, 减少与肿瘤细胞形态学检测相关的假阴性数量。

原发性肿瘤的淋巴结转移会影响多种癌症的治疗。但是, 淋巴结内肿瘤细胞

的组织学鉴定是一项费力且容易出错的工作, 尤其是对小肿瘤病灶。一般来说, 乳腺癌细胞的扩散方式通常会首先转移到附近的淋巴结中, 所以在很多乳腺检查中, 会提取一些附近淋巴结组织做成切片, 经过切片、染色、扫描等过程后, 生成涂片图像。癌细胞和正常细胞在颜色、纹理、大小和组织形式上会有很多的不同。在大医院中, 很多年长且具有看片经验的医生炙手可热, 这意味着人类同样需要很多经验才能正确地进行分析判断, 而年轻的或缺乏经验的医生容易出现误判。LYNA 能够通过计算机视觉技术帮助医生进行有效筛选, 从而减少工作量和误判的可能性。

LYNA 是一种先进的基于深度学习的人工智能算法, 用于在前哨淋巴结活检中检测转移性乳腺癌。研究人员从开源的 399 例患者数据集 (Camelyon16 Challenge) 获得完整的读片图像, 使用 270 张读片开发了 LYNA, 并对其余 129 张幻灯片进行了评估。研究发现, 在 Camelyon16 评估数据集上, 当每个患者 1 个假阳性时, LYNA 在接收方操作特性 (AUC) 为 99% 的情况下实现了滑动水平区域, 在肿瘤水平敏感性为 91%, 如图 5.21 中病理图像与 LYNA 检测结果所示。LYNA 不受常见的组织学伪影 (如过度固定、染色不良和气泡) 的影响。

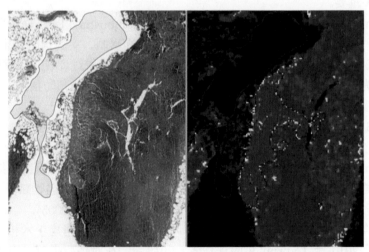

(a) 含有淋巴结的染色涂片　　　　　(b) 相应的预测热图识别肿瘤区域

图 5.21　病理图像与 LYNA 检测结果 (Liu et al., 2017)

图 5.21(a) 中, 与周围细胞相比, 肿瘤细胞呈浅紫色, 可以看到多种伪影: 左上象限的连续区域是气泡, 肿瘤和邻近组织中的白色平行条纹是切割伪影。说明一下, 由于该数据集来自不同的医院或研究机构, 采用了不同厂家的扫描仪, 所以图片在色调上存在着很大的差异, 因此在建立数据集之前, 对所有的图片进行了染色均一化过程。图 5.21(b) 为相应的预测热图, 可以准确识别肿瘤细胞, 同时忽

略各种伪影, 包括淋巴细胞和穿过肿瘤组织的切割伪影等。

研究表明, 人工智能算法可以详尽地评估涂片上的每个病理组织区域, 实现比病理学家更高的肿瘤级别敏感性和可与之媲美的读片级别性能。

新闻摘录 2　Caprini 血栓风险评估量表 (Caprini, 2010; 张方圆, 2021; 刘芯言, 2022)

2022 年 5 月, 中国国家药品监督管理局公布上市新药, 包括静脉血栓栓塞症的适应证, 即用于儿科患者治疗和预防的口服 Xa 因子抑制剂 Xarelto。此前, 尚无批准的口服药物用于治疗青少年静脉血栓栓塞症。

深静脉血栓 (deep vein thrombosis, DVT) 是指血液在深静脉内不正常凝结引起的静脉回流障碍性疾病, 常发生于下肢, 血栓脱落可引起肺栓塞 (pulmonary embolism, PE)。DVT 与 PE 合称为静脉血栓栓塞症 (venous thromboembolism, VTE), 是 VTE 在不同阶段的表现形式。VTE 发病率、死亡率、漏诊率均较高, 正在成为公共健康医疗保健问题, 同时, VTE 又是一种 "最有可能预防的致死性疾病", 因而预防大于治疗, 及时准确地进行 VTE 风险评估为预防措施提供准确的依据至关重要。

Caprini 风险评估量表作为 VTE (venous thromboembolism, 静脉血栓栓塞症) 风险评估量表, 包括约 40 个危险因素, 是药物研制、疾病预防的重要依据。Caprini 风险评估量表根据一系列先天性/获得性危险因素对患者进行评分, 将危急程度分为低危、中危、高危和极高危四类, 并推荐相应的预防措施, 如表 5.3 所示。

表 5.3 中, Caprini 风险评估表均将风险等级划分为 4 个级别, 其中, 0~1 分为低危, 2 分为中危, 3~4 分为高危, ≥5 分为极高危。

Caprini 风险评估表最早发表于 2005 年, 包括约 40 个危险因素, 依据以往研究中发表的不同危险因素比值比或相对危险度, 分别为其危险因素赋分, 各危险因素分值之和即为患者的 Caprini 风险评估表得分 (Caprini, 2005)。

2010 年, Caprini 在 2005 版 Caprini 风险评估表基础上考虑手术相关风险因素, 发布了 2010 版 Caprini 风险评估表。2013 年, 在对体质指数、中心静脉置管、既往存在恶性肿瘤及目前所患恶性肿瘤、手术相关危险因素等方面进行综合修改, 发布了新的 Caprini 风险评估表 (Caprini, 2010)。在该风险评估量表提出者 Joseph A Caprini 所在的美国以及其他医疗技术水平较高的国家, 相关验证研究表明了该量表的有效性, 在我国也得到了成功的应用。

表 5.3　Caprini 风险因素评估表

A1 每个危险因素 1分	B 每个危险因素 2分
☐ 年龄40~59岁	☐ 年龄60~74岁
☐ 计划小手术	☐ 大手术(<60min)*
☐ 近期大手术	☐ 腹腔镜手术(>60m*in)*
☐ 肥胖(BMI>30kg/m2)	☐ 关节镜手术(>60min)*
☐ 卧床的内科患者	☐ 既往恶性肿瘤
☐ 炎症性肠病史	☐ 肥胖(BMI>40kg/m2)
☐ 下肢水肿	**C 每个危险因素 3分**
☐ 静脉曲张	☐ 年龄≥75岁
☐ 严重的肺部疾病，含肺炎（1个月内）	☐ 大手术持续
☐ 肺功能异常（慢性阻塞性肺疾病）	☐ 肥胖
☐ 急性心肌梗死（1个月内）	☐ 浅静脉、深静脉血栓或肺栓塞病史
☐ 充血性心力衰竭（1个月内）	☐ 血栓家族史
☐ 败血症（1个月内）	☐ 现患恶性肿瘤或化疗
☐ 输血（1个月内）	☐ 肝素引起的血小板减少
☐ 下肢石膏或支具固定	☐ 未列出的先天或后天血栓形成
☐ 中心静脉置管	☐ 抗心磷脂抗体阳性
☐ 其他高危因素	☐ 抗血酶原20210A阳性
	☐ 因子Vleiden阳性
	☐ 狼疮抗凝药物阳性
	☐ 血清同型半胱氨酸酶升高
A2 仅针对女性 (每项1分)	**D 每个危险因素 5分**
☐ 口服避孕药或激素替代治疗	☐ 脑卒中（1个月内）
☐ 妊娠期或产后（1个月）	☐ 急性脊髓损伤（瘫痪）（1个月内）
☐ 原因不明的死胎史	☐ 选择性下肢关节置换术
复发性自然流产（≥3次）	☐ 髋关节、骨盆或下肢骨折
由于毒血症或发育受限原因早产	☐ 多发性创伤（1个月内）
	☐ 大手术（超过3h）*

危险因素总分：_____

注：①每个危险因素的权重取决于引起血栓事件的可能性。如癌症的评分是3分，卧床的评分是1分，因前者比后者更易引起血栓。②*只能选择1个手术因素

VTE的预防方案(Caprini评分)			
危险因素总分	DVT发生风险	风险等级	预防措施
0~1分	<10%	低危	尽早活动，物理预防（　）
2分	10%~20%	中危	药物预防或物理预防（　）
3~4分	20%~40%	高危	药物预防和物理预防（　）
≥5分	40%~80% 死亡率1%~5%	极高危	药物预防和物理预防（　）

5.5　日地间多源多模态多通道数据的空间天气深度计算与预报

2006 年以来, 随着日地关系观测台 (Solar Terrestrial Relations Observatory, STEREO)、太阳动力天文台 (Solar Dynamics Observatory, SDO) 等多颗太阳观测卫星发射升空, 多观测源多角度多尺度日面图像数据量迅速增长, 一方面丰富并提升了日地空间探索信息的数据来源和数据量级, 另一方面, 也对与数据量增长相适应的高效数据处理手段提出了迫切需求。面对海量的太阳数据, 人工智能技术正在显示出强大的处理能力 (Duda et al., 2007; 陈云霁等, 2020)。与此同时, 卫星气象专家在长期的观察与跟踪中积累的大量经验和知识构成了丰富的数据资源, 合并日地观测卫星带来的源源不断的数据, 共同为空间天气的人工智能预报与预警提供了应用基础。

5.5.1　日地间监测数据与空间天气指标

日地之间的监测数据和日面图像包含了非常丰富的太阳活动信息。通过对活动区图像的观测, 既可以获得太阳活动的周期变化规律, 也可以根据相关征兆预报太阳活动事件, 例如, 对太阳黑子活动连续观测的结果, 最终产生了 11 年太阳活动周期的重大发现。

近年来, SDO 拍摄的更高时间与空间分辨率的多波段日面图像, 为以小尺度时间和空间条件研究太阳大气层及日地间空间天气的影响提供了更加有利的条件, 2016 年 4 月初, SDO 拍摄到太阳表面喷发的中等级别等离子流, 并预报为强烈太阳耀斑, 后证实其导致了 4 月 17 日地球无线电信号中断事件。

太阳耀斑是太阳活动区瞬间爆发能量的剧烈过程, 伴随着大规模电磁辐射。活动区域在不同太阳球层上会表现出不同的观测特征, 如在光球层中表现为黑子, 在磁场下表现为正负极缠绕, 在其余大气层中表现为一个具有不同亮度水平的区域。当耀斑爆发时, 如图 5.22 所示。图 5.22(a) 中, 右上为 SDO 搭载的日震与磁成像 (helioseismic and magnetic imager, HMI) 图像, 显示为以黑色部分代表的负极与白色部分代表的正极之间的相互交错, 由于在耀斑发生前后黑白部分的变化非常微小, 这类磁成像图既无法反映磁场的空间结构, 也很难用来预报耀斑爆发事件。图 5.22(b) 为 SDO 搭载的大气成像组件 (atmospheric imaging assembly, AIA) 拍摄的日面极紫外 193 波段图像, 可以看出, 日冕层爆发明亮的光束, 显示强烈的耀斑爆发。

对于耀斑的警报级别划定, 通常以地球同步轨道卫星观测到的太阳 X 射线流量表征。耀斑等级总共划分为 5 级, 分别是 A、B、C、M、X, 最低级别耀斑

为 A 级耀斑, 表示软 X 射线的峰值流量小于 $10^{-7}\mathrm{W/m^2}$, B 级耀斑表示流量为 $10^{-7} \sim 10^{-6}\mathrm{W/m^2}$, 随后每增加一级, 对应的范围也以 10 的倍数扩增, 如表 5.4 所示, 其中, C 级别以下的耀斑称为小耀斑, M 级为中等耀斑, X 级为大耀斑。此外, 除字母表示的级别之外, 还在耀斑级别字母后用 1~99 的数字来对应更加精确的射线流量数值, 数字越大, 表明在该级耀斑中流量越大, 例如, $B12$ 即对应 $1.2 \times 10^{-7}\mathrm{W/m^2}$。

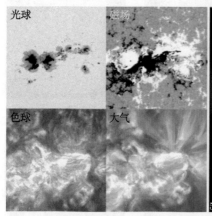

(a) 太阳活动区在太阳不同球层下的观测   (b) 太阳耀斑爆发193波段图像

图 5.22 太阳活动区观测信息

表 5.4 X 射线耀斑分级标准

耀斑级别	X 射线峰值流量/$(\mathrm{W/m^2})$
A	$< 10^{-7}$
B	$10^{-7} \sim 10^{-6}$
C	$10^{-6} \sim 10^{-5}$
M	$10^{-5} \sim 10^{-4}$
X	$> 10^{-4}$

但是, 从耀斑类别与 X 射线的峰值的对应关系来看, 各个级别之间的差异在临界点处并不大。举例来讲, $B99$ 的耀斑级别 (9.9×10^{-7}) 与 $C10$ (1.0×10^{-6}) 的耀斑级别的差异在 X 射线的数值上比 $C90$ 与 $C10$ 的差异还要小, 但它们却被划分为不同类别中。因此, 对于现有数据各个级别出现的频率统计也是至关重要的, 若在临界点处出现大量数据, 还需要考虑实际类别与标签的对应关系问题。

再如地磁预报, 地磁暴的强度等级一般采用 Kp 指数来划分, Kp 指数越大, 对应的地磁暴等级越高。应用日面极紫外图像直接进行 Kp 指数预报时, 面临难于从日面极紫外图像中提取与 Kp 指数相对应特征的问题, 具体如图 5.23 所示, 即出现不同标签下图像特征相似、相同标签下的图像特征差异大等情况, 因而需要综合太阳风数据、日面极紫外图像及冕洞位置情况等进行预报。

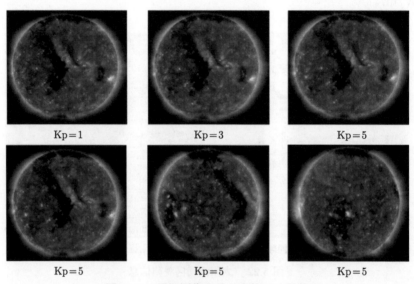

图 5.23　冕洞图像及其对应的 Kp 指数

　　综上所述, 与通用领域或标准数据集上的模式分类不同, 行星际空间物理数据与太阳活动的物理过程密切相关, 尽管包括图像及其他类型的多模态探测数据已从多个方面描述了日球和日地之间的物理现象与过程 (Shen et al., 2018), 但是, 大量原理性、规律性的机制远未被探索和揭示, 因此, 在应用人工智能技术手段处理空间科学领域的问题时, 需关注以下问题。

　　(1) 数据与数据集的影响。不同时期发射的观测天文台, 不仅图像清晰度和拍摄频度不同, 且其数据信息包括了不同的太阳活动周期, 因而在数据波段区间、帧间间隔等方面影响着规模数据集的构建。

　　(2) 样本不平衡的影响。由于相对温和的空间天气过程较为常见, 相关数据量较大, 而强烈爆发的太阳事件罕见发生且持续时间短, 使得这类数据量相对较少, 例如, 红色预警类 X 级强耀斑爆发较少发生, 使整个耀斑数据显示出明显的类别不平衡, 这一现象不只削弱了数据集的标准程度, 还可能因某些计算方法失效导致结果出现谬误。

　　(3) 智能计算方法与模型的选择。已经知道, 适用于不同问题和场景的通用智能算法并不存在。应在充分了解研究对象的物理过程与机制的前提下, 根据研究目的和要求选择并设计出更合理的智能计算方法, 才能显示出人工智能技术的巨大作用 (He et al., 2015; Galvez et al., 2019)。

(4) 性能分析与结果对比。由于包括训练集、测试集等样本数据, 以及对专用智能算法的探索等因素影响, 基于人工智能的太阳事件分级与预报在性能分析与比较方面暂无标准结果数据集, 需借助详尽而充分的设计与分析, 验证人工智能方法的效果。

本节将以当前海量日地观测数据为研究对象, 应用深度学习和多尺度计算等技术手段, 在充分讨论数据集建立、特征提取、模型设计和性能分析的基础上, 以耀斑与地磁指数多尺度计算预报为任务, 为多源多模态多通道多尺度太阳数据的大规模计算与预警预报目标提供多尺度计算解决思路。

5.5.2 太阳活动区极紫外图像的耀斑分级

SDO 搭载的大气成像组件 (atmospheric imaging assembly, AIA) 拍摄的日面极紫外图像波段极其丰富, 且具有较高空间和时间分辨率, 能够用来预测可能干扰地球的太阳风暴及耀斑事件等。同时, 太阳和日球层探测器 (solar and heliospheric observatory, SOHO) 搭载的极紫外成像望远镜 (extreme ultraviolet imaging telescope, EIT) 提供了更早的活动区图像, 例如第 23 太阳活动周期数据, 其相应波段活动区数据可作为太阳耀斑图像样本集。本节讨论的图像数据将以这两方面的观测数据为基础。

1. 耀斑数据特点及数据集分析

在太阳极紫外图像数据的选取上, 一方面, 出于对数据融合的考虑, 选择一个 SOHO 与 SDO 共有或相近波段较为合适; 另一方面, 从耀斑预测的角度而言, 经过验证, 193 波段图像可以捕获耀斑过程中等离子体的动态变化, 特别适用于显示明亮的等离子细丝和凸起等特征, 且越亮的区域表示等离子体的密度越大 (Alipour et al., 2019)。因此, 实验选择以 193 波段日面图像作为模型的输入数据, 相关数据来自 SunPy API (Mumford et al., 2015)。

根据耀斑记录文件下载数据, 可统计耀斑级别分布情况, 其中 C 级数据最多, 这与实际爆发中中等程度的耀斑最为常见相符合, 且 C、M、X 的频率结果更加符合泊松分布, B 级数据的分布情况较为平均, 最高处的 C、M 分别达到 136 和 216 个数据量, 分别对应 $C10$ 和 $M10$ 耀斑级别, 且在级别跨越的边界处——由 B 级到 C 级及由 C 级到 M 级, 有一个较大的跃升, 可能与数据筛选、样本量本身及真实情况差距较大等因素有关。

在耀斑记录下载数据的基础上, 对 3462 个 C 级、1863 个 M 级、142 个 X 级进行实验判别, 可以发现, C 级和 M 级耀斑的预报性能较优, 但对 X 级耀斑的

预报效果较差 (朱凌锋, 2021)。虽然使用了多种解决数据不平衡的方法, 但对这类具有较大差异的数据集, 网络模型的实验效果仍然无法得到明显改善。为实现单一网络的三分类任务, 这里引入 B 级耀斑, 代表一类无耀斑的情况。初始的 C 级耀斑作为一类有耀斑情形, M、X 级耀斑合为一类较严重耀斑的情形, 以改善数据分布不均衡状况。

2. 基于度量的元学习模型

采用基于度量的元学习模型, 借助其对样本数量需求小、通过支持集和查询集数据的相似度比较完成判断的特点, 改善在现有数据量的驱动下深度学习模型难以找到多分类任务判别边界的状况 (Nishizuka et al., 2018; Park et al., 2018), 从而达到降低数据量提升分类效果的目标。

基于度量的元学习模型类似于机器学习中的最近邻算法, 可以概括为如下形式: 对于待测样本 x, 利用核函数 k 衡量 x 与类别已知的集合 S 中数据 (x_i, y_i) 的相似度, 对标签 y_i 加权求和即得到 x 的类别:

$$p(y|x, S) = \sum_{(x_i, y_i)} k(x, x_i) y_i \tag{5.5.1}$$

具体步骤如下:

(1) 从支持集和查询集的所有图像中提取嵌入模型 (通常为卷积神经网络 CNN);

(2) 对查询集中的每张图像均计算其与支持集图像的距离并进行分类;

(3) 每完成一次图像分类, 对 CNN 按照损失函数反向传播误差更新网络权重参数。

为避免单一度量模型在面对新类别时出现特征丢失的现象, 在分析太阳活动区图像及耀斑数据的基础上, 设计基于度量的生成式元学习模型, 可充分应用元学习任务对样本数量要求低、类别配置灵活的特点, 解决现有数据集的类别不平衡、样本数量少、网络知识难以迁移等问题。

生成式度量学习模型的结构主要由两部分组成, 即元网络 (MetaNet) 和目标网络 (TargetNet), 元网络由任务环境编码网络 (task context encoder) 和卷积核参数生成网络 (convolution kernel weight generator) 组成, 其目的是编码任务数据, 然后生成目标网络的参数, 目标网络是针对分类的网络结构, 如图 5.24 所示。

其中, f_φ 为特征提取器, 使用深度学习网络来提取特征。在训练过程中, 不断地从训练集中获取不同的样本信息, 使用任务环境网络将其表示为一个任务特征, 基于这个任务特征, 通过参数生成器形成一个针对当前这个任务的目标网络对应层的参数, 使网络具有解决当前任务的分类能力 (Li et al., 2019), 其中, 参数生成器包括卷积核参数、批量归一化参数及分类器参数等。

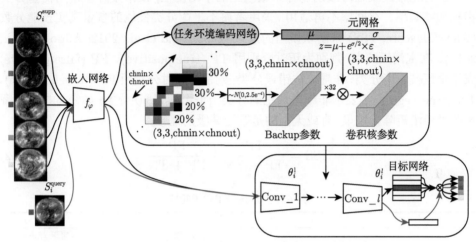

图 5.24   包含卷积核初始化的生成式度量学习模型

这类模型由于包含参数生成回路, 将导致训练难度提升、训练结果不稳定, 针对这一问题, 本节给出一种单位卷积核初始化方法, 如图 5.24 右上部所示。对 VGG16 网络的权重, 按照网络层次逐一进行分析, 将其中心卷积核作为单位卷积核用于生成式模型中权重生成器的初始化, 以解决此类生成式网络难以训练的问题。具体地, 在元网络结构部分, 首先, 通过 VGG 网络求取聚类中的 4 个中心核, 其中, 网络前段和中后段各两个单位中心核按照 0.2、0.2、0.3、0.3 的比例配置。此外, 为增加卷积核的多样性, 使其还原到训练后卷积网络的状态, 在每个中心卷积核上增加一个随机矩阵, 矩阵随机数按照正态分布构成, 其均值为 0, 标准差为 $2.5e^{-4}$, 因而生成了一个与卷积层核尺寸 (3, 3, chnin, chnout) 相同的 Backup 权重, 共可形成 32 个 Backup 权重组成 Backup 权重库。

在另一条支路上, 任务环境编码网络对于每个任务均生成一个 64 维的任务特征向量, 将前 32 维视作均值 μ, 将后 32 维视作方差 σ, 将 $e\sigma/2$ 乘以一个符合标准正态分布的随机数 ε 后与 μ 相加, 得到 32 维特征 z, 此特征与 Backup 权重库相乘后即得到了最终的卷积核参数, 也就是对应目标网络中的卷积层参数。

可见, 此时目标网络中无可学习参数, 它的参数由元网络产生, $\theta_i^1, \cdots, \theta_i^l$ 是目标网络中的参数。而合适的初始化权重有效地避免了梯度消失和梯度爆炸的问题, 可使网络快速收敛到最优值.

3. 预报结果

1) 预报性能指标

因有无耀斑或耀斑级别在样本数量上的不均衡性, 混淆矩阵中常用衡量分类指标如精确率、召回率不再适用, 采用考察不平衡分类性能的参量真实技能分数 (true skill score, TSS) 来衡量模型的效果 (Bloomfield et al., 2012; Alipour et al., 2019)。在混淆矩阵中, 判别为正时分别用 TP (true positive)、FP (false positive) 表示耀斑被正确分类、非耀斑被错误分类; 判别为负时分别用 FN (false negative)、TN (true negative) 表示非耀斑被正确分类, 而耀斑被错误分类, 如表 5.5 所示耀斑分类混淆矩阵。这里, 有或无指的是有无某级别耀斑。

$$\text{TSS} = \frac{\text{TP}}{\text{TP} + \text{FN}} - \frac{\text{FP}}{\text{FP} + \text{TN}} \tag{5.5.2}$$

表 5.5　耀斑分类混淆矩阵

模型预测		日面情况	
		是 i 级耀斑 (true)	非 i 级耀斑 (false)
模型预测	预报为 i 级 (positive)	TP	FP
	预报非 i 级 (negative)	FN	TN

检测率 (probability of detection, POD) 指标评估了判别预报的敏感性, 为正确预报 TP 与实际类别中所有事件 (TP+FN) 的比率 TP/(TP+FN), 是分类任务性能分析关键指标。误报率 (false positive ratio, FPR) 指标评价了模型正确预测正样本纯度的能力, FPR=FP/(FP+TN) 值越小, 性能越好。TSS 为检测率与误报率之间的差值, 范围为 $-1 \sim 1$, 数值越大, 模型的分类效果越好, TSS 可消除数据样本在均衡性方面的干扰。

2) 不同类别上的分类结果

对于 B 级与 M 级均选择 1996~2012 年、2013~2016 年相应数据作为训练集和测试集, C 级数据选择 1997~2012 年、2013 年分别为训练集和测试集, X 级数据选择 1997~2012 年、2013~2015 年分别为训练集和测试集。由于 2000 年和 2002 年为第 23 周太阳周期高峰年, 2013 年为第 24 太阳周期高峰年, 数据集选择覆盖了强耀斑爆发年, 因而包括了典型耀斑图像数据, 满足智能分类任务对数据集的要求。

耀斑数据集采用耀斑发生前 24 小时内的图像, 间隔为每小时一帧, 共 23 帧图像序列, 对耀斑爆发前临近时间内较为集中的图像数据进行分级, 亦可视为对太阳活动区耀斑视频数据集的处理, 因而既包含了对耀斑级别的分类, 又包含了对耀斑爆发的预报, 对于太阳活动区极紫外图像数据信息的应用与处理具有重要的意义。

在分级与预报过程中, 对卷积核初始化参数的选择、Shot 数目及中间层结果均进行了相应的调试对比, 综合选择性能较好的参数并组合为相应的模型方法。

(1) 卷积核初始化对性能的提升效果。卷积核初始化提取了输入特征图的 "梯度" 信息, 使得类别中心在中间层的输出结果较为集中且过渡平滑, 具有去噪和增强边缘的效果。

(2) Shot 数目的影响。一方面, 度量模型对于 Shot 数目较敏感, 训练 Shot 数目越大, 性能越好, 尤其是对于 B 级、MX 级, 当 Shot 数目由 1 逐步增加到 15 时, TSS 值分别由 0.25、0.35 提高到 0.4、0.48, 但对于 C 级影响较不明显, 当 Shot 数目变化时, TSS 值保持在 0.99 左右；另一方面, Shot 数目对生成式度量模型性能影响不大, Shot 数目的增加无法带来进度的大幅提升, 验证了生成式模型无须更多样本的元学习能力, 如图 5.25 所示。

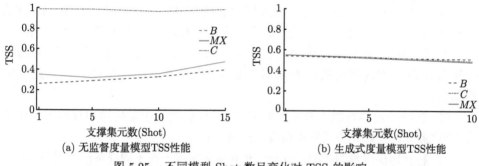

(a) 无监督度量模型TSS性能　　　　(b) 生成式度量模型TSS性能

图 5.25　不同模型 Shot 数目变化对 TSS 的影响

太阳活动区极紫外 (EUV) 图像的耀斑分级与预报结果如表 5.6 所示, 其中, Unsup_15shot 是以 ResNet12(640) 作为骨干网络的无监督度量模型在测试 Shot 数目为 15 时的结果, Generate_1shot 是生成式度量模型在测试 Shot 为 1 的结果。对于无监督度量模型 Unsup_15shot, 预报效果均好于深度学习方法, C 级效果最好, 且在 MX 上增加的效果大于在 B 上造成的衰减 (郭大蕾等, 2022)。因此, 度量式元学习模型与样本集 MX 合并在整体上可提升预报性能。

对于生成式度量模型 Generate_1shot, 在 B 和 MX 的大多数指标上优于度量模型, 即对于 B 和 MX 的效果提升明显, 更使得类别间的性能较为平均, 在三个类别上 TSS 分别为 0.54、0.55、0.55, 这是由于卷积核初始化设计过程可根据当前任务及时调整权重参数, 提升了原分类效果较差的判别性能, 总体上, 基于卷积核初始化的生成式度量模型带来了更好的性能。

在上述实验中, 将 MX 视为同一类有严重耀斑爆发的情况, 在一定程度上克服了数据不平衡造成的样本学习问题, 获得了较好的分类性能。

表 5.6　　不同类别的分类结果

	Class	POD	TSS
	B	0.55	0.40
Unsup_15shot	C	**1**	**0.99**
	MX	0.76	0.48
	B	**0.69**	**0.54**
Generate_1shot	C	0.70	0.55
	MX	**0.70**	**0.55**

4. 分析与讨论

由于类不平衡、类间特征区分度不明显、数据量欠缺等问题, 在对太阳活动区 EUV 图像的耀斑分级与预报, 基于元学习方法设计的包含卷积核初始化的生成式度量模型, 经实验验证, 有如下结论。

(1) 1996~2015 年 193 波段的数据集包含了 1996~2015 年 SOHO 和 SDO 的日面活动区图像数据, 涵盖了第 23 、第 24 太阳活动周期的高峰年; 同时, 对较高等级耀斑爆发前的图像均值处理显示耀斑发生的位置区域, 因而耀斑爆发前连续帧图像构建的动态视频数据集, 为耀斑分类与预报提供了充分的数据量。

(2) 在基于元学习的生成式度量模型中, 设计的基于单位卷积核的初始化方法, 相比原先的初始化方式性能精度可提升 10%。

(3) 与普通深度学习模型相比较, 度量模型显示出在不同任务配置时 Shot 数目越高时性能越好, 但是, 生成式度量模型对 Shot 数目不敏感。

(4) 从特征提取的角度来看, 即使标签和数据特征完全对应, 严格按照级别的数值定义做 "硬" 区分, 仍存在没有明显边界的可能, 在一定程度上影响了判别的精度和性能。

5.5.3　多模态太阳风数据与冕洞极紫外图像的 Kp 指数预报

当太阳活动增加时, 冕洞向外喷射的高速带电粒子流会形成高速太阳风, 太阳风与行星际磁场相互耦合产生巨大能量带入地磁场从而引发地磁暴。地磁暴严重影响卫星通信、导航、电力等系统的正常运行。

地磁暴形成过程中, 地球同步卫星 SDO 和位于日地 L1 点 (Lagrange 1 点) 的先进成分探测器 (advanced composition explorer, ACE) 可分别探测到反映冕洞信息的日面极紫外图像与太阳风参数时间序列数据。由于探测站位置及数据获取方式的差异, 极紫外图像与太阳风参数反映的太阳活动将分别在 3~4 天、1~3 小时后影响地磁场, 这说明图像比太阳风数据包含更早的磁暴信息, 如图 5.26 所示。

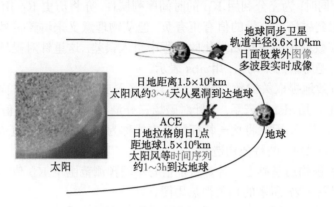

图 5.26 多模态多尺度日面数据观测设备及位置图示

图 5.26 中, 左侧四分之一黄色球体表示太阳, 右侧蓝底球体表示地球, 蓝色实线表示地球运行轨道, SDO 运行在地球同步轨道; 黄色直线表示日地连线, 先进成分探测器运行在日地间 Lagrange 1 点。根据这些数据信息可对地磁暴的等级、地磁指数进行预报。

1. 太阳风数据的 DA 特征构造

地磁暴形成的物理机制复杂, 尚未建立物理模型, 目前地磁指数预报主要使用太阳风参数数据由统计模型预测, 由于只适用于少量典型有磁暴样本, 且不能自动拟合数据关系, 导致模型预测效果差且预测提前时间只有几小时。同时, 太阳风参数数据虽种类较多, 但与地磁指数之间的相关性未知, 因此, 设计基于太阳风数据的地磁指数预报模型时, 需首先对太阳风参数数据进行特征构造与选择。

太阳风参数原始观测数据种类多、数量庞大, 包含了太阳风质子密度 n, 太阳风速度 v, 磁场矢量 B 及其在 x、y、z 三个轴上的分量 B_x、B_y、B_z 等参量。其中, n 的取值为 $0.08 \sim 86.13\text{cm}^{-3}$; v 通常为 $200 \sim 800\text{km/s}$; B 为 $1.47 \sim 55.88\text{nT}$; 上述特征取值都为正, 而磁场分量用正负表示不同的方向, 数值通常为 $-30 \sim +30\text{nT}$。特征子集作为模型的输入不仅有利于分析特征与特征、特征与目标之间的相关性, 增强问题实际意义的可解释性, 还可以减少输入特征的维数, 从而提高模型的训练速度和泛化能力。

特征构造与特征选择力求从原始的特征集中筛选出性能最佳的特征子集, 实现去除无关、弱相关冗余特征, 保留强相关和弱相关非冗余特征的目标。在对太阳风参数数据进行特征构造与特征选择时, 遵循了以下原则。

(1) 考虑到 L1 点处获取的太阳风参数数据在 $1 \sim 3\text{h}$ 后影响地球这一特性, 采用 3h 时间滑动窗口, 分别求取上述参量在 3h 内的最大值 (max)、最小值 (min)、

均值 (avg)。同时, 为充分利用 Kp 的时间序列属性, 亦将历史 Kp 用作特征参量。

(2) 考虑到磁场三分量的值有正有负, 但从物理意义来讲该符号表示的是方向, 为避免在数据预处理和归一化的过程中引入误差, 这里针对磁场三分量构造了 3h 时间内绝对值的平均值, 用 abs 表示。

(3) 为有效地提取关键数据特征, 计算磁场及其在 x、y、z 方向上最大值与最小值的差值, 用 delta 表示, 并针对磁场三分量构造了三分量差值中的最大值, 用 delta_max 表示, 因此将这一特征构造方式称为基于绝对值差值 (difference of Absolute value, DA) 的特征构造。

在上述特征构造基础上, 计算特征值与不同预测范围下 Kp 值的 Pearson 相关系数, 可得图 5.27 所示的相关性热力图。

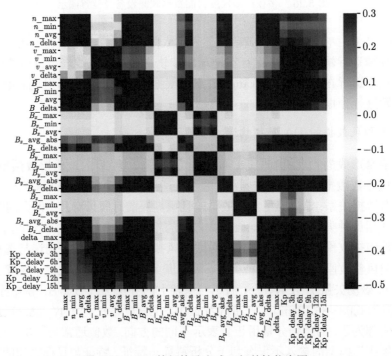

图 5.27　DA 特征构造方式下相关性热力图

图中, delay_3h、delay_6h、delay_9h、delay_12h、delay_15h 分别表示对应延迟时间为 3h、6h、9h、12h、15h 的 Kp 值。图中格子蓝色越深, 表明两个变量之间的正相关性越强；红色越深, 表明两个变量之间的负相关性越强；颜色越接近白色, 表明变量间的相关性接近于 0。

可以看出, 特征构造后差值特征 n_delta 与 Kp 的相关性为 0.29；v_delta、B_delta、B_x_delta 与 Kp 之间的相关性为 0.35；B_y_delta、B_z_delta 与 Kp 之间

的相关性为 0.44。针对磁场三分量构造的绝对值平均值 B_x_avg_abs、B_y_avg_abs、B_z_avg_abs 与 Kp 间的相关性分别为：0.37、0.39、0.43；差值最大值与 Kp 之间的相关性为 0.49。这说明 DA 特征构造方式有助于增强输入特征与 Kp 之间的相关性。

此外，删除与地磁指数 Kp 相关性为 0 的特征：B_x_max、B_x_avg、B_x_min、B_y_max、B_y_avg、B_y_min 等。最终在 DA 特征构造和特征选择后，获得的 23 维太阳风数据输入特征参量，如表 5.7 所示。

表 5.7　23 维太阳风数据输入特征

特征构造方式	输入参数
3h 时间窗口内求最大值_max	n, v, B, B_z
3h 时间窗口内求最小_min	n, v, B, B_z
3h 时间窗口内求均值_avg	n, v, B, B_z
3h 时间窗口内求最大差值_delta	n, v, B, B_x, B_y, B_z
3h 时间窗口内求绝对值均值 avg_abs	B_x, B_y, B_z
求差值的最大值_max	B_x_delta, B_y_delta, B_z_delta
直接输入	Kp

在图像预测太阳风模块 (图 5.28)，首先应用卷积神经网络自动提取日面图像时间尺度的特征，再将不同时间尺度的特征分别作为循环神经网络不同时间步的输入，实现太阳风风速的预测，并考虑到日面极紫外图像中所包含的时间尺度特征，结合 ResNet 与 LSTM 模型设计了 ResTm 模型。

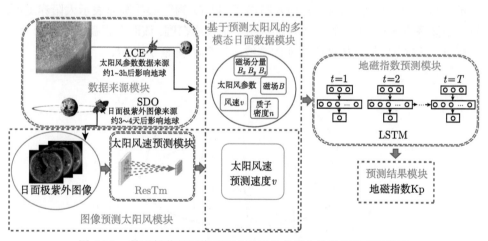

图 5.28　基于极紫外图像预测太阳风的多模态地磁指数预报模型

为与其他太阳风及地磁指数模型进行效果对比，这里采用 2000~2012 年的太阳风参数数据与地磁指数 Kp 数据。在图像预测太阳风方面，则采用 2011~2019

年的日面极紫外图像数据作为实验数据集。

2. 考虑冕洞位置信息的多尺度冕洞因子

因太阳自转和地球公转, 太阳活动区对空间天气及地磁的影响与其位置区域紧密相关, 位于日面图像中央的太阳爆发, 对地球的影响最大。极区冕洞对地磁的影响最小, 低纬冕洞面积较小, 影响作用有限, 延伸冕洞从北极区向南延伸至南纬 20° 左右或由南极区向北延伸至北纬 20° 左右, 面积较大, 对地磁影响也较大。因此, 考察日面图像中特定经纬度内的部分区域是相当有意义的, 首先需对活动区位置信息做定量化分析。需要说明的是, 本节未采用太阳坐标, 即不关注活动区的物理经纬度, 只对日面极紫外图像中的冕洞活动区的位置及区域做分析。

为了计算冕洞因子, 可通过三个步骤完成冕洞位置信息量化, 如图 5.29 所示, 分别为 Hough 变换、坐标变换、日面经纬网绘制, 流程输入为日面极紫外图像。

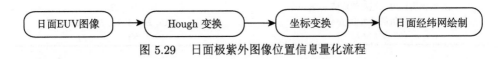

图 5.29　日面极紫外图像位置信息量化流程

首先, 需要对齐图像中心与太阳圆盘中心, 这里采取 Hough 变换, 一方面可以提取太阳圆盘, 屏蔽噪声; 另一方面, 可通过圆盘的中心坐标与半径大小将圆盘中心与图像中心对齐。

其次, 将三维的经纬线映射在二维图像中, 实现对位置信息的量化, 如图 5.30 所示。图中, O 为太阳中心, r 为太阳半径, 以 O 为圆心的圆面表示太阳赤道面, 与该平面垂直的过 O 点的圆面表示本初子午线所在圆, 该面在正视图中显示为一条直线。PM 是过点 P 做赤道面的垂线, 即 PM 垂直于 OM;

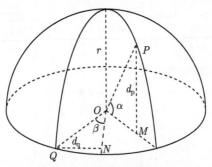

图 5.30　二维经纬面求解示意图

根据经度的定义, 经度面是指某地的经线面与 0° 经线面所成的二面角, Q 所在经度面在二维平面的投影为椭圆, 长轴为圆盘直径, 短轴长即图中 QN 的长度,

QN 垂直于 ON, 故点 Q 处的经度可用角 β 表示; 根据纬度的定义, 是指某点与球心的连线和 $0°$ 纬线面所成的线面角, 故点 P 处的纬度即为角 α。可知, 图中 QN 与 MP 的长度分别为 $r\sin\beta$ 与 $r\sin\alpha$。

再次, 将三维经纬网映射为二维经纬网, 关键是确定经度面与纬度面映射后的形态。由于三维坐标系下的经度面是直径相同的圆面, 在二维坐标系中则映射为长轴固定、不同位置短轴长不同的椭圆; 三维坐标系下的纬度面是平行于赤道面的半径不同的圆面, 在二维坐标系中映射为与图像水平中心线距离不同的直线。

经度面映射后的椭圆短轴长, 即图中的 QN; 纬度面映射后与图像水平中心线间的距离, 即图中的 MP。根据上述计算公式可获得二维图像中的经纬映射网络, 如图 5.31 所示。图中经纬网表示间隔 $15°$、[90°E, 90°W] 范围内的经度线与 [90°N, 90°S] 范围内的纬度线。

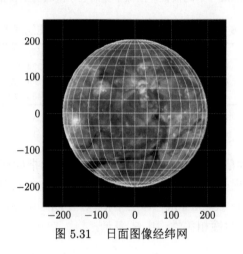

图 5.31　日面图像经纬网

冕洞面积为日面极紫外图像中心区域 [7.5°E, 7.5°W] 内冕洞像素占所有像素的比例。P_{CH} 指数是冕洞面积与亮度的综合指标, 冕洞面积越大, P_{CH} 值越大; 冕洞越暗, P_{CH} 值也越大。

P_{CH} 因子定义为 [10°E, 10°W] 内像素的倒数和。$P_{CH}30$ 是 [30°N, 30°S] 低纬区域内的 P_{CH} 指数, $P_{CH}90$ 是 [90°N, 90°S] 区域内的 P_{CH} 指数。不同极紫外图像上冕洞区域对应不同 Kp 指数, 如图 5.32 所示, 图中的白色实线标定了 P_{CH} 计算时关注的经度区域。可以看出, 图 5.32(a) 的中心区域几乎不存在冕洞像素, 冕洞因子值都较低, 此时 Kp 为 0.667; 图 5.32(b) 中心较暗的区域较少, 冕洞因子的值比 Kp 为 0.667 时都高, 此时 Kp 为 3; 图 5.32(c) 中心较暗的区域明显较大, 冕洞因子的值也最高, 此时 Kp 为 5, 说明有地磁暴发生。

不同极紫外图像及 Kp 指数下的冕洞因子数值, 如表 5.8 所示, 通过对三张不同 Kp 指数图像的对比, 可以看出 $P_{CH}90$ 因子比 $P_{CH}30$ 因子的值都较高, 这证实了高纬区域的冕洞也会对地磁场产生影响。

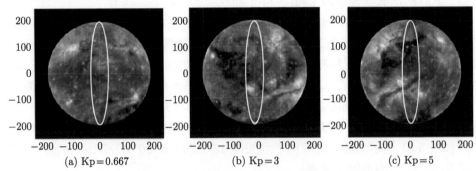

(a) Kp=0.667　　　　　　(b) Kp=3　　　　　　(c) Kp=5

图 5.32　不同极紫外图像下冕洞因子区域的 Kp 指数

表 5.8　不同极紫外图像及 Kp 指数下的冕洞因子数值

图像	面积	P_{CH} 30	P_{CH} 90	Kp
a	0.025	140.387	224.285	0.667
b	0.016	166.98	256.45	3
c	0.11	242.754	450.976	5

3. 多模态日面信息的深度计算地磁指数预报结果

空间天气领域地磁指数 Kp 预报模型常用的评价指标有 MAE (mean absolute error, 平均绝对误差)、RMSE (root mean squared error, 均方根误差)、Pearson 相关系数 (correlation coefficient) 等三个指标。Pearson 相关系数反映了模型预测值与真实值之间的线性相关性, 用 R 表示:

$$R = \frac{\sum\limits_{n=1}^{N}(f_n - \bar{f})(r_n - \bar{r})}{\sqrt{\sum\limits_{n=1}^{N}(f_n - \bar{f})^2}\sqrt{\sum\limits_{n=1}^{N}(r_n - \bar{r})^2}} \tag{5.5.3}$$

式中, f_n, $\bar{f}$ 分别表示样本的预测值及其均值, r_n, $\bar{r}$ 分别表示样本的真实值及其均值, N 表示样本总数目。相关系数 R 越大, 说明预测值与真实值之间的相关性越高, 模型的效果越好。

泰勒图 (Taylor diagram) 是对模型效果的综合表示, 图中的一个点同时表示了标准差、中心均方根误差以及相关系数三个性能指标。图中, 红色实线是真实值的标准差所在位置; 黑色为标准差刻度线, 越接近真实值性能 (即红色实线), 说明效果越好; 红色虚线为中心均方根误差的刻度线, 以真实值为原点, 径向距离越小说明性能越好；蓝色为相关系数刻度线，与水平轴所成的夹角越小，说明与真实值的相关性越强。

为了能从多个角度综合展现不同模型的预测效果，将预测范围分别提前到 3h、6h、24h、45h、72h，包括基于 DA 特征提取的太阳风 LSTM 模型 Kp 指数预报、合并极紫外图像预测太阳风的多源多模态多通道数据的深度计算 Kp 指数预报、考虑冕洞因子的多模态极紫外图像 Kp 指数预报等三类方式、多个性能指标结果，如图 5.33 所示。

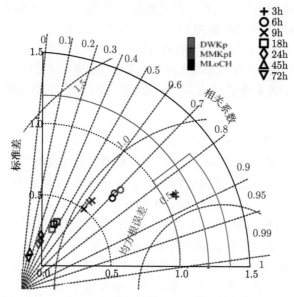

图 5.33　三种 Kp 指数预报模型预测效果的泰勒图展示

图中，每个点同时表示了预测值与真实值之间的相关系数 R、均方根误差 (root mean square error, RMSE) 以及标准差 (standard deviation, SD)。红色实心点表示 Kp 指数真实值，红色实线表示真实值的 SD，为 1.2。空心符号表示预测值，用不同的符号表示不同的预测范围，用颜色区分不同的预测模型，红色预测值表示基于太阳风参数数据的 Kp 指数预报模型，蓝色表示基于预测太阳风的多模态 Kp 指数预报模型，黑色表示基于冕洞因子的多模态 Kp 指数预报模型。

(1) 红色实线表示 Kp 指数真实值的指标值，与原点之间不同径向距离的黑色刻度线表示标准差 SD，预测值与真实值的标准差 SD 越接近，即离红色实线越近，表明预测效果越好。

(2) 蓝色刻度线表示预测值与真实值之间的相关性 CC，与真实值所在半径成不同夹角，夹角越小相关性越强，即越靠近水平横轴，表明预测效果越好。

(3) 与真实值不同径向距离的紫色刻度线表示预测值与真实值之间的均方根

误差 (RMSE), 径向距离越小误差越小, 即越靠近红色实心点, 预测效果越好。

(4) 模型预测效果良好应该位于真实值 SD 所在刻度线附近且靠近真实值所在半径处, 如图中红色实线形成的封闭区域, 预测值与真实值的 SD 相差不超过 0.2、CC 不低于 0.8、RMSE 不超过 0.7。

可以看出, 三种预测模型在预测范围为 3h 时预测效果接近, 全部落入了效果良好的区域。图中, 预测范围越大, 相邻预测范围的点越接近, 这表明模型效果的差异随着预测范围的变大而变小; 基于太阳风参数的模型在预测范围为 3h、6h 时性能较优, 基于预测太阳风的模型在预测范围为 9h、18h、24h 时性能较优, 基于冕洞因子的预测模型在预测范围为 45h、72h 时性能较优。

在预测范围为 3h 时三种模型的效果接近, 在预测范围为 6~15h 时太阳风预报模型效果最佳, 在 15~33h 时预测太阳风的多模态模型效果最佳, 在 33~72h 时冕洞因子的多模态模型效果最佳, 不仅提升了模型的预报效果, 还将预测时间提前到 72h。

4. 分析与讨论

在特征构造、模型设计到实验验证方面, 所讨论的三种模型均达到了较好的性能。由于预测范围不同, 从特征子集、数据来源及物理机制等方面可作如下分析。

(1) 在太阳风参数数据形成的特征子集中, 质子密度形成的特征与 Kp 间相关性最弱, 在 0.25 左右; 其余特征相关性在 0.35~0.6; 而无论是预测太阳风还是冕洞因子, 与 Kp 相关性都低于 0.25。因此, 当预测范围较短时, 太阳风参数数据起主导作用, 基于太阳风参数数据的模型预测效果最好。

(2) 地磁场通常在获取太阳风参数数据后 1~3h 内受到影响, 说明当预测范围延长到一定时间时, 由太阳风参数数据形成的特征子集相关性会变为 0。地磁场通常在拍摄日面极紫外图像后 3~4 天内受到影响, 因此在预测范围较长时与 Kp 的相关性下降较慢, 因而预测范围在 15~33h 内时, 基于预测太阳风的多模态 Kp 指数模型预测效果最好。

(3) 当预测范围超过 33h 时, 基于预测太阳风的多模态地磁指数预报模型可以将预测范围从仅使用太阳风参数数据的 36h 延长至 45h, 而基于冕洞因子的多模态 Kp 指数模型在预测范围较长时预测效果最好。

5.6 小 结

本章从普遍存在的多尺度现象入手, 简述了多尺度耦合和跨尺度关联等复杂的、非线性动力学特性, 着眼于多尺度数据处理的需求, 讨论了小波变换等时频分析方法和尺度空间等。通过在生理信号和医学影像等微观层次、天体和日地间天气等宏观层次上数据与图像处理的应用与分析, 介绍了数据驱动、深度学习、人工智能等理论与技术的进展。

其中, 小波分析通过伸缩平移运算对信号进行多尺度变换, 实现了高频处时间细分、低频处频率细分的自动适应时频分析。这类变换与分离方法本质上是多尺度信息的计算与分析, 尚未包含跨尺度关联的特征或动力学过程。在与物理过程相关的跨尺度海量数据处理中, 尺度及与尺度关联的研究, 远未形成相应的知识体系, 尚有许多数学问题与应用难点亟待解决。

参 考 文 献

白久武, 李惠萍, 李霞, 等. 2011. 不同影像学特发性间质性肺炎患者外周血细胞因子及肺功能比较研究. 国际呼吸杂志, 31(12): 886-889.

白以龙. 2007. 多尺度力学的案例和可能模式. 庆祝中国力学学会成立 50 周年暨中国力学学会学术大会论文摘要集 (上). 北京: 中国力学学会.

柴立和. 2005. 多尺度科学的研究进展. 化学进展, 17(2): 186-191.

陈起航. 2018. 胸部高分辨率 CT 新分型对特发性肺纤维化早期诊断的影响. 中国实用内科杂志, 38(11): 1005-1008.

陈文杰. 2015. 基于关键字搜索的广告数据采集系统的设计与实现. 中国科学院大学硕士学位论文.

陈云霁, 李玲, 李威, 等. 2020. 智能计算系统. 北京: 机械工业出版社.

高智. 2003. 湍流计算的多尺度模型与尺度间相互作用规律. 自然科学进展, 13(11): 1147-1153.

龚敬, 郝雯, 彭卫军. 2019. 人工智能技术在乳腺影像学诊断中的应用现状与展望. 肿瘤影像学, 28(3): 134-138.

郭大蕾, 张振, 朱凌锋, 等. 2023. 太阳活动区 EUV 图像的生成式模型耀斑分级与预报. 空间科学学报, 43 (1): 60-67.

郭雅芳, 王崇愚. 2001. 多尺度材料模型研究及应用. 材料导报, 16(7): 9-11.

国家卫生健康委员会. 2020. 新型冠状病毒感染的肺炎诊疗方案 (试行第四版).

国家卫生健康委员会. 2020. 新型冠状病毒感染的肺炎诊疗方案 (试行第五版).

国家卫生健康委员会. 2020. 新型冠状病毒肺炎诊疗方案 (试行第六版).

国家卫生健康委员会. 2020. 新型冠状病毒肺炎诊疗方案 (试行第九版).

韩颜颜, 张忠杰, 徐涛. 2014. 基于非均匀化多尺度方法的自组织介质波前愈合效应波场模拟. 中国地球科学联合学术年会.

何国威, 夏蒙棻, 柯孚久, 等. 2004. 多尺度耦合现象: 挑战和机遇. 自然科学进展, 14(2): 121-124.

胡润山, 苏晓燕, 闫冠华. 2005. 用尺度分离法诊断分析夏季中尺度天气系统. 大气科学学报, 28(6): 821-826.

李静海, 郭慕孙. 1999. 过程工程量化的科学途径: 多尺度法. 自然科学进展, 9(12): 1073-1078.

李晓坤. 2022. 多模态多尺度日面信息的深度学习地磁指数预报. 中国科学院大学硕士学位论文.

江山. 2008. 多尺度有限元方法的一些研究. 湘潭大学博士学位论文.

梁嘉琪. 2018. 基于 EMD 与增强 Poincaré 散点图的生理信号多尺度分析与识别. 中国科学院大学硕士学位论文.

刘明才. 2013. 小波分析及其应用. 北京: 清华大学出版社.

刘芯言, 云洁, 吴琪, 等. 2022. Caprini 血栓风险评估表对肿瘤病人静脉血栓栓塞症诊断价值的 Meta 分析. 护理研究, 36(10): 1764-1770.

卢志明, 黄永祥, 刘宇陆. 2006. 大气湍流的 Hilbert-Huang 变换分析. 水动力学研究与进展, 21(3):309-317.

(美) 曼昆. 2007. 经济学原理 (第 4 版)：宏观经济学分册. 梁小民, 译. 北京：北京大学出版社.

钱宇华, 成红红, 梁新彦, 等. 2015. 大数据关联关系度量研究综述. 数据采集与处理, (6): 1147-1159.

孙其诚, 金峰, 王光谦. 2010. 密集颗粒物质的多尺度结构. 力学与实践, 32(1): 10-15.

孙小强, 保继光. 2015. 生物系统中的多尺度数学模型. 数学进展, (3): 321-334.

陶辉锦, 尹健. 2007. 材料设计中的结构层次理论及跨尺度关联问题. 粉末冶金材料科学与工程, 12(5): 264-271.

王军华. 2006. 多尺度计算方法的初探及应用. 西北工业大学硕士学位论文.

汪新凡. 2003. 小波基选择及其优化. 湖南工业大学学报, 17(5): 33-35.

叶茜. 2019. 基于日面图像的太阳指数预报. 中国科学院大学硕士学位论文.

曾彭. 2015. 生理信号的多尺度复杂性研究. 南京大学博士学位论文.

张斌, 万军, 付玲, 等. 2014. EMD 多尺度分析的湍流数据缩减算法研究. 机械设计与制造, (12): 241-244.

张方圆, 强万敏, 沙永生. 2021. 我国肿瘤患者静脉血栓栓塞症风险评估量表的研究概况. 天津护理, 29(5): 623-627.

张彤, 蔡永立. 2004. 谈生态学研究中的尺度问题. 生态科学, 23(2): 175-178.

张振. 2023. COVID-19 CT 影像的多尺度自适应分割算法研究. 中国科学院大学硕士学位论文.

朱博, 彭强, 汤更生. 2016. 一种基于 EMD 的低湍流度信号处理分析方法. 实验流体力学, 30(5): 74-79.

朱凌锋. 2021. 多尺度日面信息的生成式模型空间天气预报. 中国科学院大学硕士学位论文.

朱志敏. 2020. 基于深度学习的特发性肺纤维化 HRCT 影像特征识别与分割. 中国科学院大学硕士学位论文.

Alcaraz R, Rieta J J. 2010. A review on sample entropy applications for the non-invasive analysis of atrial fibrillation electrocardiograms. Biomedical Signal Processing and Control, 5(1): 1-14.

Alipour N, Mohammadi F, Safari H. 2019. Prediction of flares within 10 days before they occur on the sun. The Astrophysical Journal Supplement Series, 243(2): 20.

Becker A S, Marcon M, Ghafoors, et a1. 2017. Deep learning in mammography：Diagnostic accuracy of a multipurpose image analysis software in the detection of breast cancer. Investigative Radiology, 52(7): 434-440.

Bloomfield D S, Higgins P A, Mcateer R T J, et al. 2012. Toward reliable benchmarking of solar flare forecasting methods. The Astrophysical Journal Letters, 747(1): L41.

Caprini J A. 2005. Thrombosis risk assessment as a guide to quality patient care. Disease-a-Month, 51(2): 70-78.

Caprini J A, Arcelus J I, Reyna J. 2001. Effective risk stratification of surgical and non-surgical patients for venous thromboembolic disease. Seminars in Hematology, 38(5): 12-19.

Caprini J A. 2010. Individual risk assessment is the best strategy for thromboembolic prophylaxis. Disease-a-Month, 56(10): 552-559.

Depeursinge A, Vargas A, Platon A, et al. 2012. Building a reference multimedia database for interstitial lung diseases. Computerized Medical Imaging and Graphics, 36(3): 227-238.

Duda R O, Hart P E, Strok D G. 2007. 模式分类 (英文版. 第 2 版). 北京: 机械工业出版社.

E W N, Han J Q, Jentzen A. 2017. Deep learning-based numerical methods for high-dimensional parabolic partial differential equations and backward stochastic differential equations. Comm. Math. Stats., 5(4): 349-380.

Engquist B, Lötstedt P, Runborg O. 2009. Multiscale Modeling and Simulation in Science. Berlin: Springer-Verlag.

Fan D P, Zhou T, Ji G P, et al. 2020. Inf-Net: Automatic COVID-19 lung infection segmentation from CT images. IEEE Trans. Medical Imaging, 39(8): 2626-2637.

Gao M, Bagci U, Lu L, et al. 2018. Holistic classification of CT attenuation patterns for interstitial lung diseases via deep convolutional neural networks. Computer Methods in Biomechanics and Biomedical Engineering: Imaging & Visualization, 6(1): 1-6.

Galvez R, Fouhey D F, Jin M, et al. 2019. A machine-learning data set prepared from the NASA solar dynamics observatory mission.The Astrophysical Jour. Supp. Series, 242(1): 7(11pp).

Glimm J, Sharp D H. 1998a. 多尺度科学: 面向 21 世纪的挑战. 吴江航, 黄社华, 译. 力学进展, 8(4): 545-551.

Glimm J, Sharp D H. 1998b. Stochastic methods for the prediction of complex multiscale phenomena. Quarterly of Applied Mathematics, 56(4): 741-765.

Goldberger A L, Amaral L A, Glass L, et al. 2000. PhysioBank, PhysioToolkit, and PhysioNet: components of a new research resource for complex physiologic signals. Circulation, 101(23): e215-e220.

Golub L, Pasachoff J M. 2002. Nearest Star: The Surprising Science of Our Sun. Cambridge: Harvard University Press.

Gonzalez R C, Woods R E. 2017. Digital Image Processing. 4th Ed. New York: Pearson.

Guan W J, Chen R C, Zh N S. 2020. Strategies for the prevention and management of coronavirus disease 2019. Eur. Respir. J., 55(4): 2000597.

He K, Girshick R, Dollár P. 2019. Rethinking imagenet pre-training[C]//Proceedings of the IEEE International Conference on Computer Vision: 4918-4927.

He K M, Zhang X Y, Ren S Q, et al. 2015. Delving deep into rectifiers: Surpassing human-level performance on ImageNet classification. Proc. IEEE Int. Conf. Computer Vision, 1026-1034.

Huang H B, He R, Sun Z N, et al. 2019. Wavelet domain generative adversarial network for multi-scale face hallucination. Inter. J. Computer Vision, 127(6-7): 763-784.

Huang H B, Yu A J, Chai Z H, et al. 2021. Selective wavelet attention learning for single image deraining. Inter. J. Computer Vision, 129(4): 1282-1300.

Huang N E, Shen Z, Long S R, et al. 1998. The empirical mode decomposition and the Hilbert spectrum for nonlinear and non-stationary time series analysis. Proceedings of the Royal Society A Mathematical Physical & Engineering Sciences, 454(1971): 903-995.

Huang X, Wang G H, Xu L, et al. 2018. Deep learning based solar flare forecasting model. I. Rsults for line-of-sight magnetograms. The Astrophysical Journal, 856(1): 7(11pp).

Richman J S, Moorman J R. 2000. Physiological time-series analysis using approximate entropy and sample entropy. American Journal of Physiology-Heart and Circulatory, 278: 2039-2049.

Kong L. K, Lian C. Y, Huang D. T, et al. 2021. Breaking the dilemma of medical image-to-image translation. Thirty -fifth Conference on Neural Information Processing Systems, Oct.13, 2021, Virtual-only.

Lerma C, Infante O, Pérezgrovas H, et al. 2003. Poincaré plot indexes of heart rate variability capture dynamic adaptations after haemodialysis in chronic renal failure patients. Clinical Physiology & Functional Imaging, 23(2): 72-80.

Liang J. 2017. A review of multiscale science: Materials, biology, multiscale data analysis and examples from complex physiological systems. IEEE International Conference on Mechatronics and Automation. IEEE, 1360-1365.

Li H, Dong W, Mei X, et al. 2019. LGM-Net: Learning to generate matching networks for few-shot learning. Proc. 36th Inter. Conf. Machine Learning. PMLR, 97: 3825-3834.

Liu Y, Gadepalli K, Norouzi M, et al. 2017. Detecting cancer metastases on gigapixel pathology images. arXiv: 1703.02442v2.

Liu Y, Kohlberger T, Norouzi M, et al. 2019. Artificial intelligence–based breast cancer nodal metastasis detection: Insights into the black box for pathologists. Archives of Pathology & Laboratory Medicine, 143(7): 859-868.

Lowe D G. 1999. Object recognition from local scale-invariant features. Proc. 7th Inter. Conf. Computer Vision(ICCV): 1150-1157.

Lowe D G. 2004. Distinctive image features from scale-invariant keypoints. Inter. Journal of Computer Vision, 60(2): 91-110.

Moody G B. 2004. Spontaneous termination of atrial fibrillation: A challenge from physioNet and computers in cardiology. Computers in Cardiology, 31: 101-104.

Mumford S J, Christe S, Pérez-Suárez D, et al. 2015. Sunpy-python for solar physics. Computational Science & Discovery, 8(1): 014009.

Nishizuka N, Sugiura K, Kubo Y, et al. 2018. Deep flare net (Defn) model for solar flare prediction. The Astrophysical Journal, 858(2): 113(8pp).

Park E, Moon Y J, Shin S, et al. 2018. Application of the deep convolutional neural network to the forecast of solar flare occurrence using full-disk solar magnetograms. The Astrophysical Journal, 869(2): 91.

Raghu G, Remy-Jardin M, Myers J L. 2018. Diagnosis of idiopathic pulmonary fibrosis: An official ATS/ERS/JRS/ALAT clinical practice guideline. American Journal of Respiratory and Critical Care Medicine, 198(5): e44-e68.

Shen F, Yang Z C, Zhang J, et al. 2018. Three-dimensional MHD simulation of solar wind using a new boundary treatment: comparison with in situ data at earth. The Astrophysical Journal, 866(1): 18(15pp).

Shen T, Wang J, Gou C, et al. 2020. Hierarchical fusedmodel with deep learning and type-2 fuzzy learning for breast cancer diagnosis. IEEE Transactions on Fuzzy Systems, 28(12): 3204-3218.

Shi H, Han X, Jiang N, et al. 2020. Radiological findings from 81 patients with COVID-19 pneumonia in Wuhan, China: A descriptive study. Lancet Infect Disease, 20(4): 425-434.

Steiner D, MacDonald R, Liu Y,et al. 2018. Impact of deep learning assistance on the histopathologic review of lymph nodes for metastatic breast cancer. American Journal of Surgical Pathology, 42(12): 1636-1646.

Tan T N. 1998. Rotation Invariant Texture features and their use in automatic script identification. IEEE Trans. Pattern Analysis and Machine Intelligence, 20(7): 751-756.

Tomar D, Lortkipanidze M, Vray G, et al. 2021. Self-attentive spatial adaptive normalization for cross-modality domain adaptation. IEEE Trans. Medical Imaging, 40(10): 2926-2938.

Weinan E, Han J, Jentzen A. 2017. Deep learning-based numerical methods for highdimensional parabolic partial differential equations and backward stochastic differential equations. Comm. Math. Stats., 5(4): 349-380.

Zhang Z, Guo D L. 2022. Unsupervised Domain Adaptation Based Automatic COVID-19 CT Segmentation. Proc. 7th Inter. Conf. Image, Vision and Computing, July 26-28, Xi'an, China.

Zhou F, Yu T, Du R H, et al. 2020. Clinical course and risk factors for mortality of adult inpatients with COVID-19 in Wuhan, China: A retrospective cohort study. The Lancet Journal, 395(10229): 1054-1062.

第 6 章　复杂系统控制与管理

由于"能量注入"打破了系统的原有平衡，或"人的活动"使系统发生剧烈变化，系统的复杂程度随着外界干扰与动态变化过程逐渐加深，为使其保持稳定或向期望的状态变化，避免发生"崩塌"等事件，需设计相应的控制策略与管理方法，达到对复杂系统的控制与管理。本章将通过智能控制及人工智能的最新进展与应用来讨论复杂系统控制，并立足于决策支持，基于交通工程系统及教育系统等行政与社会治理措施，探讨复杂系统管理。

6.1　复杂系统控制

反馈和自适应是现代控制理论的核心，因应对非线性、时变和干扰等因素，复杂系统控制需是智能和学习型的。

6.1.1　非线性动力学智能建模与控制

对研究对象建模的过程，是逐步把握所考察对象特性的过程，同时可为后续控制策略设计等提供模型基础。与通常处理线性或可简化为线性系统的动力学系统不同，对于无法线性化或无法建立精确数学模型的非线性系统来说，以神经网络为代表的人工智能方法已可通过强大的非线性映射描述对象系统，而无须建立精确的数学模型，而且，在控制策略设计和求解等方面，若干模拟人类思维、推理与判断的智能策略，也具有良好的动态特性和抗干扰性能，而无须求解微分方程。

无须精确的数学模型，并不意味着没有模型，在非线性动力学智能建模与控制过程中，对于模型、数据和动力学等内容，具体分析如下。

(1) 数据成为模型的表示形式。海量数据表示了复杂对象状态和过程，即 5.1.3 节所述"数据即事物本身"，同时，数据也能够表示模型，例如，在神经网络映射模型中，网络结构和权重超参数等数据描述了非线性动力学系统，不再是传统动力学建模的经典数学格式，比如拉格朗日方程等。

(2) 数据是计算智能处理非线性系统的生产力和生产资料。大量数据，包括输入输出、状态过程、文字语言、图像语音等多来源多模态信息，共同推动着思维、推理和判断等人工智能处理过程，因此，该处理过程也常被称为数据驱动。

(3) 非线性动力学系统的内在动力学本质是其发生、发展和变化的根本。尽管不再以显式 $F(t)$ 的方式表达，但是，对象系统所呈现的现象、信息和数据，仍源自其内在的动力学本质。由于技术手段和工具所限，以及为达到控制目的，暂时不做专门探讨。

在实践过程中满足一定假设条件的情况下，一些"低阶设计模型"以线性或包含某些非线性特性的方式刻画了系统的基本行为特征，这类数学模型有助于把握对象系统的性质，因而在智能控制设计中，在系统分析的初始阶段，常可见其线性简化模型。

作为对人类智能的机器模仿和工程实现，人工智能或智能控制首先模拟了人类在判断推理、学习能力和适应性等方面的能力，但是，这些能力常常并不是由某一种技术全部达到和完成的。现实情况是，某项单一技术成功模拟了人类智能的某一项功能，例如模糊逻辑模仿了逻辑推理，神经网络则映射了神经元之间信息强化的学习功能，等等。但是，由计算机技术实现的人工智能——计算智能，无论是模糊逻辑、神经网络，或其他模拟遗传进化等生物过程等方法，均具有适应性，即智能，也就是说，人工智能具有普遍的适应性，因而具备了"智能"。这也解释了对于非线性动力学智能建模与控制尚无通用模式，而是需要根据具体的对象系统和问题，选择合适的智能理论展开分析与计算的原因。

智能控制解决了传统控制理论难以处理的复杂问题。对于非线性动力学与控制，应用人工智能，将使那些因非线性、不确定性、时变和不完全性而无法建立精确数学模型的系统能够实现控制目标。以图 6.1 为例，对将乒乓球稳定地保持在拍面上这一控制要求，若根据运动特性建立数学模型，然后设计控制律，由于包含了较多的自由度，求解和控制过程将变得非常复杂。但是，通过移动脚步并配合手臂运动，一个儿童可以熟练地将乒乓球保持在球拍上，其习得过程若能由计算智能来表示，那么就可以实现将乒乓球稳定地保持在拍面的智能控制目标。

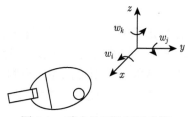

图 6.1 球在拍面控制示意图

学习能力是人工智能的核心内容，既是区别人工智能同其他技术手段的关键，也是衡量智能技术水平的重要标准。简单来说，学习是从以往经验中习得知识并认识新事物的过程，例如，婴幼儿看图学话时能够根据已看过的自行车图片辨认出其他同类物品，这就是学习能力。学习能力越强，对新事物的认知能力就越强。

例如, 人类专家能够在较少样本量甚至无样本的情况下, 诊断识别出罕见病 (征), 进一步讲, 学会学习的能力也达到了很高的水平。

深度学习是当前具有较高学习能力的一种人工智能技术。大量数据为深度学习提供了生产资料基础, 学习使其具有了强大的模式分类能力。如何使人工智能在样本量不足、无样本的情况下, 通过自主学习 (人类最高智能) 达到自主智能, 是当前人工智能理论与应用研究的重要目标。

6.1.2　人工智能应用的数据要求

由智能的习得需经验知识支持以及深度学习对数据的依赖等事实可知, 人工智能技术应用离不开有关对象系统的先验知识和大量数据等必要条件。

以模拟人类控制球保持在乒乓球拍拍面的智能控制为例, 儿童通过观摩或练习可获得掌握平衡所需要的先验知识, 对于乒乓球在球面上滚动时保持稳定及渐进稳定状态、失稳临界状态等情况均有相应的应对策略, 智能控制器在充分提取这些情况下相关数据的基础上, 模拟人类判断、推理等思维过程以设计合适的控制策略, 才能达到与人相同的控制目标, 如图 6.2 所示。

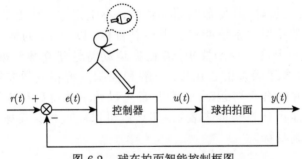

图 6.2　球在拍面智能控制框图

由此可知, 因需要结合特定领域的先验知识, 且在调参过程中需利用大量数据资源等特点, 对于人类尚未认识的领域, 由于缺乏先验知识, 大部分数据也无法获取, 因而无法满足应用人工智能技术所需的生产资料条件, 也就无法实现人工智能控制目标, 因此, 人工智能技术应用受到了较大的限制。

6.2　复杂系统管理

本节将从工程系统及其管理入手, 通过呈现几类典型复杂工程问题的决策过程与管理结构, 在分析机制措施、价格效用与科学计算的基础上, 展现复杂系统有效解答的前景。

6.2.1 管理与决策支持

一般地, 工程以项目的形式进行分配和参与完成, 若干具有不同功能与结构的项目组成工程, 每一个子项目类似于一个子系统, 若干子系统之间相互联结构成工程系统。当前, 工程系统的规模与学科跨度逐渐增加, 子系统间的运转状态以及彼此间的相互作用通常无法立刻被适当地定义或了解。同时, 因建设周期长、环境条件变化快、运行维护庞杂、涉及技术领域众多及社会影响面广等特点, 工程系统复杂程度越来越高, 逐渐演变成复杂工程系统, 例如生态工程系统、航天工程、希望工程等。

20 世纪初, 为了解决因大规模工业生产的扩张而增加的复杂度, 以现代工业化生产为背景的工业工程方法逐步形成, 在发达国家得到了广泛应用。第二次世界大战期间及之后的一段时间内, 工作研究 (包括时间研究与方法研究)、质量控制、人事评价与选择、工厂布置、生产计划等成为工业工程的内容。由于战争的需要, 运筹学得到了很大的发展; 随着制造业的发展, 经济分析进入了工程研究领域; 随着现代社会治理内容和范围不断扩大, 决策支持成为复杂系统管理的现实目标。

复杂工程的研究, 从机制和方法上为现代工业所涉及的复杂系统提出了在学术领域可发展和探索的部分, 如工业工程中的人因工程, 就是在复杂工程研究中采用行为运作 (behavior operation) 的方法进行有效干预, 综合获得在心理、认知及行为上的影响与考察。对于其中与社会系统相联系的部分, 例如大型复杂工程系统中由于政策与行政干预等产生的与社会治理之间相关联的部分, 则以方案选择和相应的可能结果等决策支持过程作为复杂系统管理的目标。

以粮食安全为例, 农业和粮食生产与自然、社会、经济与科技等密切相关, 同时受土壤、气候、育种、施肥、灌溉、机械和国际、国内市场等若干要素影响。我国自然条件南北东西差异较大, 有关粮食安全等政策措施的决策与实施, 需在农业复杂系统的若干方案支持的基础上准确判断、合理实施。改革开放以来, 在持续稳定的农业政策和农业科技助推下, 粮食产量持续快速增长, 最终用占世界 7% 的耕地养活了占全世界 22% 的人口, 取得了举世瞩目的成就。解决粮食安全问题的进程在准确预测与科学决策支持方面给出了成功示范, 值得其他实际复杂系统研究参考借鉴。

6.2.2 应急管理系统

突发公共事件应急管理是基于应对特重大事故灾害的危险问题而提出的。突发公共事件应急管理是指政府及其他公共机构在突发事件的事前预防、事发应对、事中处置和事后恢复的过程中, 通过建立必要的应对机制, 采取一系列必要措施, 应用科学技术、规划协作与命令管理等手段, 保障公众生命、健康和财产安全的有关活动。

突发公共事件应急管理体系包含了政府及其他公共机构的高效参与，也集中了最先进科技成果的最早应用。中国政府部门与组织机构在"5.12"汶川地震救援、互联网舆情分析、多次海外撤侨、疫情监控等公共突发事件的应对中，反应迅速、处置有力、信息公开，社会效益显著，这标志着应急管理体系正在建立和完善，同时也促进了应急管理研究和应用的快速发展。

突发公共事件应急管理系统具有如下特点。

(1) 多异质性主体。复杂系统是由众多要素或者子系统组成的，要素之间差别较大且存在耦合作用，采用传统的方法难以解释这类系统的行为，一般由复杂性描述。在突发公共事件应急管理体系中体现为涉及的部门众多，每个部门各司其职又相互配合。

(2) 智能性和自适应性。组成复杂系统的要素或者主体具有一定的智能性，能够通过学习以适应环境的变化，并按照一定规则调整自身状态和行为，而且一般主体都有能力根据信息调整以产生新的规则秩序。应急管理系统的执行虽遵循特定的规范与守则，但突发事件的具体情况千差万别，参与观察、判断、应对和处置的机构与人员具有主动性和智能性，可以自适应地生成新的秩序。

(3) 快时变与强非线性特征。在复杂系统中，由于时变与随机因素、个体独立的行为决策、适应性调整及非线性结构的相互作用，系统宏观表现出强时变非线性特性。突发公共事件的发展进程总是波动起伏、变化激烈的，系统的不确定性越严重，各部门机构的应急处置结果越无法线性叠加及预估。

在过去较长一段时间内，在应对航空灾难、瓦斯爆炸、冰冻灾害和防汛抗汛等突发事件中，应急响应处置一般是临时成立现场指挥组、伤员救治组、交通保障组、事故调查组和新闻报道组等组织机构展开救援，具有临时成立、限时调集、行政性强的特点，在特定条件下发挥了不可替代的作用。

若将参与应急管理的部门及人员看成主体，则众多部门或组织联合起来构成了多主体系统，主体之间交互合作、互相制约，这样主体个体才能实现自身目标，获得生存和发展的机会。通过主体交互协调形成的多主体系统可以实现单个主体所不能实现的更为复杂的功能，即整体所具有的功能大于各组成部分的功能的简单加和。

从突发公共事件应急管理体系的决策与指挥来看，决策方案的产生受决策者的知识水平和管理能力、所处级别、组织部门等影响，不同决策者会产生不同的决策方案。近年来，针对复杂系统的机制分析，多主体理论被越来越多地应用于决策支持系统的设计中。对于重大突发事件的应急决策研究来说，需要将大量的决策主体组织协调起来，并利用主体间的交互合作实现决策的生成与选择，这也可以在某种程度上反映出真实社会中多主体之间的协调配合作用。

从突发公共事件应急管理体系的实施与保障来看, 应急管理突发事件的处置环节需要专业化的救援救灾队伍, 具备多种专业技能, 具有在水下、陆上、空中和任何复杂地理和气候条件下完成救助任务的能力。此外, 高风险紧急情况救援, 如核事故和化学放射污染事故等, 更需专业的工兵、驯犬人员、专业机器人、化学和放射性物质防护人士、潜水与登山人士, 以及航空救助、小型船只救援、心理医疗救助等技术保障。因此, 突发公共事件应急联动系统代表着国际上最先进、科学的危机处理方式, 也提供了处理复杂系统问题诸多有价值的方法与途径。

新闻摘录　灾害应急响应机制

随着我国综合国力的增强, 社会建设进程持续加快, 通信技术和互联网的发展与广泛应用, 全面的常态联动、区域演练和信息公开成为突发公共事件应急体系建设和保障的显著特点。

应急联动的核心是实现多个部门的合作, 达到紧急状态下在极短时间内将消防、急救、交警、公安、卫生、武警、公共事业、财政等部门和相关资源 (如车辆、物资、人员等) 纳入到一个统一的指挥调度系统中, 通过协调指挥向社会公众提供紧急救助服务的目的。图 6.3 为突发公共事件应急管理系统的典型组织与机构图。

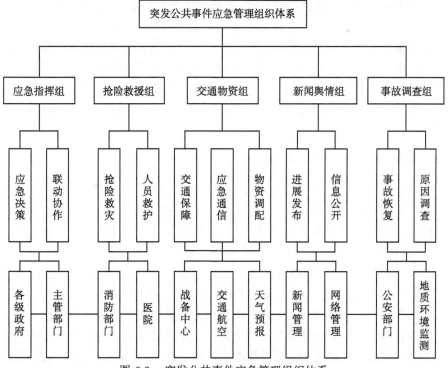

图 6.3　突发公共事件应急管理组织体系

　　图中, 上层为传统的应急指挥组、抢险救援组、交通物资组、新闻舆情组和事故调查组等工作组, 各组织机构独立工作, 受派出组织的上级部门指挥。中层为分解的各工作组的主要任务和工作事项, 例如, 应急指挥组负责的应急决策和联动协作在诸多系列任务中起重要的中枢作用, 而交通物资组承担交通保障、应急通信和物资调配等任务。底层则为政府部门与组织机构, 是完成中部各项具体任务的主力。在现代突发公共事件应急管理组织体系中, 这些部门和机构不仅垂直接受各工作小组调集的应急任务, 它们之间横向的扁平化联系也正在成为常设要求。

　　在实践方面, 中国地震应急搜救中心是较早针对特定应急任务而设立的专门国家机构。搜救中心的国家地震紧急救援训练基地, 是专门针对地震灾害紧急救援队进行专业技能训练的基地, 可向应急管理人员提供指挥调度和预案推演等方面的仿真模拟培训和演练, 向救援人员提供建筑物倒塌救援、次生灾害救援和反恐演练等综合实战训练。

6.3　交通系统管理与决策

　　交通运输系统具有较强的整体性, 系统的三个主要要素, 即路、车、人通过各种连接与作用形成了庞大的交通运输系统。已经知道, 汽车工业的发展水平是科学技术进步的直接体现, 各国都将在材料、工艺、信息技术等领域取得的最新成果很快应用于汽车制造与汽车产业。同时, 各级各类交通管理部门的规则与不计其数的交通参与者及其行为的交互作用, 增加了交通系统的复杂程度。本节将通过剖析五对矛盾关系来阐述我国交通运输系统中的突出问题, 并尝试分析破解的关键。

6.3.1　交通运输系统中的矛盾关系

　　交通运输服务正在变得像人们呼吸的空气和饮用的水一样须臾不可离, 是一个公众认知度较高的复杂系统。我国目前交通系统呈现出许多新现象, 例如道路面积持续增长但拥堵状况更加严峻, 城市大气污染严重、乡镇道路交通安全问题突出, 大城市车辆限购限行降低购买率和使用率等。在此过程中, 汽车产业已步上快速发展的轨道, 但是交通运输服务业却并未像汽车科技一样获得同步改善与跨越, 交通复杂系统承受着来自社会管理部门和公众的严峻考验。

　　在城市建设与管理方面, 交通市政管理的效率和水平是衡量城市整体发展程度的重要指标, 在人们出行条件与体验方面, 交通运输环节的安全与便捷是评价物质生活条件的主要参考项。交通运输系统要素众多, 要素之间交织缠绕, 在众多环节、部门和规章制度中, 本节提取五大主要矛盾, 论述交通复杂系统的现状与发展, 包括建设与收费、事故救援与调查、交通法规与公安交通执法、限行限购计划、混杂交通疏导、驾乘安全监管、客货 (危险品) 运输、场站建设与服务、出租营运与管理、车辆维修与回收、海事航空、燃油与大气污染等要素, 涉及汽车科技及制造业、基础设施、现代服务、宏观经济、生态环境、财政政策与社会治理等内容。

1. 汽车产业快速发展与公共政策缓滞调整之间的矛盾

2000 年以来, 我国汽车工业进入了一个飞速发展的时期, 尤其是乘用车在 2020 年销量达到了 1960.7 万辆, 轿车广泛进入中国家庭。但随之而来的大气污染、交通拥堵等问题正在变得严峻, 与汽车产业日益壮大的发展态势形成了日趋严重的矛盾。限购限行等措施只能在一定时间内和一定程度上减缓拥堵加剧的进程, 而且还常常使城市交通状况变得更脆弱。当小扰动发生的时候, 交通状况会在短时间内迅速恶化, 且不易消除。例如, 一般的风、沙尘均会对大中城市的交通造成严重的影响, 更不必说雨、雪及大型体育、会展活动对城市交通造成的巨大影响和经济损失。

道路交通设施与建设在国民经济中有着举足轻重的地位, 从最初作为经济社会的支柱产业, 到当前交通运输综合服务业的发展历程看, 道路交通建设从来都是发展经济、提高人民生活水平的重要举措。但是, 汽车产业快速发展与交通运输公共政策缓滞调整之间存在着动态不平衡的矛盾。例如, 轿车低平均使用成本与细分出行需求价格杠杆调节之间的矛盾, 对于过桥过路通行费, 大部分地区对于通过车辆实行一刀切的收费管理, 即按车收费。在高峰时段, 对一车辆单乘一员和有多名乘员这两种情况收取的费用相同, 那么就会出现大量非满员的轿车, 进而造成交通拥堵。如果能够采取细分时段细分情况收费, 对于使用效率不高 (例如空载) 且出现在高峰时段的车收取高通行费, 就可以通过公共政策和价格杠杆减少非必须出行, 改善交通状况。

2. 汽车工业向高端发展与客货运输低水平徘徊之间的矛盾

汽车生产制造技术从根本上体现着国家的科学技术与经济社会的发展水平。当前, 大量新材料、新工艺、新装备均首先应用于汽车领域, 例如, 卫星通信、电子技术和新能源、新燃料的最新成果在汽车界较早获得应用, 因而使汽车科技获得飞速发展。近年来, 生物燃料、替代能源、智能驾驶、无人车等新技术激发了汽车产业对新科技的巨大需求, 从而使得新科技、新产品、新成果再次助推汽车科技的发展。

另外, 客货运输处于汽车工业和交通运输的基层, 具有车辆配置落后、更新速度较慢、道路状况欠佳、使用年限长等特征。显然, 车辆新科技并不最先应用到这一层次, 因而客货运输在提高舒适性、安全性、高效性等方面远远落后于汽车科技的快速发展, 处于低水平徘徊状况。特别是基层客运, 它涉及的人员数量多、地域广阔、道路等级情况差异大, 而且车辆安全性能、道路设施状况、驾乘安全防护等方面常常是科技发展成果较晚惠及到的区域; 重载货运也是安全隐患多、事故易连发、社会影响差的部分。因此, 在交通客货运输重数量轻质量的现状与汽车工业高端技术发展之间可能形成持续的鸿沟。

3. 交通参与量剧增与道路车辆监管分立之间的矛盾

道路交通参与即路、车、人等共在系统, 由于参与量与参与方式快速增加, 系统日渐庞大, 且三者运行不可分离, 因此这三类主体间的矛盾大量出现。

在路的方面, 高速公路的建养管一般属于高速集团营运, 各级公路的建设养护收费属于地方政府下设的交通运输部门主管; 在车的方面, 城市道路既属于交通运输体系, 又常常属于市政管理体系; 在人的方面, 依法律法规管理驾驶员和乘员等则由公安交通管理部门执行。因此, 不同的、垂直的管理事项、权限范围和对象内容, 不仅造成业务部门管理上的分割, 更给参与交通的公众造成了不便, 从而不断加深交通参与剧增与道路车辆监管分立之间的矛盾。

扁平化管理是为解决纵向层级结构的组织形式面临的难题而实施的一种管理模式。当管理层次减少而管理幅度增加时, 金字塔状的组织形式就被压缩成扁平状的组织形式, 各层级之间的联系相对减少, 各基层组织之间相对独立, 扁平化的组织形式能够有效运作。同时, 信息技术的发展能够解决扁平化过程中所遇到的信息传递与处理问题, 这极大地推动了扁平化趋势的发展。因此, 在交通系统中, 随着参与人数与情况的复杂程度加剧, 扁平化的管理可以达到全覆盖、无中间地带并更加有效。

4. 道路投资营运的回报及补贴率与收费服务周期及价格之间的矛盾

道路交通系统具有建设资金规模大、营运维护周期长、投资回报不稳定等特点, 由此造成了等级公路收费标准缺乏计算依据, 收费周期无限续期或行政限期, 形成了道路投资营运的回报与收费服务周期之间的尖锐矛盾。

以公共交通的财政补贴为例, 大中型城市通常倡导公共交通为出行的主要方式, 因此降低公共交通出行的成本是吸引公众选择公共交通的有益措施。部分地区已打破过去片面地对高客运量效益的追求, 转而在营运路线、首末班车时间、车辆更新等方面提高服务意识, 注重换乘少、步行短、易接驳等出行体验。因此, 高质量、低票价的运营虽增加了相应的财政补贴规模, 但这是以发展绿色宜居高质量发展都市为目标的, 从长远来看是值得付出的代价。

另外, 在财政补贴欠缺的城市, 公共交通仍保持较高单客票价, 然而车票增收的部分若仍不能覆盖庞大的公共交通运行费用, 那么不仅公众出行成本增加, 而且公共交通作为首选项的比例下滑, 私家车出行比例增加, 最终与倡导公共交通出行的初衷相悖。这样一来，更形成了道路营运的财政补贴与票价服务质量之间的严峻矛盾。

5. 提升交通服务业质量的需求与交通科技主导的产业发展方向之间的矛盾

当前，交通运输业的发展仍以技术为主导方向，例如修建跨度更大的桥梁、距离更远的隧道等，仍位于交通业发展的优先地位。由于服务地域差异与基础成本等限制，道路交通运输行业的发展极不平衡，这也与各地经济与市场发展水平关系密切。而且由于地面交通服务本地化的特征，统一标准难于执行，因此在产品和服务的提供、质量及行业效率等方面的区域发展水平也极不均衡。因此，以高技术为主导的交通科技与当前提升交通服务业质量的需求之间的矛盾依然尖锐。

目前，服务业对经济总量贡献比重逐年上升，净值量增长幅度巨大，仅交通运输一项年均贡献量达 2300 亿元，成为运营最成功、市场作用最显著的服务业。提升服务业对经济总量的贡献以及提高服务质量，是我国迈向发达国家的进程中需要着力提升和加强的重要内容，也是现代服务业发展对交通运输管理系统提出的要求，为此，必须化解交通服务业质量提升的需求与交通科技主导的产业发展方向之间的矛盾，持续改善交通运输环境以及提高交通出行的舒适度和安全性。

本小节通过五个主要矛盾关系、共计十个方面的要素及其成因简述了交通复杂系统的特点，但仍未述及现代交通运输业发展中的全部现实问题。交通系统管理与控制是先进科技与高质量社会管理的综合应用，以下各小节将选取若干解决矛盾关系的代表方案，论述必须依靠系统整体推进，既不倚重也不偏废才是求解复杂系统的途径，主要包括城市高速发展期各项行政措施对交通系统的直接或间接影响、香港海底隧道的投资建设与运营收费模式的启示，以及出租车行业资格制变迁带来的便捷出行等。

6.3.2 城市行政管理的溢出效应

2010 年以来，多个副省级城市和省会城市以各级各类行政机构多址办公或整体搬迁为带动，推动城市中心功能向新区发展，医院、教育机构等配套设施相应地均衡发展，城市发展规划、行政管理手段等显著改善了大城市交通日益恶化的状况，这些现实和可持续的举措呈现出对交通系统管理的溢出效应。

2008 年北京奥运会前后，在运用大量监控、导流、预警等先进的智能交通技术的基础上，充分采用精准有力的行政管理法规，保障了城市交通的畅通运行。本节以北京为例，通过非首都核心功能疏解、限行限购等城市管理规划和制度措施，探讨在经济高速发展阶段行政政策法规对缓解城市交通拥堵的作用，及如何依靠社会治理和行政管理来解答交通系统五大主要矛盾问题。

1. 非首都核心功能疏解规划

2015 年, 北京市开始部署疏解非首都核心功能的城市规划。首都核心功能是北京作为首都所承担的全国政治中心、文化中心、国际交往中心、科技创新中心四大功能, 非首都核心功能即上述之外的功能。非首都核心功能规划疏解与 "四个中心" 不相符的城市功能, 尤其是对北京旧城和中心城区等地区非首都核心功能的疏解, 进而缓解北京大城市病等突出问题。

按照要求, 这些规划举措包括疏解 "一批制造业" "一批城区批发市场" "一批教育功能" "一批医疗卫生功能" 和 "一批行政事业单位"。其中, "一批制造业" 因大量原材料需从其他城市运输, 增加了能源紧张、制造了污染, 需要疏解; "一批教育功能" 指疏解一些院校, "一批医疗卫生功能" 则指中心城区不再新增综合性医院; "一批行政事业单位" 指疏解与行政资源密切相关的其他社会服务机构 (北京市政府工作报告, 2016—2018)。

非首都核心功能疏解规划制定施行严格的新增产业禁止和限制目录, 通过关停退出一般制造业企业、疏解各类区域性专业市场, 整治违法建设、"开墙打洞"、占道经营、背街小巷环境脏乱等突出问题, 均衡配置公共服务资源; 到 2020 年底, 基本完成一般制造业企业集中退出、区域性批发市场大规模疏解任务。北京口腔医院等 8 所医院建设新院区, 北京电影学院等 5 所市属高校新校区加快建设, 首批市级机关迁入城市副中心, 高质量城市战略发展规划与实施成效显著 (北京市政府工作报告, 2020—2022)。

仅以整治 "开墙打洞" 带来的溢出效应看, 整治前, 与之相关的违规建设、占道经营等不仅降低了背街小巷的道路通过性, 间歇式停车和人员聚集也影响了周边道路的通行能力, 道路中的 "毛细网" 不畅, 也就无法实现主干道的畅通。整治后, 不仅市容市貌得到了改善, 而且打通 "毛细管" 实现了道路的畅通无阻, 城市形象得以提升。

首都核心功能战略定位与疏解规划措施直接或间接地提升了首都城市交通系统的效能。制造业搬迁、城区批发市场关闭、中心城区医疗机构向城市周边辐射等配套方案的逐步实施, 直接减少了道路运输和人员集中, 从而缓解了交通拥堵; 高等教育按功能区块部署、行政事业机构集中搬迁到城市副中心等诸多举措, 促进了区域一体化交通网络的形成, 间接地逐步减轻了城市路网的压力。因此, 城市治理规划、法规和管理直接塑造着城市交通运行的总体状况。(第 8 章提到的大型医院建筑内部交通的拥堵, 亦将因此得到缓解。)

2020 年底, 北京中心城区高峰时段道路交通指数 5.07, 为十年来较好的交通状况, 如图 6.4 所示。2007 年至 2020 年, 中心城区高峰时段道路交通指数整体呈下降趋势; 尤其是从 2015 年以来, 交通指数逐年下降, 从 2015 年时接近橙红区域中度拥堵的 5.73，一直降到 2020 年黄绿区域基本畅通的 5.07 左右，特大城市交通状况持续好转 (北京交通发展报告，2015，2021)。

图 6.4 中，下方文字区标明了道路交通管理措施和非首都核心功能疏解等简要年表。可以看出，2007 年道路交通指数曾一度达到 7 以上，多措并举最终使高启的交通指数逐年下降。

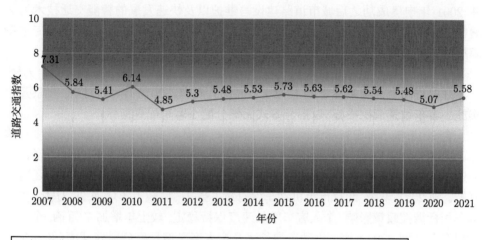

图 6.4　2007~2021 年北京市年度交通指数

由于复杂系统中能量、信息和人等诸要素的持续加入与活动，叠加其耗散、涌现、突变、涨落等固有特征现象，可能使交通系统呈现出"慢变量"作用效果，或者"崩塌"等截然相反的情形；也就是说，一些措施及其实施效果可能悄无声息，另一些措施则可能合并起作用而达到雷霆万钧之势。图 6.4 中，以小客车调控为起点的多项可持续交通拥堵综合治理措施，对于保障城市交通畅通起到了至关重要的作用。近年来，许多城市也正在将集中于原中心城区的行政事业单位陆续搬迁至城市新开发区域, 这对缓解城市路网拥堵起到了巨大的作用, 例如, 2010 年副省级城市西安已将大部分行政事业单位搬迁至城北新区, 这些举措还进一步带动了路网高效利用, 加快了城市化进程。

2. 小客车调控等限购限行交通管理措施

2008 年奥运会后, 北京市开始实施每周少开一天车的交通限行管理措施, 合并 2001 年申奥成功之后城市道路建设与维护以及快速发展的智能交通技术为交通畅通带来的红利, 2009 年道路交通指数继续下降至 5.41, 如图 6.4 所示, 专项保障措施对于缓解奥运会后的交通拥堵起到了关键作用。

但是, 2010 年当年北京市机动车净增 79 万辆, 机动车保有量达 480.9 万辆, 一年之内道路交通指数猛增到 6 以上, 达到了 6.14。2010 年 12 月底, 北京开始实施小客车数量调控措施, 以摇号方式无偿分配小客车配置指标。

自 2011 年小客车指标调控政策实施以来, 北京市机动车保有量增长速度总体呈下降趋势。2011 年 1 月至 2017 年 11 月底, 北京市小客车净增 95.4 万辆; 而交通指数由 2010 年的 6.14 降至 2017 年的 5.62 左右, 拥堵态势没有恶化, 还有所好转。到 2021 年底, 北京市市机动车保有量 685 万辆, 较上年增加 28 万辆; 受小客车指标调控政策影响, 个人客车增长速度保持稳定, 较上年增加 7 万辆, 个人客车保有量达到 480 万辆; 机动车增长率及个人客车增长率分别为 4.3% 及 1.5%。图 6.5 为 2009~2021 年北京市机动车与个人小客车保有量图示。

图 6.5　2009~2021 年北京市机动车与个人小客车保有量增长情况

由于起初按尾号限行措施仅针对本地小客车, 外埠客车在城市通行并未受限, 严格的指标配置使市民倾向于购置、使用外埠号牌车, 因而城市道路上外埠号牌车辆数量日益增多。到 2014 年, 外埠号牌车辆的道路占有率达到三成, 挤占了机动车总量因城市小客车调控而下降带来的空间, 稀释甚至抵消了工作日限行、小客车指标在严控下持续减量对缓解拥堵的效用。

针对这一严峻形势, 从 2014 年起, 北京市停办外埠车辆长期进京证, 进京通行证件有效期缩短为 7 天, 有效期届满可延期 5 天, 没有进京证的外埠牌照机动车将不能进入六环行驶。此前, 限制范围是五环。然而, 这一措施依然没有遏制外埠号牌车辆本地化的突出态势。2018 年 6 月, 根据连续 12 个月的数据分析, 约 70.9 万辆外埠号牌车辆通过连续办理进京通行证长期在京使用, 仍有越来越多的外埠号牌客车挤占本市道路资源和停车资源。北京市决定通过一年的时间逐步解决这一困扰缓解交通拥堵的难题, 并在当月公布, 自 2019 年 11 月 1 日起, 每辆车每年最多办理 12 次进京通行证, 每次办理的进京通行证有效期最长为 7 天, 即限次限天数通行; 同时, 单位及小区停车场期满后不得再办理外埠车辆长期停车证。经过近一年半的消解, 外埠车辆本地化稀释本地小客车调控效果的情况逐渐好转。

2021 年, 北京市高峰时段交通指数略有上涨, 达到 5.58, 如图 6.4 所示。为进一步巩固来之不易的调控效果, 2021 年 11 月 1 日起, 将需办理进京通行证的车辆行驶范围扩大到全市域, 如图 6.4 下方文字注释。

在我国经济总量快速增加和城市化进程不断加快的发展过程中, 城市行政管理的宏观政策与具体措施, 创造性地改变了传统交通系统的发展路径, 对城乡交通运输面貌的提升起到了其自身发展无法达到的程度, 城市行政管理的政策法规对交通复杂系统具有显著的溢出效应。

3. 其他公共交通——轨道交通和共享单车等方式的连续增长

长期以来, 交通基础设施投资建设一直是交通业发展的重要内容。国家高速公路、城市轨道交通、县道乡道村村通公路等各类各种等级道路, 建设、营运和规划总里程规模增加量巨大, 尤其是近二十年来, 我国基础设施条件的持续改善, 为城市、乡村及全社会的发展开辟了新的局面。同时, 新型交通方式不断涌现, 共享单车、网约车一俟出现, 即快速进入人们的生活, 并纳入行政监管和促成相应立法, 从而全面地促进了交通事业的繁荣与稳定。

2008 年奥运会前夕, 北京地铁 8 号线一期 (即奥运支线, 北土城站至森林公园南门站, 奥体中心站除外) 通车试运营, 北京地铁 10 号线一期 (巴沟站至劲松站)、北京地铁机场线一期 (东直门站至 2 号航站楼站) 开通试运营, 北京地铁运营里程达到了 200km。奥运会后, 北京轨道交通规划与建设持续加速, 截至 2021 年 12 月, 北京地铁运营线路共有 27 条, 运营里程 783km, 车站 459 座。2022 年, 北京市在建轨道交通线路 9 条、在建里程 235.6km。到 2022 年底, 北京地铁运营里程达到近 800km, 如图 6.6 所示。北京地铁的建设与运营对于优化城市布局, 疏散中心城区的人口和功能, 缓解地面交通压力, 都起到了推动作用。同时, 为了鼓励绿色出行, 北京市对公共交通的投入和补贴, 在服务提升的情况下, 票价持续下降, 为民众的出行提供了便利条件。

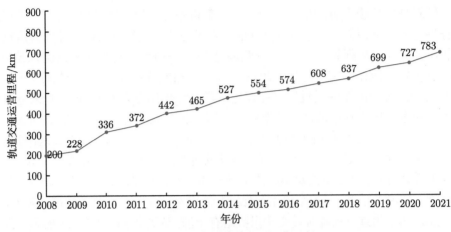

图 6.6　北京市轨道交通运营里程

2016 年 6 月, 共享单车 (互联网租赁自行车) 开始进入城市的大街小巷, 对于 3km 交通圈机动车流不断增加的压力具有一定的缓解作用。2017 年, 共享单车井喷式发展, 明显吸引了部分步行和短距离出行转移到自行车交通方式, 共享单车出行比例增长明显, 以北京为例, 当年共享单车运营数量最多达到 210 万辆。根据 2019 年北京交通发展年度报告, 共享单车骑行订单量达到 6 亿单以上, 平均行驶距离为 1.2km, 充分满足了短距离、多频次交通圈的便捷交通需求。为统筹考虑道路承载力、市民骑行需求、车辆运营效率等因素, 交通管理部门实行了互联网租赁自行车总量调控等管理措施, 截至 2020 年底, 北京共享单车规模减量到 84 万辆, 运营企业数 4 家, 周转效率进一步提升, 骑行量进一步达到 7 亿次以上。因此, 在公共交通设施保证供给、保障质量的有利条件下, 人们的出行正在达到 "1km 步行、3km 骑行、5km 以上乘坐公共交通" 的绿色交通目标, 迈向交通可持续发展的远景目标。

6.3.3　交通基础设施建设与社会资本参与——以香港海底隧道为例

战国末期, 我国历史朝着建立统一国家的方向发展。公元前 246 年, 韩国因惧秦国, 派水工郑国入秦, 献策修渠, 借此耗竭秦人力资财, 削弱秦国军队。经过十多年的建设, 此举适得其反, 促使秦国更加强大。《史记·河渠书》记载: "渠就, 用注填阏之水, 溉泽卤之地四万余顷, 收皆亩一钟。于是关中为沃野, 无凶年。秦以富强, 卒并诸侯, 因命曰郑国渠。"

在现代社会, 基础设施的地位和作用日益加强, 成为经济社会发展的重要支撑。加强在交通枢纽、水利工程、重大科技设施、信息基础设施、国家战略储备等方面的基础设施建设, 对国家发展和安全保障具有重大意义。同时, 科学规划和合理布局基础设施建设, 适度超前建设交通、能源、农业、水利、科技、信息等骨架型基础设施, 将有利于引领社会和经济发展, 提高应对极端情况的能力。但是, 由于基础设施具有建设费用高、技术难度大、持续工期长、维护成本高、收回成本难等特点，且受社会经济发展条件限制，常常较难达到超前规划与建设并服务社会的目标。

2014 年，国家相关部门提出在公共服务、资源环境、生态建设、基础设施等领域，通过政府和社会资本合作 (public-private-partnership, PPP) 机制，引入社会资本，增强公共产品供给能力，推进放开市场准入、促进投资主体多元化等机制。

本节以香港海底隧道投资建设与运营为例，简要分析社会资本参与基础设施建设的重要作用，以及在长期运营维护中获得合理回报的保障机制，并结合香港铁路有限公司 (港铁) 参与投资建设与运营北京地铁线路等实例，阐述影响交通系统管理状况的社会治理等因素，进一步说明复杂系统管理与控制将随着社会与科技的进步不断加深。

1. 香港海底隧道交通概况

香港是全球金融中心，总面积 1070km^2，2021 年人口总数达到 747 万，是全球人口最密集的地区之一。香港岛面积 78km^2，是香港主要的金融商业区，九龙及香港岛之间的维多利亚港，港阔水深，是香港最初向平地开始发展的起点，至今仍然是香港都市命脉所在。以车辆密度而言，香港每公里道路有约 300 辆车辆行驶通行，亦为世界上交通最繁忙及发达的地区之一，但是，近年来香港闹市区的平均车速一直保持在 25km/h，其他地区则大于 30km/h，城市交通保证了畅通快捷。

此处以香港海底隧道的投资建设为例，主要基于以下原因。

(1) 位置重要，作用关键。跨海隧道连接着往来频繁、经济社会地位非常重要的城区。

(2) 技术高端，资金庞大。海底隧道施工困难、工艺复杂、技术要求高、施工周期长、需要巨额资金支持，且投入使用后维护与救援要求高。

(3) 合理回报，灵活加价。通行费用适度涨价，保证投资方回报处于预设范围，取得较好社会效益。

香港连接九龙半岛和香港岛两岸的海底隧道有三条，分别为红磡海底隧道 (红隧)、东区海底隧道 (东隧)、西区海底隧道 (西隧)，长度分别为 1.86km、2.2km、2km，以红隧为中，东隧、西隧各自入口距红隧入口约 3km。香港海底隧道以"建造、营运、移转"形式兴建，在拥有 30 年专营权届满后交还香港特区政府管理。

隧道收费按车型划分，以私家车型 2016 年的数据为例，通行一次红隧收费 20 元，东隧收费 25 元，西隧收费 60 元。其中，西隧是香港最大的海底隧道，但因其收费高昂，车流一直偏低，因红隧挤塞日益严重，收费较贵的西区海底隧道通行量不断增加，在完备的协议与法律体系下，西隧提供了高价优质、快捷高收费的公共服务，利用价格杠杆调节了交通流量，实现了收益率保证、高自主性定价权限的高效资本投资方式。例如, 2015 年, 西隧在二倍于东隧的收费基础上, 成功申请加价, 从 55 元涨为 60 元。

计算收费增长与通行时间, 包含了一系列收益与成本、价格与回报、消费率与通行率等问题, 对通行价格与流量收益等进行精密计算, 为海底隧道公司加价申请及营运策略提供了决策支持。

香港海底隧道建设营运机制表明, 私营资本独立参与公共设施建设、营运与维护, 在目的指向完全相反的资本投资收益与公共事务之间, 确立了固定期限、固定收益的框架。其中, 红隧、东隧分别于 1999 年 8 月 31 日、2016 年 8 月 7 日交还由香港特区政府管理, 现由香港铁路有限公司运营, 西隧专营权于 2023 年 8 月到期。

当前, 作为政府项目的唯一投资者——社会资本, 港铁在其发展过程中实现了投资、建设与营运城市公共交通体系, 建成后收回成本, 盈利后合理回报的运作模式, 并以其安全、可靠、顾客服务质量及高成本效率见称, 被公认为全球首屈一指的交通系统。

2. 城市地铁建设中的社会资本参与及其启示

社会资本一般指个体或团体之间的关联——社会网络、互惠性规范和由此产生的信任, 社会资本对社区治理、公民社会和国家福利、经济增长具有重要意义。世界银行组织认为社会资本塑造了一个社会交往质量和数量的制度、关系和规范, 社会资本是经济增长、公民社会和有力政府的重要前提条件。

北京地铁 4 号线是我国首条以 PPP 模式参与投资、建设并运营的地铁线路。2006 年 1 月, 由北京市基础设施投资有限公司出资 2%, 北京首都创业集团有限公司和香港铁路有限公司分别出资 49%组建成立北京京港地铁有限公司 (京港地铁), 京港地铁以 PPP 模式参与投资、建设并负责运营北京地铁 4 号线, 特许经营期限为 30 年。4 号线工程分为 A、B 两个部分, 其中北京市政府负责 A 部分 (洞体、车站结构等) 的投资和建设, 京港地铁负责投资、建设 B 部分 (车辆、信号、自动售检票机等)。2009 年 9 月, 地铁 4 号线建成开通。

在城市轨道交通领域探索和实施投资市场化的 PPP 模式, 突破了政府投资的单一格局, 实现了轨道交通行业投资与运营主体的多元化, 促进了技术进步, 避免造成财政负担过重, 提升了管理能力和服务水平, 政府与社会资本 PPP 合作取得了成功。此后, 京港地铁以 PPP 模式继续参与投资、建设并运营北京的地铁 14 号线、16 号线和 17 号线, 线路总里程超 200km, 已开通运营里程 148.5km, 辖车站 91 座。

此后, 在其他城市地铁投资建设和运营过程中, 港铁也以政府与社会资本 PPP 合作方式, 参与深圳地铁 4 号线、杭州地铁 1 号线及 5 号线和澳门轻轨氹仔线。

以京港地铁为例, 港铁参与投资建设并负责运营的北京地铁线路开通后, 按照协议, 港铁方面可获得未来 30 年经营权。在运营和管理期间, 虽然价格由政府制定, 但有一定的保护机制, 保证了合理收益, 主要具有以下特点。

(1) 测算票价。采用 "测算票价" 作为确定投资方运营收入的依据, 同时建立了测算票价的调整机制。

(2) 风险分担机制。以测算票价为基础, 特许经营协议中约定了相应的票价差额补偿和收益分享机制, 构建了票价风险的分担机制。如果实际票价收入水平低于测算票价收入水平, 市政府需就其差额给予特许经营公司补偿。如果实际票价收入水平高于测算票价收入水平, 特许经营公司应将其差额的 70% 返还给市政府。

(3) 客流机制。当客流量连续三年低于预测客流的 80% 时, 特许经营公司可申请补偿, 或者放弃项目; 当客流量超过预测客流时, 政府分享超出预测客流量 10% 以内票款收入的 50%、超出客流量 10% 以上的票款收入的 60%。

此外, 在遵守相关法律法规, 特别是运营安全规定的前提下, 京港地铁公司可以利用项目设施从事广告、通信等商业经营并取得相关收益。30 年特许经营期结束后, 京港地铁将 B 部分项目设施完好、无偿地移交给市政府指定部门。因此, 相对完备的监管体系、清晰确定的政府与市场边界及详细设计的监管机制是政府与社会资本合作的 PPP 模式成功运营的关键。

2022 年, 在全面加强基础设施建设方面, 有关国家部门提出要进一步推动政府和社会资本合作, 发挥政府和市场、中央和地方、国有资本和社会资本多方面作用, 分层分类加强基础设施建设。在这些政策措施的指引下, 推动政府和社会资本合作模式规范发展、阳光运行, 引导社会资本参与市政设施投资运营, 构建现代化基础设施体系, 将为全面建设社会主义现代化国家打下坚实基础。

6.3.4 网约出租车的资格制实践

"打车难" 和 "出租车准入限制" 是交通复杂系统的主要矛盾之一。在出租车行业管理中, 主管部门对车型式样、号牌格式、涂装标识、驾驶员审查、费用缴纳等实体条件和程序条件, 均设置有相应的监督和管理措施, 2013 年之前, 长期执行这种单一的出租车管理制度, 即出租车行业市场准入制。

随着中国经济总量快速增加, 一方面人们的出行需求和出行质量要求不断提升, 2010 年前后, "打车难" 愈发严重, 另一方面, 经济快速发展促进了汽车制造业发展壮大, 个人客车拥有量迅速增加, 一些无证照车辆流入出租车市场, "黑车多" 造成的社会危害日益增加。在安全监管的社会管理要求不变的情况下, 长期进行总量控制的出租车准入制, 面临着适度改革、增加供给的发展要求。

互联网交易平台的即时信息交换等相关技术, 为网络预约出租汽车经营服务 (也称为网约出租车、网约车) 在快速资格审查、在线营运监管等方面提供了有利条件, 可以消除以往一直桎梏出租车行业 "总量控制有序发展" 与出行需求和要求 "不断提升" 之间的若干不适应。2014 年始, 网约出租车 "资格制", 即 "备案制" 等运营模式逐步形成, 网约车迅速扩张, 出行平台借补贴导流乘客消费, 逐步缓解了打车难这一突出问题。2016 年, 网约车运营管理有法可依, 交通运输部、工业和信息化部、公安部、商务部、工商总局、质检总局、国家网信办等七部门, 通过并实施《网络预约出租汽车经营服务管理暂行办法》, 网约出租车进入规范化管理时期, 网约出租车正式成为出租车行业的一部分, 作为网约出租车的有效管理方式——"资格制", 也成为出租车行业管理中与 "准入制" 并存的一种方式。

以北京为例, 2018 年北京市出租汽车运营车辆为 70035 辆, 同比增长 2.3%, 此外, 网约出租车运营数达 10604 辆。随着网约出租车、"专车" 及其他以移动设备完成订单预约为特征的新交通模式规模逐步扩大, 传统出租行业客运量不断下降。这里, 传统出租行业指准入制出租车企或车辆, 由于互联网技术的发展, 传统出租车也改变巡游方式为网络即时预约和支付等方式, 为区别起见, 此处仍沿用(传统) 出租车一词。2020 年, 合并疫情影响, 传统出租业客运量为 1.74 亿人次, 较上年减少 1.57 亿人次, 同比下降 47.4%, 客运量和增长率持续走低。

另外, 新出租交通模式由于具有便捷性、灵活供给和纳入监管等诸多优点, 在城市公共交通出行中起着越来越重要的作用。由于机场建设在远离城市中心的市郊, 抵离机场的交通便捷性、舒适性和安全性常常折射出城市发展速度与当地交通管理效率, 即使在轨道交通发展较快的大城市, 出租车也在抵离机场的交通运送中占比较大。2019 年, 北京首都机场抵离的前三种交通方式为私人汽车占 46% 以上、出租车 (包括网约车) 约 30% 和轨道快轨占 10% 以上, 其他巴士占比 12% 以上。到 2020 年, 在抵离首都机场的三种主要公共交通方式中, 出租车 (包括网约车) 排在首位, 占比达到 55.1%, 第二为机场快轨 36.6%, 机场大巴和长途巴士各占 7.6%、0.7%, 如图 6.7 所示。

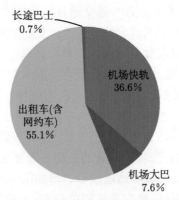

图 6.7　抵离首都机场的公共交通方式比例

6.4 百年大计教育为先

从系统的角度看, 较之交通运输系统, 教育是一个程度更深的复杂系统。本节借用航空航天工程、生物医学工程以及其他自然与社会科学中 "工程" 的含义, 并以 "希望工程" 为出发点, 从一个侧面探讨教育事业发展与人口变迁、城市化进程等因素之间的密切关系, 从而达到了解教育系统资源配置、城乡统筹发展等 "百年大计教育为先" 的根本所在。

在中国经济连续十多年以全球罕见的两位数增速的进程中, 科技与教育的巨大发展备受世界瞩目。高等教育以接轨国际高等教育或面向经济全球化市场为指引, 获得了充分发展。但是, 基础教育的发展并不平顺。近年来, 随着城乡一体化进程的推进, 基础教育的布局和规模历经调整, 特别是中西部地区的教育生态受到冲击。

希望工程创立于 1989 年, 它的实施改变了一大批失学儿童的命运, 也彻底改善了贫困地区的办学条件。在希望工程的带动下, 我国基础教育的办学条件与办学环境逐步提升, 并取得了巨大的社会效益。但是, 城市化进程以前所未有的速度向前发展, 对多年来城乡基础教育发展积累的坚实基础造成了严重的影响。

6.4.1 希望工程与基础教育的变迁

我国城乡基础教育的变迁可追溯到 20 世纪 80 年代。为便于扫盲教育和普及九年义务教育, 乡村小学的布局按照村级行政区划进行划分设置, 每个行政村都办有一所完全小学, 偏远的自然村 (或屯、寨) 均有教学点, 学校分布在村庄 2.5km 以内, 基本实现了学龄儿童就近上学的目标。

随着国家对基础教育的投入不断增加, 大量社会资金也不断注入义务制教育, 共同促进了基础教育的发展。希望工程发起于 1989 年, 是一项以救助贫困地区失学少年儿童为目的的公益事业, 旨在资助贫困地区失学儿童重返校园, 在实施过程中, 通过援建希望小学与资助贫困学生两类公益项目展开。1990 年, 中国乡村教育基本形成了 "一村一校" 的学校布局。其中, 80% 的希望小学集中在中国西部、中部和东北, 希望小学占乡村全部小学的 4%。在希望工程的示范下, 全社会捐资助学工程改变了一大批偏远贫困地区儿童的命运, 乡村办学条件得到了极大的改善。

1996 年, 全国共有小学 645983 所, 其中乡村小学 535252 所, 乡村小学占比达到 82.9%。2000 年底, 全国共有小学约 55.36 万所, 小学在校生数约 13013.35 万人, 这一状况从 2001 年开始发生了重大变化。2001 年, 全国开启了将教学点和学校整合集中到县、镇一级的教学布局。该布局计划从 2003 年开始到 2007 年, 关撤近 1/2 至 2/3 的教学点及小学。

截至 2014 年底, 我国共有小学 20.14 万所、在校生 9451 万人, 比实施撤点并校前的 2000 年分别减少约 35 万所和 3562.2 万人, 降幅分别为 63.6％和 27.4％。表 6.1 为我国城乡普通小学/小学在校生数量及乡村小学 (生) 在小学 (生) 总量中的占比数, 由于统计参量的变化, 2015 年后, 表中原小学数量被替换为小学在校生数量, 相关占比也做了相应调整。

表 6.1　我国城乡普通小学/小学在校生数量

年份	普通小学数量 (所) /小学在校学生数量 (名)	乡村小学数量 (所) /乡村小学在校学生数量 (名)	乡村小学占比 (%) /小学学生占比 (%)
2000	553622	440284	79.5
2003	456903	384004	84.6
2006	341639	316791	86.4
2009	300854	253041	83.6
2012	241249	169045	67.8
2015	/94510651	/30498612	/32.3
2018	/100936980	/27753626	/27.5
2021	/107253532	/24504815	/22.8

来源: 中国统计年鉴.

从表 6.1 可以看出, 2009~2012 年、2015~2018 年乡村小学 (生) 在小学 (生) 总量中的占比显著下降, 分别达 15.8 个百分点和 4.8 个百分点, 急剧下降的原因还在于该过程中乡村小学被彻底弃置后并取消建制。尽管撤点并校曾规定: "调整后的校舍等资产要保证用于发展教育事业", 但很多腾空后的校园却一直处在闲置、废弃和挪用状态。

自新中国成立以来, 历经半个多世纪, 几代人共同创建和发展起来的城乡基础教育体系培养了一代又一代的建设者, 成为国家发展和社会建设强大生命力的保证。目前, 这一体系正处于紧急的发展危机状态。

6.4.2　城乡教育发展和资源的不平衡状况

新旧世纪交替以来, 中国社会的发展速度与规模比改革开放的前期更加迅猛。教育系统处在这个巨大的潮流之中, 自然地承载着社会飞速发展带来的变革。伴随着合并撤校规划的施行, 在宏观方面我国的城市化率快速上涨而出生率持续走低, 城乡经济一体化进程的加快对乡村小学被彻底弃置甚至撤销建制更是推波助澜。

2001 年开始集中教学布局时, 普通小学数为 491273 万所, 到 2014 年, 关撤 289896 所, 弃置损失达到 59%, 图 6.8 为我国基础教育的小学数量变迁图。可以看出, 拐点发生在 2001 年, 正是乡村 "合并撤校" 开展初期。

与此同时, 全国范围内的低出生率与高城市化率进一步缩小了乡村小学在小学总量中的比重。1995 年至 2014 年的近 20 年间, 小学数从 668685 所下降到 201377 所, 总量减少了 2/3。

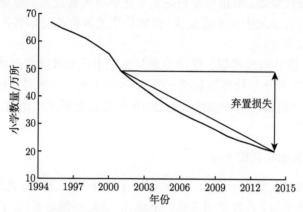

图 6.8 我国基础教育的小学数量变迁图 (来源: 中国统计年鉴)

图 6.9 为出生率与城市化率关系图, 明显地, 二者呈现着剪刀差的发展态势。我国人口出生率持续缓慢下降, 1995 年为 17.12%, 到 2014 年下降到 12.37%。根据测算, 近二十年, 我国的出生率下降了 27.7%, 每年以近 0.25% 的速率递减, 减少了近 1/3 的适龄入学人口。随着出生率的持续下降, 小学总量锐减趋势与弃置损失将不断扩大。与此同时, 城市化率稳步向上, 到 2021 年, 我国城市化率已达到 64.72%, 高速增长的城市化进程严重地挤占了乡村小学的需求与生存空间。

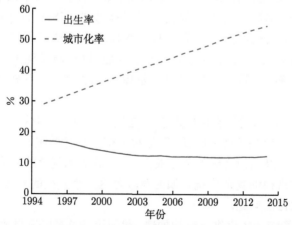

图 6.9 出生率与城市化率曲线图 (来源: 中国统计年鉴)

城乡二元结构状况使教育资源迅速聚集在经济发展较好的区域, 乡村小学衰减严重, 大量乡村小学已废弃不用或低价出售为其他用房, 其中包括许多由希望工程援建的偏远地方乡村小学。

虽然合并撤校规划、低出生率与高城市化率等因素造成了希望工程小学萎缩, 而这些因素在教育系统中属于慢变量, 由此产生的其他社会影响并不能立即浮现, 值得进一步追踪关注。

综上所述, 合并撤校规划、低出生率与高城市化率等因素造成了乡村基础教育, 尤其是希望工程小学的萎缩状况。而且, 这些因素对于教育系统的影响是缓慢的, 例如 2001 年出台的合并撤校直到 2010 年才显著呈现出影响, 这加大了教育系统的施政难度。

6.4.3　基础教育宏观调控十年

老子《道德经》第六十章云: "治大国, 若烹小鲜"。意为, 凡治国 (春秋战国时期的地方行政单位) 就像烹调美味的小鱼儿一样, 不能老翻动, 否则就全弄碎而成为一片混乱了。当前, 在推进教育资源的城乡均衡发展方面, 教育系统宏观调控所面临的现状和任务, 不啻于 "若烹小鲜" 之治理。

希望工程仅为基础教育的一个侧面, 就已经反映出教育工程系统的典型复杂性, 总结如下。

(1) 为满足扫盲教育和普及九年义务教育的需求, 希望工程应运而生。希望工程的建设作为教育系统的慢变量不能立即改变系统的状态、解决农村教育的问题。同时在希望工程的建设过程中, 由于系统具有开放性, 教育系统会不断受外界因素影响, 例如上文中的合并撤校、出生率和城市化率。这些要素共同作用于系统, 致使部分组成失效, 这一作用过程长达 20 年, 最终需要政策干预来调节。

(2) 高城市化率和低出生率两大因素只是造成当下不平衡发展的重要原因之二, 还存在许多其他的影响因素。从教育体系中希望工程这一个环节的两个关键因素出发探讨复杂工程系统中的若干特征, 旨在通过现象、数据、矛盾、政策等形成的纵向链路, 探索难以调和的矛盾生成之前可否获知相关线索及其临界值。

(3) 由希望工程出发的教育问题仅仅是教育复杂系统中的一个侧面。虽然仅这一个侧面就已经反映了诸多问题, 但是对于整个教育系统而言不过是冰山一角。若再考虑其他因素及它们之间的关联关系, 将导致更为复杂的局面。因此, 我们说教育系统是最大规模的复杂系统。如何对教育这一个完整的复杂系统进行管理与控制还是需要探讨的问题。

今天, 全球经济一体化进程持续加速, 我国经济总量跃升世界排名第二, 由此带来的城市化进程将不可逆转, 未来将会有更多的人口在城市居住和生活。世界卫生组织从发达国家的发展过程得出结论, 认为一旦进入低生育率水平循环, 则这一状态不易轻松回调，这样一来，我国基础教育所面临的城乡二元化结构的不平衡发展将日趋严重。

面对我国城乡义务教育正呈现出两种态势：一是教育公平层面，即从机会公平到教育资源配置公平的阶段；二是随着城镇化进程推进，城市大班额问题和乡村学校"空心化"现象形成鲜明对比，农村义务教育质量亟待提高。2010年，国务院通过的《国家中长期教育改革和发展规划纲要(2010-2020年)》，把"形成惠及全民的公平教育"作为我国教育发展的战略目标之一。

2015年，国务院对基础教育进行宏观调控，完善城乡义务教育经费保障机制，相关举措可见新闻摘录1，要求慎重撤并乡村学校，消除城镇学校"大班额"。2016年7月11日，国务院发布《关于统筹推进县域内城乡义务教育一体化改革发展的若干意见》(以下简称《意见》)。《意见》明确，加快推进县域内城乡义务教育学校建设标准统一、教师编制标准统一、生均公用经费基准定额统一、基本装备配置标准统一和"两免一补"政策城乡全覆盖。在完善城乡义务教育经费保障机制的基础上，该《意见》持续深入推进义务教育均衡发展、一体化发展。

为实现优质教育资源均衡配置，让更多贫困地区农村孩子实现上好大学的愿望，2012年，针对农村贫困地区的三个定向招生专项——"国家专项计划"、"高校专项计划"和"地方专项计划"，开始实施，其实施情况、成效等如新闻摘录2。

....

新闻摘录1 消除城镇学校"大班额"，保障当地适龄儿童就近入学 (来源：国发〔2015〕67号)

2015年11月25日，国务院发文《关于进一步完善城乡义务教育经费保障机制的通知》，通知强调，建设并办好寄宿制学校，慎重稳妥撤并乡村学校，努力消除城镇学校"大班额"，保障当地适龄儿童就近入学。主要内容为：

整合农村义务教育经费保障机制和城市义务教育奖补政策，建立统一的中央和地方分项目、按比例分担的城乡义务教育经费保障机制。

(一) 统一城乡义务教育"两免一补"政策。对城乡义务教育学生免除学杂费、免费提供教科书，对家庭经济困难寄宿生补助生活费(统称"两免一补")。民办学校学生免除学杂费标准按照中央确定的生均公用经费基准定额执行。免费教科书资金，国家规定课程由中央全额承担(含出版发行少数民族文字教材亏损补贴)，地方课程由地方承担。家庭经济困难寄宿生生活费补助资金由中央和地方按照5:5比例分担，贫困面由各省(区、市)重新确认并报财政部、教育部核定。

(二) 统一城乡义务教育学校生均公用经费基准定额。中央统一确定全国义务教育学校生均公用经费基准定额。对城乡义务教育学校(含民办学校)按照不低于基准定额的标准补助公用经费，并适当提高寄宿制学校、规模较小学校和北方取暖地区学校补助水平。落实生均公用经费基准定额所需资金由中央和地方按比例分担，西部地区及中部地区比照实施西部大开发政策的县 (市、区) 为 8:2，中部其他地区为 6:4，东部地区为 5:5。提高寄宿制学校、规模较小学校和北方取暖地区学校公用经费补助水平所需资金，按照生均公用经费基准定额分担比例执行。现有公用经费补助标准高于基准定额的，要确保水平不降低，同时鼓励各地结合实际提高公用经费补助标准。中央适时对基准定额进行调整。

(三) 巩固完善农村地区义务教育学校校舍安全保障长效机制。支持农村地区公办义务教育学校维修改造、抗震加固、改扩建校舍及其附属设施。中西部农村地区公办义务教育学校校舍安全保障机制所需资金由中央和地方按照 5:5 比例分担；对东部农村地区，中央继续采取 "以奖代补" 方式，给予适当奖励。城市地区公办义务教育学校校舍安全保障长效机制由地方建立，所需经费由地方承担。

(四) 巩固落实城乡义务教育教师工资政策。中央继续对中西部地区及东部部分地区义务教育教师工资经费给予支持，省级人民政府加大对本行政区域内财力薄弱地区的转移支付力度。县级人民政府确保县域内义务教育教师工资按时足额发放，教育部门在分配绩效工资时，要加大对艰苦边远贫困地区和薄弱学校的倾斜力度。

统一城乡义务教育经费保障机制，实现 "两免一补" 和生均公用经费基准定额资金随学生流动可携带。同时，国家继续实施农村义务教育薄弱学校改造计划等相关项目，着力解决农村义务教育发展中存在的突出问题和薄弱环节。

··

新闻摘录 2　关于实施面向贫困地区定向招生的专项计划 (教学〔2012〕2 号，信息索引：360A15-04-2012-0005-1)

为贯彻落实中央有关文件精神和《国家中长期教育改革和发展规划纲要 (2010—2020 年)》，教育部、国家发展改革委、财政部、人力资源社会保障部、国务院扶贫办等五部委办经研究决定，自 2012 年起，组织实施面向贫困地区定向招生专项计划，即在普通高校招生计划中专门安排适量招生计划，面向集中连片特殊困难地区生源，实行定向招生，引导和鼓励学生毕业后回到贫困地区就业创业和服务。

该计划每年在全国招生中安排 1 万名左右专项名额，以本科一批招生为主。本科计划由中央部门高校和在本科一批招生的地方高校共同承担招生及培养任务，高职计划由国家示范性 (含骨干) 高等职业学校承担招生及培养任务。通过专项计划的实施，增加贫困地区学生接受高等教育的机会，促进教育公平；引导贫困地区基础教育健康发展，提高教育水平；鼓励学生毕业后回贫困地区就业创业和服务,为贫困地区发展提供人才和智力支撑。

当年,面向贫困地区定向招生专项计划开始实施,到 2021 年,这项计划累计帮助 70 多万名农村孩子圆了重点大学梦。专项计划的实施增强了农村孩子上重点大学的信心,对遏制农村贫困地区优质生源和师资外流、促进区域间教育资源的均衡配置起到了一定的作用。作为一项教育扶贫政策,国家专项计划促进了高等教育机会公平,并将继续实施。

6.5　小　　结

以工程系统为研究对象,分析复杂系统的组成部分即子系统及子系统之间的联系和作用,从自然、客观的角度,理性地、逻辑地剖析,用简洁的计算和清晰的数据表达方式呈现,从而描摹客观世界本身的状态、趋势和变化,是复杂系统控制与管理的现实路径。对于复杂系统控制,人工智能技术应用发挥着越来越重要的作用,但是也存在一定的限制条件,如对先验知识和大量数据的要求等。对于与社会治理密切相关的复杂系统管理,则需以决策支持为基本目标。

本章从复杂工程的角度详细探讨了几类当前极具影响力的、典型的大规模复杂系统,包括交通工程系统、基础教育工程系统、应急管理系统等,并从矛盾关系、数据基础、技术进步和行政干预等方面整体分析了成因机制、关键难点和求解的可能路径。在这个意义上,也与第 1 章以自然科学为基线同时摒弃哲学思辨的探索路径保持了一致。

参 考 文 献

北京市人民政府. 2020. 2020 年北京市政府工作报告.

北京市人民政府. 2021. 2021 年北京市政府工作报告.

北京市人民政府. 2022. 2022 年北京市政府工作报告.

北京交通发展研究院. 2021. 北京交通发展年度报告.

北京交通发展研究院. 2020. 北京交通发展年度报告.

北京交通发展研究院. 2019. 北京交通发展年度报告.

北京交通发展研究院. 2015. 北京交通发展年度报告.

北京市以非首都功能疏解为核心大力促进结构调整优化. 2016. https://www.gov.cn/xinwen/
2016-12/01/content_5141525.htm.

郭大蕾. 2021. 模糊系统理论及应用. 北京:科学出版社.

胡海岩. 2012. 系统科学视角下的中国大学发展. 高等教育研究, 33(5): 1-7.

蒋卫平, 李永奎, 何清华. 2009. 大型复杂工程项目组织管理研究综述. 项目管理技术, 7(12):
20-24.

刘伟, 王志谦, 刘站, 等. 2009. 高速公路扁平化运营管理模式探讨. 中国交通信息产业, (7): 34-36.

王沪宁. 政治的人生. 1995. 上海：上海人民出版社.

晏永刚, 任宏, 范刚. 2009. 大型工程项目系统复杂性分析与复杂性管理. 科技管理研究, (6): 303-305.

祝超, 孙玲, 顾涛, 等. 2018. 北京市交通需求管理政策 20 年发展历程及反思. 交通运输研究, 4(3): 1-8.

Ottino J M. 2004. Engineering complex systems. Nature, 427: 399.

第 7 章 若干学科的现代计算研究

研究对象的复杂性不断增加的同时，方法体系也经历了从低自由度转变到多维自由度体系、从标量系统扩展到矢量和张量体系、从线性系统转变到非线性系统等变迁过程。当前，运用现代计算机技术的最新成果对经典学科进行计算研究正在成为新的有力途径。

7.1 计算材料学与智能材料

计算材料学是基于数值预测方法在材料与工程领域的应用中发展起来的学科，它使实验研究方法建立在更加客观的基础上，有利于从实验计算和实验现象中揭示客观规律。因此，计算材料学不仅为材料领域的理论研究提供了新途径，而且使实验研究进入一个新的阶段。

7.1.1 计算材料学基础

计算材料学以凝聚态物理为理论基础，综合了材料科学、物理学、计算机科学、数学、化学以及机械工程等学科，是关于材料组成、结构、性能、服役性能的计算机模拟与设计的科学。智能材料研究的一个主要内容是如何合成在特定环境下具有特殊性能的材料，计算材料学可以计算特定环境下材料结构和性能的对应关系，从而对智能材料的制备工艺提供指导。

当前，材料学正在经历一个超越发展的时期。

(1) 人类对于物质的操纵能力达到了前所未有的高度，甚至能够精确控制材料的纳米结构或单个原子，很多新的材料制备方法层出不穷。

(2) 凝聚态理论和计算机模拟的能力得到了长足的进步，许多材料性质已经可以在实际制备表征之前就由强大的并行计算集群预测出来，从而使材料研究从传统的试错法一步步走向理性的"设计"。

(3) 更重要的是，当今人类面临的重大挑战——能源、信息、环境，其核心解决方案就是更好的材料。

计算材料学正改变着材料研究的方式，现实需要更好的锂电池和太阳能电池来高效利用可再生能源，需要更快的晶体管来延续摩尔定律，需要更轻更强的材料来武装汽车和飞机。在这一背景下，计算材料学已超越了一般计算 + 传统学科的模式, 既不局限于仅视计算机技术为材料科学研究领域的新方法和新工具, 也不受困于只是计算科学和计算机技术在材料领域的应用。

　　计算材料学在材料的不同层次结构上考察各种性能, 在进行材料计算时要先根据计算对象、条件和要求等选择合适方法 (罗伯, 2002)。材料的性能在很大程度上取决于其微结构, 材料的用途不同, 决定其性能的微结构尺度会有很大的差别。例如, 对结构材料来说, 影响其力学性能的结构尺度在微米以上, 而对于电、光、磁等功能材料来说可能要小到纳米, 甚至是电子结构。

　　目前, 主要有两种计算分类方法：一是按理论模型和方法分类, 二是按计算的特征空间尺度 (characteristic space scale) 分类, 计算材料学所研究对象的特征空间尺度在埃 (1/10nm)、纳米 (nm) 至米的范围内都有分布。时间是计算材料学的另一个重要的参量。对于不同的研究对象或计算方法, 材料计算的时间尺度可从 10^{-15}s (如分子动力学方法等) 一直到年, 例如对于腐蚀、蠕变、疲劳等的模拟。对于具有不同特征空间、时间尺度的研究对象, 均有相应的材料计算方法。

7.1.2　计算材料学模拟方法

　　在纳观尺度上, 原子的排列决定了物质的性质, 因此在原则上, 知道了材料的原子排列就可以根据量子力学原理计算获得材料的诸多性质, 但是实际上这种计算是很难实现的。目前, 常用的计算方法包括第一性原理 (first principle) 方法、从头计算 (ab initio Calculation)、分子动力学方法、Monte-Carlo 方法、元胞自动机方法、相场法、几何拓扑模型方法、有限元分析等。

　　1) 纳观到微观尺度的模拟方法

　　目前计算材料学在纳观到微观尺度的模拟方法主要处理原子尺度上的结构与分布函数的模拟问题。在原子尺度上对微结构进行预测, 需要求解大约 1023 个原子核的薛定谔方程以及它们的电子壳层：

$$i\hbar\frac{\partial}{\partial t}\Psi(r,t) = \hat{H}\Psi(r,t) \tag{7.1.1}$$

式中, $\hbar = h/2\pi$, h 为普朗克 (Planck) 常量；$\Psi(r,t)$ 可理解为 $|\Psi(r,t)|^2\,dr_x dr_y dr_z$, 表示粒子在体积元 $dr_x dr_y dr_z$ 内任一时刻所出现的概率；$\hat{H}$ 是哈密顿算符。

　　关于方程的解法分成了随机性方法和确定性方法, 前者称为 Monte-Carlo 方法, 后者称为分子动力学方法。在计算材料学中, Monte-Carlo 方法被广泛应用于随机确定存在分布函数情况下的平衡态, 或对运动方程的积分形式直接求解。

　　将 Monte-Carlo 方法应用于统计学领域, 可通过采用随机数组成 Markov 链来完成系列随机计算实验, 实现在合理的计算时间内对相空间状态进行大量研究。

分子动力学方法则可在原子尺度上模拟多体相互作用的热力学特性及其与路径相关的动力学特性, 提供关于微结构动力学方面的预测。与 Monte-Carlo 方法相比, 分子动力学的计算较复杂一些, 可计算的性质也较 Monte-Carlo 更多。

需要注意的是, 存在于 Monte-Carlo 方法中的主要误差来源于随机数产生器和统计处理方法。由数字计算机提供的随机数并非真正的互不相关, 同时仍表现出周期特性。因此, 在大量使用之前, 需对所用序列数的周期性进行检验。

2) 微观到介观尺度的模拟方法

计算材料学在微观到介观尺度的模拟方法主要处理微结构演化及微结构性质之间关系起源与本质的定量研究和预测问题。在微观–介观层次上的结构演化是一个典型的热力学平衡过程, 因而它主要由动力学控制。也就是说, 热力学规定了微结构演化的基本方向, 而动力学则能够从多种可能的微结构变化路径中选择恰当的一个。这在一定程度上印证了热力学与动力学在系统机制及控制中的逻辑方法与逻辑层次, 而其中许多方法后来被用于解释复杂系统及其控制, 例如元胞自动机 (cellular automaton)、拓扑网络及顶点模型等。

在微观与介观尺度, 关于高度离散化微结构的模拟与预测, 一般都采用数值计算, 主要包括几大类方法: 离散位错动力学、相场动力学、元胞自动机、多态动力学波茨模型、几何及组分模型, 以及拓扑网络和顶点模型等。

以常见且应用较为广泛的元胞自动机为例。元胞自动机是处理复杂系统在离散空间–时间上演化规律的算法, 为模拟动力系统的演化提供了一种直接的手段, 这些动力学系统包含有大量基于短程相互作用或长程相互作用的相似组元。在计算材料学中, 这些基础实体与所用模型有关, 可以是任意大小的连续体型体积单元、原子颗粒或晶格缺陷等, 元胞自动机的变化规则一般存在于有限差分、有限元, 以及关于时间和 2 个或 3 个空间坐标的偏微分耦合方程组的 Monte-Carlo 近似中。同时, 局域变换描述近邻格子之间的短程相互作用, 而整体变换规则能够处理长程相互作用。由于元胞自动机的应用并不局限于微观体系, 所以在微结构模拟中为实现不同空间及时间尺度的跨越, 提供了一个非常方便的数学工具。

由第 3 章已知, 智能控制可采用元胞自动机的方式进行智能体描述与控制。对于连续体系统的元胞机模拟, 是在相应的基本单元和对应的变换规则下完成的, 展现了系统在给定层次上的行为特性。另外, 因元胞自动机的使用不局限任何特定体系, 可适用于任何系统, 因此检验基本模拟单元是否切实体现了 "基础物理实体" 的特性, 成为应用中的关键所在。

3) 介观到宏观尺度的模拟方法

有限元、有限差分及各种多晶弹性和塑性方法, 是计算材料学在介观到宏观尺度上应用的模拟方法。对于边值和初值问题, 有限元方法是获得其近似解的一种通用数值方法。所说的近似, 一是把感兴趣的对象分成许多子区域, 二是在每个子区域上用多项式函数近似表示分段确定的状态函数, 因此, 有限元方法在物理尺度和时间尺度上没有固有特征。

有限差分法包含有多种用于求解初值问题的广义数值方法, 在材料力学中最典型的如关于扩散方程和热方程, 分子动力学中的原子运动方程以及位错动力学中运动方程的求解。有限差分法的使用并不限定于特定的标度, 但是在固体力学中有一个规则, 就是计算精度随着包含微结构基本数据的尺度的降低而增加, 而正在发展的先进有限元方法, 可以在更细小的微结构尺度上对扩散和转变现象进行预测。

同这些与标度无关的方法不同, 多晶模型是经典的均匀化方法, 它可在宏观和介观尺度上考虑特定结晶构造的情况下, 模拟多晶体和多相材料的弹性和塑性响应。

计算材料学对一些重要科学问题的完整解决, 充分说明了计算材料科学的重要作用和现实意义。

7.1.3　计算智能材料建模示例

电/磁流变液体 ER/MR(electrorheological /magnetorheological fluid) 是细小的固体颗粒分散于绝缘载液而形成的悬浮液体, 具有随外加电/磁场变化而可控的流变特性, 是一种非胶体性的材料。以磁流变液体 MR 为例, 当磁流变液体受到中等强度的磁场作用时, 其表观黏度系数将增加两个数量级以上, 随着场强的增加, 当磁流变液体受到更强磁场的作用时, 将变成类似 "固体" 状态的物质, 其流动性伴随消失, 去掉磁场后, 则重新变成可以流动的液体 (Guo and Hu, 2005), 如图 7.1 磁流变液体的原理图。

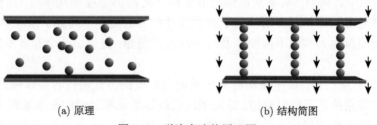

(a) 原理　　　　　　　　　　(b) 结构简图

图 7.1　磁流变液体原理图

这种在外加场强的作用下流变液体表现出的具有非牛顿流体性质的现象, 是一种剪切稀化现象, 这时, 剪切力不再是剪切速率的线性函数, 流体的表观黏度系数随场强的上升而下降。因此, 可通过对外加电/磁场的控制, 在毫秒级内改变液体的流变力学特性, 使其在液态和半固态之间进行可逆转换, 并与计算机控制相结合, 形成智能材料的半主动控制方式, 应用于汽车工业、机器人、建筑桥梁和国防工业等领域 (Guo et al., 2004)。

与一般阻尼滞回特性相似, 流变阻尼也呈现出典型的非线性滞回特性。当线圈中通有交变电流时, 磁流变液体中的磁极性分子就会因交变而磁化。当线圈中电流减到零时, 分散于绝缘载液中的磁性颗粒在磁化时获得的磁性还未完全消失, 因此当线圈通过交变电流时, 磁流变液体就呈现出阻力滞回特性。由于可以通过计算材料学的方法来配剂、试制材料成分实现预定的性能特征, 因而可根据实际需要生成符合某种特定性状的流变液体及阻尼器。

仍以磁流变阻尼器为例, 对 RD1005 型磁流变阻尼器进行实验建模, 如图 7.2 所示, 再经曲线拟合, 得到一定速度下 MR 阻尼器的滞回模型:

$$
\begin{aligned}
F(\ddot{z}, \dot{z}, v) = {}& 247 + \frac{1.51}{1 + 10.34 \mathrm{e}^{-1.04v}} \dot{z} \\
& + \frac{2}{\pi} \frac{710}{1 + \mathrm{e}^{-1.1(v-2.3)}} \arctan \left\{ 0.0725 \left[\dot{z} - \mathrm{sgn}(\ddot{z}) \frac{40}{1 + 1.81 \mathrm{e}^{-0.2v}} \right] \right\}
\end{aligned}
$$

$$(7.1.2)$$

式中, v 为节流孔周围线圈的输入电压, $\dot{z}, \ddot{z}$ 分别为阻尼器活塞杆运动的速度和加速度。显见的是, 这一模型包含了与加速度方向有关的非线性阻尼。图 7.3 为不同电压值下的阻尼力–速度滞回曲线, 从图中可以看出, 低速时, 阻尼力与速度表现为非线性滞回特性, 阻尼力随电场的增加呈指数递增, 且磁滞回线较宽; 高速时, 阻尼力与速度呈近似线性关系, 表现出饱和现象。

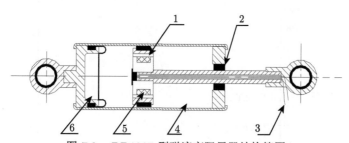

图 7.2　RD1005 型磁流变阻尼器结构简图

1 节流孔; 2 密封与导向件; 3 线圈引线; 4 磁流变液体; 5 线圈; 6 氮气蓄压器

同时, 由图 7.3 可见, 当电压大于 5V 时, 各电压下的阻尼力–速度滞回曲线非常相近, 对电压具有一定程度的饱和特性。这对 MR 阻尼器作为半主动控制的执行元件的性能影响明显。根据新型智能材料组分配置的可能, 尝试根据式 (7.2) 对其进行参数修改, 以便为试制或选用磁流变液体组分提供指导, 得到图 7.4 所示参数修改后的阻尼力-速度滞回曲线, 磁滞回线的滞回区域变得狭窄, 降低了基值阻尼, 饱和现象得到控制 (Guo and Hu, 2005)。

图 7.4 所依据的模型函数为

$$F(\ddot{z}, \dot{z}, v) = 160 + \frac{2.81}{1 + 10.34\mathrm{e}^{-1.04v}}\dot{z}$$
$$+ \frac{2}{\pi}\frac{710}{1 + \mathrm{e}^{-1.1(v-4.3)}}\arctan\left\{0.0725\left[\dot{z} - \mathrm{sgn}(\ddot{z})\frac{40}{4.1 + 1.81\mathrm{e}^{-0.1v}}\right]\right\}$$

$$(7.1.3)$$

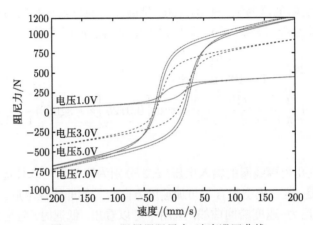

图 7.3　MR 阻尼器阻尼力-速度滞回曲线

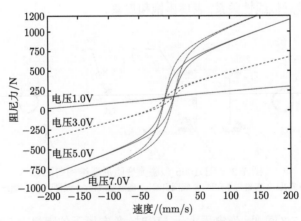

图 7.4　参数修改后的阻尼力-速度滞回曲线

对 MR 阻尼器来说, 与基值阻尼力有关的磁流变参数有: 绝缘载液的黏度、磁极性分子在悬浮液中的体积比以及绝缘载液和磁性颗粒的材料等。影响磁滞回线区域狭窄程度的因素, 亦可在计算机控制中通过精确计算退磁间隔时间获得提前量得以避免, 从而获得智能功能材料的最佳工作性能。上述结果表明, 材料性质可在实际制备之前经由实验与计算进行预测, 从而使材料研究从传统的试凑法走向以计算为基础的设计, 可以说, 这一过程解释了智能材料的计算学基础。

7.2 从计算经济活动中的人开始

日本主妇曾以在外汇市场中擅长外汇交易保证金著称, 一度占据了日本外汇保证金市场近 30% 的交易量。这样的数量曾引起监管机构的担忧, 担心她们的大量做多日元导致日元的走强从而影响了日本出口贸易的发展。那么, 个体参与经济活动的行为是如何造成如此巨大的影响的呢?

7.2.1 经济学中的行为、规律和计算

经济活动的主体是人, 但是个人或群体参与经济活动的全部过程, 从未在以数量为经营结果的各类经济计算中被准确地考量过。在传统的经济学研究中, 往往是通过建立严格的前提假设来进行逻辑推演和结论分析, 经济学当时还只是文字的经济学。

保罗·萨缪尔森 (Paul A. Samuelson, 1915—2009) 把数学引入了经济学, 发展了数理和动态经济理论, 将经济科学提高到新的研究水平。在此之前, 虽然数学已经被社会科学家所采用, 但是在 Samuelson 的影响下, 数学才成为经济研究中非常重要的工具。Samuelson 根据所考察的各种问题, 采用了多种数学工具, 使用了既包括静态均衡分析也包括动态过程分析的方法, 这对当代微观经济学和宏观经济学许多理论的发展都有一定的影响。1970 年, 他因此获得了诺贝尔经济学奖。现在, 当我们翻开经济学方面的论著, 多会看到各种复杂的数学公式和模型, 与此同时, 数学家成为诺贝尔经济学奖的得主我们也已司空见惯了。可以说, 今天的经济学早已和数学密不可分。

哈佛大学经济学教授、经济学家曼昆 (N. Gregory Mankiw) 曾担任总统经济顾问委员会主席, 他通过在微观经济领域的研究, 为以扩大政府开支、实行财政赤字、刺激经济和维持繁荣的扩张性经济政策提供了一个新的、更坚实的微观基础。曼昆最负盛名的当属他著述的《经济学原理》一书, 《美国新闻与世界报道》(U. S. News & World Report) 报道, 该书在 1998 年出版后不到 3 个月, 已被哈佛大学、耶鲁大学和斯坦福大学等 350 多所高校用作经济学教科书。在这本著作中, Mankiw 把向来深奥莫测的经济学名词和原理用精练的语言和简洁的线条深入浅出地描绘出来, 例如, 需求与供给、成本与价格、消费、市场、失业、物价、

赋税、储蓄、通胀及垄断等概念及它们之间的消长关系, 无一不被清晰而简明地
刻画出来, 关于一般经济活动的原理等问题都可以轻松地在其中找到答案 (曼昆,
2006)。

由本书 3.2 节可知, 当 Multi-Agent 被引入系统建模与分析时, 将使得个体、
群体或虚拟体的行为能够被有效地设计或计算, 那么, 经济活动中的行为参与过
程同样可获得合理的预测和计算。随着计算机技术的不断提升, 利用计算可实现
对经济运行过程的研究与分析, 发现新的经济规律。

7.2.2　计算经济方法

基于主体的计算经济学 (agent-based computational economics, ACE) 是当
前计算经济的一种研究方法。在计算机模拟实验环境中, ACE 模型包含大量独立
个体, 每个个体即为一个 Agent, 各自具有不同的智力水平和决策方法。模型中的
Agent, 可以是生产者、消费者、政府或者中介机构, 也可以是土地、天气等环境因
素, 每一时刻, Agent 可以根据周围环境和自身能力做出最优的决策。不同 Agent
之间存在相互竞争、相互影响、共同演化的关系, 最终形成了一个变化的动态经
济系统。

可以看出, 与自上而下地应用数学方程建立传统经济学的研究方法不同, ACE
是一种自下而上的建模方法, 更加关注个体的简化与描述。在此基础上, 通过建立
由计算机模拟的经济、金融、财经系统, 进行大量的模拟实验, 可研究各种复杂的
经济现象。

研究表明, 投资者的人际关系是一个典型的复杂网络, 具有小世界性、无标
度性等复杂网络的特性, 因此该人际关系网络可以用复杂网络的构建方法来实现。
同时, Multi-Agent 系统相关技术可以在底层建立投资者 Agent, 赋予 Agent 各种
属性以及交互规则, 通过底层各 Agent 之间的交互作用, 实现宏观层面上的市场
价格波动, 可摆脱传统金融市场研究方法的一些局限性。

农产品期货作为最早产生的期货形式, 能够指导和发现农产品现货市场价格,
分散和降低农产品市场价格风险, 一直在期货市场中具有举足轻重的位置, 是金
融市场为现货市场服务的有力工具。根据国内三家期货交易所的估算, 目前我国
期货交易市场的投机交易者比例约占 95%, 是一个典型的中小散户占主导地位的
市场。由于其目光相对短浅, 市场信息获取不够充分以及跟风心理重等原因, 常常
盲目追随大户或者周围投资者的投资行为, 出现 "羊群效应" 等典型的非理性投资
行为, 为期货市场价格波动起到了推波助澜的作用 (游家兴, 2010; 李锬, 2007; 郭
旭冲, 2011)。

运用复杂网络与 Multi-Agent 系统相关理论和技术构造一个农产品期市行为
模型, 再现真实市场的典型特性, 模拟个人参与过程和经济行为, 研究投资者的羊

群行为对农产品期货市场价格的影响, 可为期货市场监管者的决策、调控提供参考依据, 从而完善监管漏洞和期货合约缺陷, 确保农产品期货市场平稳运行。同时, 还可以为投资者提供参考, 帮助他们做出更理性的投资策略, 获得更大的收益 (Zhang et al., 2013)。

在投资者 Agent 基本属性及投资行为建模中, 把 Multi-Agent 系统构造的思想和方法运用其中, 首先把投资者分为大户、中户和散户三种不同的类型并使之携带不同的财富量, 然后确定投资者所掌握信息的表达式, 进而确定了投资者的决策行为, 最后又确定了投资者对期货合约的报价以及订单量的表达式。在投资者人际网络关系建模方面, 参考典型小世界网络的构造方法, 把投资者之间的联系分为邻居联系和远程联系两个方面, 从而体现出了人际关系网络的小世界性。在邻居联系方面, 大户、中户和散户的邻居数目各不相同, 从而体现了人际关系网络的无标度性。最后, 运用集合竞价方法确定农产品期货市场的合约价格。

....

新闻摘录　日本主妇引发全球股灾 (日本《新华侨报》, 2009-03-02)

2007 年 2 月 27 日, 全球股市接连暴跌, 平均跌幅为 6.4%。中国的沪深股市也遭遇了十年来最大跌幅, 平均跌幅接近 9%。投资大师 George Soros 认为, 这一世界性 "股市灾难" 是由于日本的家庭主妇 "扇动翅膀" 而产生的 "蝴蝶效应"。Soros 认为, 日本长期零利率催生的大量日元套利交易, 是引发国际金融市场剧烈波动的最主要原因。与此同时, Yahoo 股市新闻对于 "2·27 事件" 做了专题报道, 其主题文章也认为, 因为日本银行宣布 0.25% 的加息, 导致日元套利交易平仓, 于是 2 月 27 日全球股市平均下跌 6.4%。

但 0.25% 这点加息对职业投资者来说应该是微不足道的, 为何会产生出如此 "牵一发动全局" 的效果呢? 原因就在于: 日本有大量的投资者是家庭主妇, 0.25% 的加息对家庭主妇这样的散户而言是非常有吸引力的。所以, 可以说是这些家庭主妇联合起来制造了金融界的一大危机。

据日本银行的 "资金循环表" 显示, 日本的日元与外币综合结算投资信托余额到 2006 年末为 105 万亿日元。从投资主体来看, 家庭投资最多, 达到 66 万亿日元, 占整个投资的 63%。大大超过了金融机构的 25 万亿日元和非金融法人的 13 万亿日元。确实, 日本散户投资者, 尤其是家庭主妇对汇市的影响力正逐步上升, 日元抛盘数额甚至超过芝加哥商交所的专业交易员。

....

7.2.3　农产品期货交易中的行为分析及羊群效应

选取农产品期货市场的典型代表合约——大连商品交易所大豆 1 期货 2008 至 2012 年的历史价格数据进行分析。由于期货存在到期交割的特点, 因此需要首先对价格序列进行数据预处理, 得到处理后的价格序列与收益率序列。通过基本的统计分析, 可以得到收益率序列的峰度远大于 0, 因此具有明显的尖峰厚尾现象。基于对中国农产品期货市场的典型特征, 农产品期市行为模型主要包括以下几个部分: 投资者 Agent 基本属性及投资行为建模, 投资者人际网络关系建模, 期货市场定价机制建模。

具体过程如下。

1) 参数初始化

本模型设定的一些初始参数为: 期货合约初始价值和价格都设为 10, 模型总共运行 500 个时间步。时间一到 Repast 仿真程序停止运行, 并把在 500 个时间步内期货合约的价值、价格、收益率以及羊群相应比率的变化输出保存。

Agent 在一个 20×20 的 2D 平面 Object2DGrid 中随机生成, 依循的方法为: 对每一个网格 (Grid), Agent 以 0.8 的概率出现, 且生成的 Agent 分别以 0.05、0.15 和 0.80 的概率成为大户、中户和散户 (潘建禄, 2013)。

其中, 大户、中户、散户的邻居分别为扩展冯诺依曼型、摩尔型和冯诺依曼型, 且分别以 0.8、0.7、0.6 的概率与其邻居建立联系。大户与大户、中户与中户、散户与散户之间建立远程连接的概率分别为 0.5, 0.05, 0.005。不同类型之间建立远程连接的基准概率 $p_\mathrm{d} = 0.001$。期货价值对市场信息的反应系数 σ 为 0.01。大户、中户、散户对市场信息的反应系数 α_i 分别为 0.8, 0.5, 0.2。大户、中户、散户对市场信息的反应系数 β_i 分别为 0.2, 0.5, 0.8。Agent 掌握的信息与基本面分析价格的调节系数 μ_i 为 0.02。

2) 价值与价格及买单和卖单

经过 300 次仿真, 其中一次价值与价格的变化如图 7.5 所示。可见, 由于对 Agent 的价格采取了基本面分析与技术面分析相结合的方法, 因此总体上价格变化趋缓, 与价值保持相同的走势, 围绕着价值上下波动但波动性比价值要大得多, 而且某些局部价格偏离了价值。例如, 在第 160 到 190 时间步价格持续地低于价值, 而在 230 到 260 时间步价格持续地高于价值。这说明期货市场上出现了非理性投资行为, 致使期货市场的合约价格偏离价值。而在本模型中, 非理性投资行为是由 Agent 的羊群效应引起的。因此, 可以看出羊群行为对期货合约的价格产生了影响。

Agent 的买单、卖单在 300 个仿真时间步内的变化情况如图 7.6 所示。可见, 当期货市场价格攀升时, 买单数量上升, 卖单数量下降, 而当期货市场价格下跌时, 卖单数量上升, 而买单数量下降。而且, 还可以发现买卖单数量的变化率较高, 相邻两个时间步的数量差最高可达 150。如此剧烈的变化说明 Agent 在做出决策时会参考周围 Agent 的决策, 因此利好的决策传播较快, 从而导致买卖单数量剧烈变化。

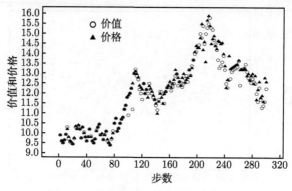

图 7.5　期货市场价值与价格时间序列

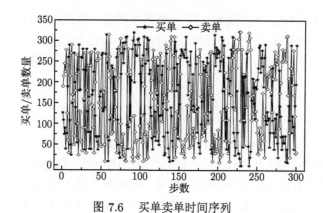

图 7.6　买单卖单时间序列

3) 羊群行为比率与收益率关系

在上述的基础上, 为了探究羊群行为比率和收益率是否具有明显相关关系, 以羊群行为比率为横坐标, 收益率为纵坐标在每个仿真时间步描点, 共计 300 个点, 其分布如图 7.7 所示。

图中, 当羊群行为比率由最小值 0.0881 变动到最大值 0.5189 时, 纵轴收益率并没有明显变化, 都呈现出在收益率为 [−0.05,0.05] 处, 分布较为密集, 而在其他区间内分布较为稀疏的特征。随着羊群行为的变动, 收益率的中心轴也没有明显的偏移, 一直比较对称地分布在收益率为 0 的直线两侧。因此, 可以认为羊群行为比率的大小与收益率并没有明显的关联。也就是说, 本例基于复杂网络的农产品期市行为模型中投资者的羊群行为, 并不能带来收益率的显著提升或下降。

本节描述的群体行为特征, 一方面在数据上重演了羊群效应的形成机制与过程, 另一方面也揭示了从众效应带来的收益并非无限累积, 总体上都印证了基于期货市场交易过程的事实与观察。

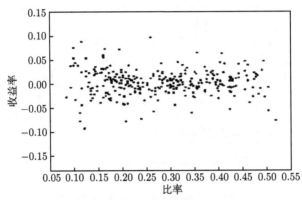

图 7.7　收益率与羊群行为关系图

同时, 上述过程也间接地描述了一个基本事实, 那就是经济学研究所获得的规律, 均来自于对市场和事实的精辟观察和独到分析, 也就是说, 只有看到了规律, 它才会存在。假若并没有观察到, 那么规律不起作用吗, 它真的不存在吗?

7.3　可视化技术及应用

可视化 (visualization) 能够再现自然事物, 并将其以更直观、清晰的方式表示出来。当今的可视化及其技术, 是利用计算机图形学和图像处理技术, 形象、直观地显示科学计算的中间结果和最终结果, 或将数据转换成图形或图像在屏幕上显示出来, 并进行交互处理, 从而易于便捷、快速地了解复杂信息。

可视化技术的应用非常广泛, 宏观可模拟高速飞行, 微观可演示分子结构。近年来, 三维展示技术发展迅猛, 机械零件模型的三维设计使工作效率得到了提升, 医学三维扫描图像为准确定位并判定病灶提供了以往不可想象的技术手段, 战场三维图像可使军事指挥员在作战训练中获得向目标开进并分析战斗方案的真实的临近感。

大型体育赛事开闭幕式的计算机推演彩排, 使得可视化技术更为公众所关注 (杨馥红, 2008)。虚拟现实技术是当今前沿学科交叉领域中较活跃、展示性较强的部分。以下将由简到繁, 通过实例探讨可视化技术的变迁及其在发展中面临的应用问题。

7.3.1　不同时期的地铁与高铁运行线路图

可视化的技术方法多种多样, 根据具体的数据内容与格式, 选择合适的处理与展现方式, 简洁、高效地将有用信息最大程度地呈现给用户, 是可视化技术应用的目标。为了准确地描述交通道路的走向与距离, 道路交通图都是按照实际地理位置和坐标加以标注的。例如铁路、公路和城市地图等，在转角、方向和相对位置及距离上与实际修建的道路完全一致，不仅具有科学写实的特点，而且具有清晰明确的地理地形测绘特征，同时还兼具美感。伦敦地铁图就是一个可视化发展变迁的经典例证。

1863 年，第一条地下铁道在伦敦建成并投入运营，此后运营线路不断增加，地铁图一直依照实际运行道路而绘制。在有限的纸面空间中，虽然给出了完备的地下铁路走向，但对乘客来说信息量却很有限，因为封闭的车道与地面交通路线并不类似，后者则可以根据地表参照物确定方位。

1931 年，电子工程师 Harry Beck 将蜿蜒曲折的地铁图线改成直线——水平、90° 和 45° 角，并弱化了距离之间的比例而将站台等距放置，移除上方的街道网络，得到了类似电路板的稀疏设计 (Fry, 2008)。在舍弃精确的地理关系，采用抽象视觉风格后，地铁图更具有可读性，可视化效果更佳，乘客可清晰地看到自身在地铁线路中的相对位置，获得更直接的换乘线路提示信息。Beck 版本的伦敦地铁图作为地铁图设计的经典案例，影响了后来几乎全部城市地铁图的可视化设计。今天，在任何一个国家和城市的地铁图中，地表的建筑、河流都已略去，非常直观简洁。

100 多年后，北京于 1965 年开始修建地铁，最早通车的线路为 1 号线和 2 号线，如图 7.8(a) 中的长直线 (1 号线) 及近似方形框 (2 号线)。明显地，2 号线方框细致地刻画了所谓 "天倾西北地陷东南" 的变形，即在今天二环西北角西直门和东南角崇文门附近的斜向走势。2003 年，北京地铁 13 号线全线贯通，如图 7.8(a) 上方的不规则框所示，可见，站点之间实际距离与走向的差异信息等均详尽地标示在当时的线路图中。

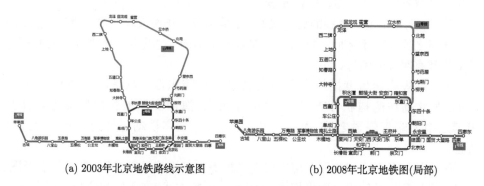

(a) 2003年北京地铁路线示意图　　　(b) 2008年北京地铁图(局部)

图 7.8　不同时期的北京地铁线路图

2008 年，随着北京奥运会的举办，新的轨道交通路线陆续建成，增加线路后的地铁图则采用了 Beck 原则进行绘制。图 7.8(b) 为 2008 年北京地铁图 (局部)，显示了按照直线、90° 和 45° 角处理后的上述三条地铁线路。

与 2003 版本相比, 2008 年北京地铁图中 13 号线的不规则折线变成了相对规则的矩形, 线路的实际走向、站与站之间的真实位置关系也有较大程度的舍弃。类似地, 2 号线由不规则方形变为矩形框, 主要勾勒出线路走向, 同时相邻站点之间也不再按实际距离等比例缩小, 虽不写实但更简洁。同时, 1 号线也由表达实际铺设状况的不平顺线条贯通为直线, 且只标示了站与站之间的相对位置, 并保留了苹果园方向的 45° 折线, 完全传递了线路与途经站点等信息, 在视觉上更直观美观。这样一来, 就图中示出的三条线路而言, 线路之间、站点之间的相对位置信息更加明晰起来, 若有更多新增线路, 交汇线路、换乘站点之间也能够以简洁、清晰的方式展示出来。

2008 年以来, 中国高铁发展迅猛, 到 2021 年底, 高速铁路运营总里程达到 4.0 万 km, 超过全世界高铁总里程的 2/3, 中国的高速铁路成为世界上高铁里程最长、运输密度最高、成网运营场景最复杂的铁路路网。如果按传统铁路交通图的绘制惯例整体地描绘沿途的城市、村庄和场站, 则为依循山川河流走势的建造特点, 以及行政规划与高速铁路路网之间相互关系的实际通行路线的写实。对于乘客来说, 这一首尾相接、弯曲环绕的铁路图, 不便于个人确定即时位置、快速选择旅程路线、估计目的地路程, 若按照地铁图的长直线、垂直与 45° 角斜线段等 Beck 原则绘制高铁运行线路图, 则可实现可视化技术所追求的目标——"直观"、"清晰" 和 "美" 等特征, 如图 7.9 所示高速铁路和动车组运行线路图 (局部), 这类线路图具有以下特点:

第一, 在较小的范围内通过多种颜色区分不同的线路, 直观地显示了选择某条线路时的开行走向和相对距离, 对于乘客并不关心或无须了解的高铁线路穿山越岭、跨越省区、连接城市等蜿蜒旋绕细节均已省略。

第二, 无论是全国范围的运行线路, 还是华东、华南或华北等局部区域内, 图中的线路之间、城市之间、站点之间关系非常清晰, 对城市群或跨区域的通行与换乘等都有明确的信息。

第三, 从美学角度描绘出我国高铁建设横跨东西、纵贯南北的全局规划, 例如, 东北高铁的树状分支, 如图 7.9(a) 所示, 海南高铁的封闭环形等设计在规则之中又略带轻盈之感, 如图 7.9(b) 所示, 符合高铁动态快速、外形流线等特征。

简洁的线条在上述实践应用中展现了精美的可视化效果, 其他常见的条形图、折线图、流程图及智能化数据模块 Dashboard 等方式, 在数据和信息的可视化中已得到了广泛的应用。第 4 章中描述复杂网络结构的有向图, 也是一种可视化方法, 它同时包含了更多的信息与计算需求。

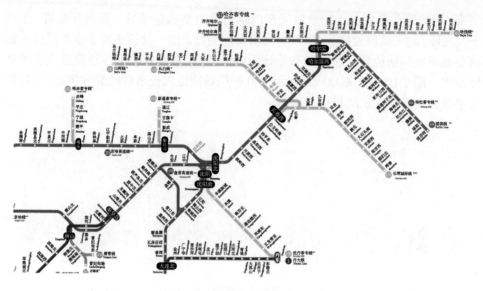

(a) 东北高铁运行线路图

(b) 海南高铁运行线路图

图 7.9 中国高速铁路路网图 (局部)

可视化的方法与技术非常丰富, 可视化的需求也越来越多种多样。可视化应用以往只是面向少量信息与数据的展示, 特定的信息模式与数据类型限定了其最佳展示方式。近来, 随着计算机技术突飞猛进的发展, 多维度、实时、动态等技术不断升级, 正在提升和拓宽可视化技术水平及其应用前景。

7.3.2 动画、模型与计算可视化

动画是更丰富生动和易于理解的一种可视化应用技术, 不仅能够显示进行中的步骤和转换过程, 还可以显示数据是如何随时间的变化而累积和变动的, 在视觉和理解上非常直观、非常简洁。

虹桥机场跑道入侵事件动画将机场险象环生的真实场景逼真地、写实地描绘

出来, 已加速并即将起飞的航班所在的跑道上突然横穿出另一架滑行航班, 千钧
一发之际, 起飞航班拉杆升空, 两架飞机擦肩而过。这一动画还原了事件发生时刻
两个航班之间的位置、速度和高差等关键信息, 为准确掌握事件过程提供了重要
的参照。图 7.10 两个截取视图展示了虹桥机场跑道入侵事件的瞬时状态, 比任何
文字报告更丰富、生动和易于理解。

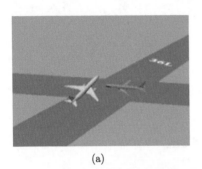
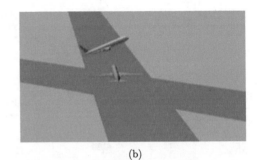

(a)   (b)

图 7.10　虹桥机场跑道入侵事件动画示意图 (央视新闻, 2016-10-13)

　　当时间更长或对象变得更复杂时, 动画所表达的对过程的记录或其追踪
效果将变差, 这就需要引入模型和基于模型的计算。计算可视化在充分理解
深度和距离含义的基础上, 绘制图片的各个维度, 并且通常研究动态过程。例
如, 对于尾翼翼尖涡流、极端天气席卷大陆以及血液沿着血管流动等相对较复
杂的过程, 目前也正在以可视化的方式展现出来, 为深入理解事物提供了崭新
视角。

　　雪和雪景是动画主题中常见的素材和背景, 如上海美术电影制片厂出品的
经典动画故事片《雪孩子》, 通过对雪景和冰雪滑行等场景的细致描摹, 刻画出
雪孩子如冰雪般美丽的心灵, 给几代人都留下了非常深刻的印象。对雪这一自
然现象的视觉模拟、动态刻画和渲染, 既要展现结晶过程的动态变化, 又要表现
雪粒和密集的雪类似固体和流体的特性, 因此合理地展现令人信服的雪景效果
并不容易。迪士尼电影《冰雪奇缘》在制作中为了营造出大量的银白雪国场景,
曾向加州理工学院的物理学家 Kenneth G. Libbrecht 咨询雪花的呈现方式, 以
确保落在 Elsa、Anna 和他们朋友身上的每一片数字渲染的雪花都是美丽的六
边形。

　　Libbrecht 在研究液态水和水蒸气的冰结晶过程中, 关注决定冰晶生长速
率和结构形成的物理机制, 他发现由于主要受分子附着动力学和大规模扩散
过程的主导, 在不同条件下将会出现丰富的凝固现象 (Libbrecht, 2017), 如图
7.11 所示六边形雪花细节。这些形态各异的精美雪花, 让整部电影的效果异彩
纷呈。

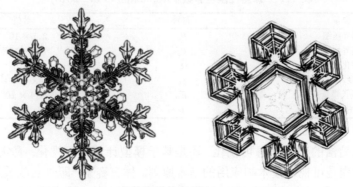

图 7.11 六边形雪花细节 (Libbrecht, 2017)

但是, 单片雪花是远远不够的, 为了处理动画中的浓雪效应, 例如, 高高的雪山上滚落的雪球, 相互碰撞、击散, 雪橇滑过厚厚的雪层, 雪粒扬起、翻卷等这些复杂而优美的景色, 加利福尼亚大学洛杉矶分校和迪士尼动画工作室的设计人员结合 Eulerian/Lagrangian 物质点法的弹塑性本构模型, 在连续体及其混合性质的基础上, 采用 Cartesian 网格方法处理流动、碰撞、结块和破碎等复杂雪景模型 (Stomakhin et al., 2013)。通过弹塑性能量密度函数 Ψ 建立的本构模型如

$$\Psi(F_\mathrm{E}, F_\mathrm{P}) = \mu(F_\mathrm{P}) \parallel F_\mathrm{E} - R_\mathrm{E} \parallel_\mathrm{F}^2 + \frac{\lambda(F_\mathrm{P})}{2}(J_\mathrm{E} - 1)^2 \qquad (7.3.1)$$

式中, F_E、F_P 分别为变形梯度 F 的弹性和塑性分量, $F = F_\mathrm{E}F_\mathrm{P}$, $J_\mathrm{E} = \det F_\mathrm{E}$, λ, μ 为 Lamé 常数, R_E 由 F_E 极分解获得。图 7.12 展现了由于滚动压缩中因黏性效应而不断增大的雪球, 击打雪人碰撞和碎裂的过程, 表 7.1 为计算中所依据的相关参数。

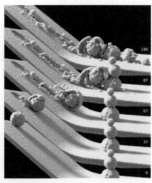

图 7.12 滚动雪球碰撞过程 (Stomakhin et al., 2013)

表 **7.1**　　弹塑性模型参数 (Stomakhin et al., 2013)

参量	符号	数值
临界压缩	θ_c	2.5×10^{-2}
临界拉伸	θ_s	7.5×10^{-3}
硬化系数	ξ	10
初始密度/(kg / m^3)	ρ_0	4.0×10^2
初始杨氏模量/Pa	E_0	1.4×10^5
泊松比	ν	0.2

　　无论是简洁的数据信息可视化, 还是基于模型计算的可视化, 真实准确地复现事物及过程是可视化技术和应用的基本原则。体育赛事 "即时回放系统"——鹰眼 (hawk-eye) 最早在网球公开赛中获得应用, 发展最快, 开辟了球类竞技电子裁判的广阔前景, 是可视化技术较为成功的应用实例。球的投影、边线或门线等都具有一定的宽度, 在极短的时间内, 尤其是线内外的极邻近区域, 即使是权威的裁判也很难准确无误地捕捉到每一个球快速落地和反弹中的瞬间来作为判断球在线内或线外的依据。

　　在鹰眼系统中, 安装在球场上方多个位置的高速摄像机, 从不同角度记录球的运动轨迹和位置, 传送到后台由技术人员过滤了无关的人员和场景, 根据任一时间网球的中心位置模拟出三维的飞行轨迹, 最后利用即时成像技术完成线路的复原, 能够快速地复现在关键瞬间球的投影与边线之间的位置关系, 如图 7.13 所示。在鹰眼的帮助下, 比赛当中的争议得以避免, 误判也得到最大限度减少, 同时, 所有电子证据都通过转播系统面向全世界球迷播放, 这就使得幕后交易和黑哨情况很难存在。

　　在其他球类比赛中, 这种可复现可视的电子助理裁判正在获得越来越多的应用, 例如 NBA 和世界杯足球赛等赛事也正在引入视频助理裁判。由于这类视频助理裁判的快速性较好, 误判率低, 且结果能够在 1s 内发送到裁判的可佩戴式装置上, 因而不会影响或中断比赛。

图 7.13　　网球赛场的鹰眼回放 (https://www.hawkeyeinnovations.com/)

随着计算机性能的迅速提升, 人们建立了规模越来越大、复杂程度越来越高的数值模型, 产生了庞大的数值型数据集。许多先进数据采集设备的出现和应用, 如医学扫描设备等, 产生了大型数据集。如何处理和展现这些文本、数值和多媒体信息的大型数据, 正是可视化技术及其应用面临的挑战。

7.3.3 微创手术野的可视化及增强现实

将新技术运用于健康与医学为人类带来福祉, 是科学技术不断进步的源泉与目标。微创手术是在医学、电子技术和材料科学等技术的迅猛发展的背景下, 历经二十多年迅速发展的现代医学外科手术前沿技术。相比于传统大开口手术, 微创手术具有创伤小、疼痛轻、恢复快的优越性, 是现代医学在外科手术治疗技术上的重要里程碑。例如, 在利用胸腔镜和腹腔镜等医疗器械和相关设备施行手术时, 医生只需要在患者手术处置部位开 1~3 个 0.5~1cm 的小孔。这一技术减少了开放手术造成的脏器和被膜损伤, 减少了并发症的可能。

微创手术对手术部位直接视觉的缺失, 最初由内窥镜等成像技术补偿。微创外科手术所用的照明可深达手术部位, 利用内窥镜获得手术部位病灶的图像, 使医生可通过外接或头戴式显示设备实时诊断和治疗。

传统的内窥镜尤其是硬管内窥镜常常是单目内窥镜, 在脏器内部穿行时虽然可以获得病灶部位的图像, 但其位置与深度信息无法获取。而三维内窥镜通过在内窥镜上设置双目或多目摄像机 (Geng and Xie, 2014), 可提供一种呈现包含深度信息的三维图像。

目前, 发展迅速的三维内窥镜为胶囊内镜, 胶囊内镜外部光滑无须导线, 可避免传统内窥镜探头引起的人体不适。图 7.14 是用于结肠检查的胶囊内镜 Given PillCam Colon 2, 以色列 Given Imaging 公司是当前国际上较少的能够提供临床应用胶囊内镜的生产商, 可实现结肠检查的直接可视化。PillCam Colon 2 外壳为生物相容性材料, 长 32.3mm, 直径 11.6mm, 总重 2.9g, 胶囊两侧分别设置两个光学镜头和四个发光二极管, 光学视场达 344°(每侧 172°), 能够实现最大组织覆盖, 并提供清晰的结肠图像。

图 7.14　Given PillCam Colon 2 胶囊内镜 (Given Imaging 公司)

随着先进医疗设备的不断出现, 大量诊断设备与治疗设备能够提供越来越多的数据。术前诊断和术中观察数据量的庞大增长, 为微创手术的数据可视化提供了极有利的条件。同时, 计算机视觉与图像处理技术的发展, 为扩展微创手术视野提供了多种有效的方式。

微创手术医生对于手术野的观察与了解, 一方面来源于术前或术中的医学影像, 例如计算机断层扫描 (CT)、磁共振成像 (magnetic resonance imaging, MRI), 但其产生的影像为位图性质, 无法直接用于导航。另一个重要来源就是内窥镜成像系统, 但是医生是非直接观察手术野且观察到的手术野相对有限, 其空间感知能力及对所观察区域的定位能力均会有损失, 造成了医生操作的困难和对微创手术的挑战。

将临床上通过医学影像技术得到的二维切片序列, 按照医学影像三维重建的方式, 经分割、配准和融合等建立出具有不同细节层次的三维图像, 并以立体的方式可视化地展现出来, 是应对手术野可感知需求的一种方法。三维重建后的医学图像, 病灶部位、大小和位置等数据得以定量描述, 从而能够帮助医生获取比位图性质的二维切片更多的信息, 医生在术前可以根据重建的三维模型, 进行旋转、缩放、移动等操作, 实现多角度多层次观察, 有利于做出更准确的诊断。

为了减轻手术过程中医生的负担并降低手术的风险, 微创手术导航系统将术前医学影像和术中内窥镜成像同时呈现给医生, 由医生或导航系统在医学影像和内窥镜图像之间建立映射关系, 从而在内窥镜采集的图像上定位待处置的不可见目标组织。图 7.15 为德国慕尼黑大学 Klinikum Innenstadt 医院所展现的整形外科导航系统, 这一系统可实现多平面重建切片三维数据集在手术室监视器上的可视化。但是, 这种映射并没有建立起重建模型和术中内窥镜拍摄的真实手术视野的关系, 由于仍需在分离的内窥镜图像和导航系统之间反复切换观察, 因而这一过程对医生的临床经验有较高要求, 图中两虚线框所示分别为内窥镜图像和术前医学影像。

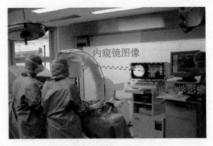

图 7.15　外科导航系统 (Traub et al., 2008)

图 7.16 为美国克利夫兰医学中心在眼科和神经科手术中的增强现实 (augmented reality, AR) 示意图。克利夫兰医学中心是世界知名医疗机构, 尤其是在医疗技术和医疗管理方面, 该外科手术 3D 可视化及其增强现实是克利夫兰医学中心于 2017 年公布的十项医学创新之一。

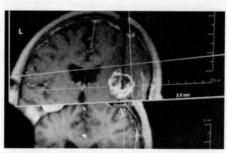

图 7.16 微创手术野的 AR 效果图 (2017 克利夫兰医学中心)

这一 3D 系统使用术前和术中数据来生成外科医生在手术中执行某些任务的视觉模板, 沉浸式的操作空间缓解了医生长时间低头及背部肌肉的紧张, 扩大的视觉范围增加了舒适度并丰富了视觉信息, 使外科医生能够更有效地操作。同时, 手术室同行也可以更清楚地了解外科医生的所见和实时操作等情况。

医学增强系统的实现涉及大量关键技术, 包括跟踪、配准和可视化技术等, 跟踪用于视点变化时的定位, 配准则是术前医学模型的定位。增强现实如何呈现, 既是增强现实的难点, 也是可视化技术的难点。随着大型医疗设备的不断出现, 大量诊断设备与治疗设备等数据源产生的数据越来越多, 数据量的巨大增长推动着外科手术现实可视化的扩增进程。

增强现实借助显示技术、交互技术、传感技术和计算机图形技术, 可以将计算生成的增强信息和观测者周围真实的物理世界信息充分交融并同时呈现给观测者。这样一来, 原本在现实世界难以体验到的实体信息 (如视觉、声音、气味、触觉等) 通过电脑科学技术, 模拟仿真后再叠加, 将虚拟的信息应用到真实世界, 被人类感官所感知, 从而达到超越现实的感官体验。增强现实技术为微创手术导航及可视化开创出具有突破性进展的前景, 可为医生提供更直观和符合习惯的观察方式 (Bernhardt et al., 2016, 2017; 王蓉, 2018)。

增强现实技术直接将目标组织叠加到术中真实场景中, 使手术野呈现可视化的真实状态, 医生可以直接获得位于可见器官表面后的、肉眼不可见目标组织的位置和深度信息, 从感官效果上获得增强信息是其所处环境的真实部分的信息, 从而在视觉上辅助和指导医生手术, 增加了对手术场景的感知、理解和操控, 可提升手术精度并降低手术风险。

7.3.4 可交互混合现实

如果说虚拟现实 (visual reality, VR) 是纯虚拟数字画面, AR 是虚拟数字画面加上裸眼现实, 如图 7.17 和图 7.18 所示, 混合现实 (mixed reality, MR) 则是数字化现实加虚拟数字画面, 因而是增强现实的进一步发展。MR 技术的关键点在于及时获取信息并与现实世界进行交互, 构造一个能与现实世界各事物相互交互的环境, 通过摄像头看到裸眼看不到的现实, 因而可视作数字化现实加虚拟数字画面。

韩国科学技术研究院人员开发了一种 AR 辅助的手术导航系统, 用于硬膜外针头介入 (Lim et al., 2021)。术前应用 CT 图像建立硬膜外针的 3D 路径规划, 通过目标椎骨 3D 模型将其嵌入术中空间, 同时标记皮肤和实时跟踪信息。规划路径和跟踪信息通过无线网络传输到头戴式显示器 (head mounted display, HMD), 医生根据系统的视觉引导确定目标点, 如图 7.17 所示。该系统包括三个组件: 基于虚拟现实的手术计划软件、患者和工具跟踪系统以及基于 AR 的手术导航系统。

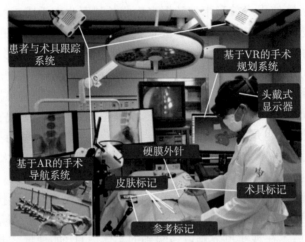

图 7.17　硬膜外穿刺介入的 AR 辅助手术导航系统图 (Lim et al., 2021)

最具代表性的 MR 应用是微软 Hololens 系列, 结合了 MR、人工智能和硬件设计及开发, 作为一体机包括了手势识别、眼动追踪、空间扫描定位等功能, 功能强大。HoloLens 2 具有自然交互的独特特点, 能够以真实自然的方式实现全息图的触摸、抓握和移动, 通过智能麦克风和自然语言语音处理, 执行语音命令。

HoloLens 2 实现更为智能地工作的场景, 例如, 通过搭配软件方案成为可解放双手的硬件设备, 从而与使用者同看、同行。通过渲染高清全息影像, 在真实世界之上叠加数字影像, 全息影像会驻留在所选定的区域, 当与它交互时, 它会像真实物体一样做出相应的反应, 如图 7.18 中 HoloLens 2 3D 模型与手势识别互动示例。其中, MR 显示的丰富 2D 和 3D 数据 (如 X 射线、超声), 能够帮助外科医生计划和实施现场手术, 亦可用于为医学生和护理专业人员构建沉浸式学习工具。图中, 椎骨及椎骨之间的结构、位置清晰可见, 选中的待手术部位 (透明立方体内) 亦可单独查看, 椎体、脑干、神经、血管与其他组织显著区分, 达到了较高的可视化程度。

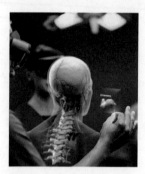

图 7.18　HoloLens 2 3D 模型与手势识别功能示例 (图片来自微软官方商城)

接下来给出一个基于 Hololens 2 的扩展现实 (extended reality, XR) 可交互实例, 该项结果是作者的研究小组最新完成的。扩展现实的显著特点在于真实性和交互性, 这与数字化的真实性趋向这一发展态势是符合的。

传统 3D 重建过程得到的模型可直接在虚拟现实设备中展示和应用, 但是实际开发中由于人工建模时间和成本受限, 通常存在卡通风明显、缺乏独特性、无三维信息等缺点, 虚拟 "数字人" 虽然看起来真实栩栩如生, 却无法接触式交互, 而以形体建模、神经渲染器、和神经辐射场为主的深度学习重建, 常以体素、色彩渲染为主要目的, 关注点亦非三维模型空间几何, 缺少真实性。尤其是在医疗培训中, 以往的表面判断并非基于真实的模型表面, 常常会直观感觉到还没碰触到物体就可隔空取物或触碰到模型内部才能达到交互, 这种明显穿模的现象, 严重影响着系统功能和培训体验。

本例所采集的数据主要是二维照片信息, 通过 SFM (structure from motion) 算法进行三维重建, 并获得点云信息 (刘明扬, 2023)。首先, 获取多个场景条件下的模型原始数据, 然后通过数据预处理, 即数据清理、数据集成、数据变换和数据归约等步骤提升数据质量, 最后, 通过数据重建, 转换为可在 Unity 中使用的资源, 如图 7.19 所示。

图中, 左侧为多视图图像的增量式重建的具体步骤, 包括特征提取、特征匹配、几何匹配、场景建立, 以及稀疏点云与相机位姿等, 右侧为增量式重建的详细流程。其中, 实体选取美工刀, 其特点是表面多、棱角分明, 便于观察重建效果。具体步骤如下。

(1) 现实物体数据化利用二维图像数据对现实中的物体数字化, 重建生成点云;

(2) 物体目标检测与理解感知利用点云数据与图像数据, 对重建场景中的物体目标进行检测, 定位并识别主要目标物体;

(3) 表面重建与纹理重建将三维点云变成可以理解并运用到混合现实工程中的素材。

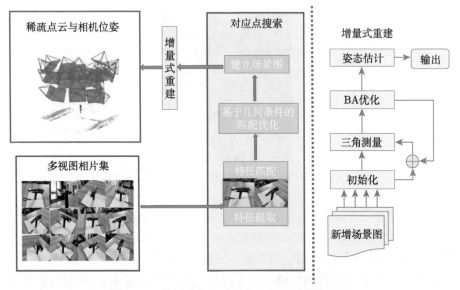

图 7.19　扩展现实点云信息的多视图重建框图

　　针对点云信息重建可能造成的网格孔洞、点云密度不均匀、局部三角面、噪声和异常点等信息, 可能影响系统性能与培训质量的情况, 在交互操作实体资源方面, 提出并采用了泊松表面重建加基于翼边数据结构的孔洞查找和 RBF 神经网络 (radial basis function neural network) 表面补全方案, 使得生成模型满足在扩展现实中触碰式交互等具体需求。

　　为获得逼真的碰撞效果, 将刀模型与小方块碰撞的视频逐帧分解后并虚化重合得到图 7.20(a)。可以看出, 由于模型绑定的三角面足够精细, 因此碰撞点的检测非常准确, 同时碰撞后的运动情况也计算得足够细致, 水平方向的微小形变、碰撞点的移动、下落至地面支撑点的形成, 逼真地、准确地真实地还原了物理世界的碰撞规律。

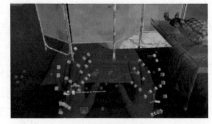

(a) MR重建实体化效果　　　　　　　　　　　　(b) 场景系统示意

图 7.20　XR 场景实体操作示意图

图 7.20(b) 呈现的是将计算机生成的效果叠加于现实世界之上的场景, 通过 Hololens 2 可以看到现实周围环境, 由于设备具有定位功能, 可以通过手势, 例如, 空间中抬起、放下手指及点击等, 可对 7.20(a) 中的实体化对象实现交互操作。

新闻摘录　心脏不停跳冠状动脉搭桥术 (NHK 新闻纪录片, 2012-09-03)

Off-pump (非体外循环) 心脏不停跳冠状动脉搭桥术是在无体外循环支持的心脏上进行搭桥手术。与传统的冠状动脉搭桥手术相比, Off-pump 心脏不停跳冠状动脉搭桥术具有避免绝大多数手术并发症、降低手术风险、恢复快、术后再通畅率高等优势。日本心脏外科专家、顺天堂大学天野笃教授具有丰富的临床经验, 以超高的手术成功率而知名, 在经导管主动脉瓣置换术、微创心脏手术和机器人辅助心脏手术等微创外科手术方面, 较早地运用了先进的可视化技术。

在术前诊断和评估过程中, 天野笃团队依据胸腔 X 射线检测和主动脉 CT 血管造影 (CT angiography, CTA), 判断并确定取用血管及搭桥血管的连接和走向, 构建相应的虚拟现实术位过程, 图 7.21 为冠状动脉搭桥术位三维重建 VR 图例。其中, 图 7.21(a) 为常规搭桥术位, 紫色为堵塞血管, 由于该患者多次心脏手术造成的胸骨和心脏的沾黏, 维持心脏跳动的三根血管都被堵塞了, 需另行选择其他血管绕行搭接的方式, 如图 7.21(b) 所示, 且因可取用的常规搭接血管已不够, 如图 7.21(c) 所示, 因而借用了胃部动脉血管参与搭桥, 如图 7.21(d) 所示。冠状动脉搭桥术位重建 VR 直观地展示了血管堵塞部位、长度、需借位或绕行等情况, 对于充分准备以应对术中可能的复杂情况并提高手术成功率具有非常重要的意义。

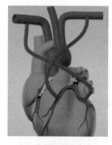  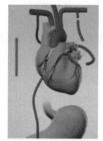 

(a) 常规搭桥术位　　　(b) 因沾黏另择术位　　　(c) 绕行并借用动脉血管　　　(d) 搭桥完成

图 7.21　冠状动脉搭桥术位 VR 示意图 (NHK, 2012-09-03)

7.4　经典学科的计算技术研究

目前, 为应对来自各领域日益严峻的复杂决策挑战, 许多学科的发展需要借助计算机的计算实验和模拟来分析与研究。将计算引进各学科不仅突破了传统科学研究方法, 同时能够突破复杂系统各变量间的相互关系难以探究这一局限。计算方法在某种意义上可以系统引入计算机中, 进行可控、可重复的实验, 帮助更好地预测与分析。

7.4.1　计算语言学及其应用

人们在日常生活中所使用的语言是自然语言, 如汉语、英语、法语等, 自然语言的特性和规则是计算语言学研究的主体, 计算语言学 (computational linguistics) 是利用计算机研究和处理自然语言的一门新兴学科。计算语言学旨在通过建立形式化的数学模型来分析和处理自然语言, 并在计算机上实现分析和处理的过程, 以实现机器模拟人类的部分乃至全部语言能力。

计算语言学不仅研究自然语言的书写系统——文字, 而且研究自然语言的各级语言单位, 如音素、音位、语素、词、短语、句子等的组合规则, 以及这些语言单位与语义产生联系形成的各种规则。

以机器翻译为例, 机器翻译是利用计算机将一种自然语言 (源语言) 转换为另一种自然语言 (目标语言) 的过程, 机器翻译技术的发展一直与计算机技术、信息论、语言学等学科的发展紧密相随。1946 年第一台现代电子计算机诞生, 1947 年, 美国科学家 Warren Weaver 和英国工程师 Andrew Donald Booth 提出了利用计算机进行语言自动翻译的构想, 并提出了机器翻译。机器翻译成为计算语言学的一个分支, 可以说, 也是人工智能的终极目标之一。

从早期的词典匹配, 到词典结合语言学家知识的规则翻译, 再到基于语料库的统计机器翻译, 随着计算机计算能力的提升和多语言信息的爆发式增长, 机器翻译技术逐渐开始为用户提供实时便捷的翻译服务。目前, 机器翻译的精确性因应用领域的不同而差异巨大, 在信息行业, 精确率可达到 97% 以上, 但在中医药行业仅到 65% 左右, 尤其是针对超长文本的精确翻译技术还需要深入研究。

以计算机辅助翻译 (computer aided translation, CAT, 类似于 CAD, 计算机辅助设计) 系统为例, 它能够帮助翻译者优质、高效、轻松地完成翻译工作, 既不同于以往的机器翻译软件, 又不依赖于计算机的自动翻译, 而是在人的参与下完成整个翻译过程。一般地, 计算机辅助翻译系统借助机器翻译和人工干预两个环节来提高系统翻译的精确性, 与人工翻译相比, 质量相同或更好, 翻译效率可提高一倍以上。计算机辅助翻译借助计算机信息处理能力和人工干预方式实现源语言文本向目标语言翻译, 通过翻译引擎自动对源语言文本实现语法分析、词法分析, 以及相关语料库、实例库等数据库检索查询, 再经过统计分析和优化, 最后对自动翻译输出的目标语言译文做人工排查、修正, 最终获得符合用户意图的翻译文本。辅助翻译的基本流程如图 7.22 所示。

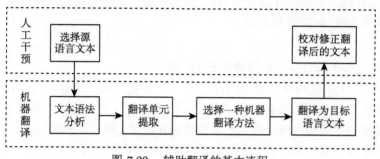

图 7.22　辅助翻译的基本流程

人工干预主要发生在翻译过程的开始和结束阶段: 前者提供语义清晰的文本, 在选择机器翻译的文本时尽量提供有规则和完整语义的短语或句子, 从而提高准确率; 后者则对于机器翻译结果做人工校对和适当修改, 以达到 "信" 的程度。以古今译文的三大标准来看, "信" 为当前机器翻译追求的主要目标, "达" 和 "雅", 则由于语言的文化历史和文学修辞上的差异暂未对其指标做相关考察。

2016 年 9 月 Google 推出的整合神经网络翻译工具——谷歌神经机器翻译 (Google neural machine translation, GNMT) 系统, 使用了最先进的训练技术, 并且最先投入到最困难的汉英互译领域。作为端到端的学习架构, 该系统可从数百万的实例中学习, 从而大幅提升了翻译效果。可以说, GNMT 已领先于整个时代, 但机器翻译的短板还远未得到完全解决, GNMT 仍然会发生一些人类翻译者从不会犯的错误, 如对漏词、专有名词 (人名、地名) 或非常用术语的错误翻译, 这类错误一般是因训练数据的缺陷, 如吉林 (省、市地名, 人名)、word2vec 等, 如果词库里暂无此专门或特有词汇, 翻译就会出错。

与机器 (计算机) 进行语音交流, 让机器明白你说什么, 这是人们长期以来梦寐以求的事情。由于大多数计算机都配有声卡和麦克风, 语音识别系统的使用相对较早, 但大部分均为简易的库存储和匹配操作, 尚不具备智能咨询或服务类语音语言的识别和翻译功能。语音识别就是让机器 (计算机) 通过识别和理解过程把语音信号转变为相应的文本或命令的过程。

目前, 与语音识别、自然语言处理与多语种翻译密切相关的计算语言技术, 正是逐步实现多语言自动翻译系统的有力工具。多语种辅助翻译系统的翻译引擎使用了基于统计和实例的翻译方式, 又特别提供了基于记忆库的翻译功能, 可面向多种行业应用, 有助于提高翻译的准确率、易用性和可靠性。当前, 辅助翻译系统在应用方面还不够广泛, 限制其普及应用的原因在于:

(1) 翻译系统功能较弱、翻译准确率较低, 不能很好地满足用户需求。

(2) 机器翻译手段单一, 不能很好地利用用户已有的翻译资源。

(3) 当前翻译工作往往涉及多语种, 而辅助翻译系统只能提供针对某一种语言的机器翻译功能, 应用范围有限。

新闻摘录　G20 峰会多语种服务平台 (2016-08-12)

2016 年 G20 杭州峰会期间, 有近 70 个国家和地区近 5000 名记者参与报道, 峰会新闻中心针对多语言翻译需求的实际情况, 启用了多语翻译服务平台, 如图 7.23 为设置在会场和注册接待点的双手柄翻译电话。每当有外国友人寻求帮助时, 志愿者会拿起任意一侧听筒, 连接 G20 杭州峰会多语应急服务平台 96020, 后台人员开始接听, 通过快速判断语言种类, 进而转接至该语言的熟练翻译座席。寻求帮助的来宾则拿起另一侧听筒, 即可通过同声传译实现通话。

峰会期间, 有近 300 名不同语种的翻译人员参与轮岗提供 24 小时的在线服务, 提供英语、日语、韩语、德语、俄语、法语、西班牙语、印尼语、葡萄牙语、阿拉伯语、意大利语、土耳其语、泰语和老挝语 14 种语种的翻译, 覆盖了所有峰会参会国语种。

图 7.23　G20 峰会多语种服务平台双手柄翻译电话

峰会之后, 为提升杭州市城市国际化水平, 96020 热线平台进入了常态化运行机制, 提供英语、日语和韩语这 3 种语言的在线翻译服务。

96020 翻译服务平台依赖的后台的人工翻译, 是在服务方式上由台前专人单一服务向后台专人面向多对象翻译的转变, 假若这一转变可由多语言机器翻译自动实现, 而无须人工 24 小时轮岗, 就将是一套真正的自动翻译系统了。

7.4.2 计算生物学与基因治疗

1953 年, 脱氧核糖核酸 (Deoxyribonucleic Acid, DNA) 双螺旋结构被发现, 此后的几十年中, 生物学与计算机科学都经历了突飞猛进的高速发展。作为染色体的主要成分和主要的遗传物质, DNA 序列数据剧增对数据处理提出了更高的要求, 而计算机性能不断加强, 计算生物学 (computational biology) 就在这两门学科相互渗透的背景中产生并发展起来 (Coveney and Shublaq, 2012)。

计算生物学研究范围很广, 从基因组数据分析的角度来说, 主要是指核酸和蛋白质序列数据的计算机处理和分析, 即利用具有高速运算能力的计算机, 处理数以亿计的序列数据, 寻求解决如何获取 DNA 碱基序列中包含的信息, 这些信息如何控制有机体的发育, 及基因组本身的进化等问题。

人类的许多遗传病是由于染色体结构改变引起的。随着生活水平的提高和医药卫生条件的改善, 人类的传染性疾病已经逐渐得到控制, 而人类的遗传性疾病的发病率和死亡率却有逐年增高的趋势, 人类的遗传性疾病已成为威胁人类健康的一个重要因素。随着致病基因的不断发现和基因诊断技术的不断改进, 人们能够更好地监测和预防遗传病。

2013 年, 美国演员 Angelina Jolie 通过基因测序得知自己是 BRCA1(BRCA 是与遗传性乳腺癌直接有关的基因, BRCA1 为其中之一) 突变基因携带者, 患乳腺癌和卵巢癌的概率分别是 80% 和 50%, 因此接受了预防性乳腺切除 (Jolie, 2013)。此前, 在 Jolie 的亲属中, 她的母亲与姨母曾因罹患卵巢癌或乳腺癌而都较早过世。手术后, Jolie 乳腺癌的发生率可降低至 5%。2015 年, 由于担心未来有较大可能罹患卵巢癌, Jolie 切除了卵巢和输卵管。

基因治疗是用正常基因取代或修补患者细胞中有缺陷的基因, 从而达到治疗的目的。1990 年, 美国科学家实施了世界上第一例临床基因治疗。患者是一位患有严重复合型免疫缺陷疾病的 4 岁小姑娘 DeSilva Ashanthi, 由于基因的缺乏, 她的体内缺乏腺苷酸脱氧酶 (ADA), ADA 的缺乏导致她不具有通常个体所具有的免疫力。科学家从她体内取出白细胞, 转入能够合成 ADA 的正常基因, 再将导入了正常基因的白细胞输入她体内。经过 2 年的持续治疗, 她终于恢复了健康。

经过二十多年的发展, 基因治疗的研究已经取得了许多进展。但是, 将分离后的自体细胞进行基因工程改造后再扩增回输的基因治疗方法, 由于稳定性、有效性尚需规范的临床试验研究进一步验证, 还不能保证稳定的疗效和安全性, 因此基因治疗目前还处于初期临床试验阶段 (Finkel et al., 2017)。

将外源的基因导入生物细胞内需借助一定的技术方法或载体, 腺病毒载体是目前基因治疗最为常用的病毒载体之一。同时, 基因药物具有很高的选择性, 一种基因药物并不适用于所有的人种, 因为不同人种的基因存在较多差别。尽管存在着许多包括伦理问题在内的障碍, 基因治疗的发展趋势仍是令人鼓舞的。

....

新闻摘录　基因疗法有望治愈致死性罕见病 (www.spinraza.com, 2017-11-13)

　　脊髓性肌萎缩症 (spinal muscular atrophy, SMA) 是一种罕见的致死性遗传病, 是一类由于以脊髓前角神经细胞为主的变性导致肌无力和肌萎缩的神经退行性疾病。其中, I 型脊髓性肌萎缩症的致病机制在于一种编码运动神经元生存蛋白的基因发生突变, I 型脊髓性肌萎缩症又称为婴儿型脊髓性肌萎缩症, 属于常染色体隐性遗传病, 大多数患儿活不到 20 个月。运动神经元生存蛋白是一种在几乎所有真核生物细胞均广泛表达的、对运动神经元生存非常关键的蛋白质。一旦其编码基因发生突变, 则导致相应蛋白缺乏, 引发脊髓前角神经元细胞功能丧失, 进而表现出全身性骨骼肌萎缩。

　　新的基因疗法取得了令人振奋的临床结果, 研究人员在实验室制备了一种携带能编码正常运动神经元生存蛋白基因的腺相关病毒亚型 9(AAV9), 医生将经过改造的 AAV9(命名为 AVXS-101) 经静脉注射到 15 名患者体内。Evelyn Villarreal 2014 年 12 月出生, 第 8 周开始接受 AVXS-101 注射治疗, 在三岁时已能够像健康小孩一样完成快走、爬行、投掷小玩具等动作。在这之前, 类似这样的动作在一名脊髓性肌萎缩症患者身上是难以想象的。另有一位来自迈阿密的男孩在出生 27 天后就接受治疗, 疗效更为显著, 对照组显示越早接受这种基因治疗, 疗效越好。

　　这一突破性进展也给其他神经缺陷疾病的治疗带来希望。2016 年 12 月美国食品和药物管理局 (U.S. Food and Drug Administration, FDA) 批准 Spinraza 用于脊髓性肌萎缩症儿科患者和成人患者的治疗。2017 年 6 月, 欧盟也批准了这一新药。Spinraza 是一种反义寡核苷酸 (ASO), 用于改变另一个运动神经元生存蛋白基因的剪接, 以增加细胞内运动神经元生存蛋白的合成, 进而缓解脊髓性肌萎缩症患者的症状。Spinraza 由 Biogen 与 Ionis 制药公司合作开发。在临床研究中, Spinraza 治疗显著提高了 SMA 患者的运动机能。

....

7.5　综合医院建筑体内部交通的疏导机制

　　如今, 繁忙的城市交通日渐拥堵, 更长更远的路面等候与绕行通过日益增加。但是, 经过拥堵的城市交通, 到达建筑物内部后, 拥挤、多次往复、折返和长时等候通行也变得越来越常见, 有的场所甚至达到了与路面交通流类似的复杂的拥挤程度, 如大城市的知名综合性医院建筑体内部的通行。

7.5.1 大型建筑物内部行人通行体系及现状

大型建筑物 (群) 在空间设计上常以通行、经停、滞留的平均通过量为基准, 当内部短时流量突然增加时, 因在空间分割、功能连续、走行通道、楼 (电) 梯设置等方面对潜在增长、饱和等状况的设计余量不足, 拥塞状况一旦发生将不易得到疏解。

在一般公共建筑内部, 走行人员的流动量具有在时段上集中、在空间中分散的特点, 拥挤与滞留较少见也常无危害, 例如展览馆、学校、博物馆和电影院等。在公共交通枢纽场站内部, 由于在设计之初即注重行人通行效率和通过量, 因此在常规情况下, 旅客与货物的到达和离开均能够单次快速通过, 例如机场、铁路站点等。以机场为例, 旅客从进入机场直至登机离开, 通行路径与办理过程为: 到达机场——办理登机 (提前自助值机可略)——托运行李 (若无可略)——安检——候机——登机, 如图 7.24 航站楼旅客通行节点及流程简图, 箭头所示为需按顺序执行, 包含了可能的排队与等候历程, 其中, 可略环节以虚框标出。该通行过程尽管存在多达六个业务点、六项排队等候和办理流程, 但业务办理均具有按照先后顺序严格执行的特点, 且办理流程与通行通道之间不存在循环和交叉, 即不存在路径的折返交叠和手续的嵌套, 具有明显的一次通过特性。在这种情况下, 机场航站楼即使在通行需求量极大的情况下也能够保证良好的通过性。

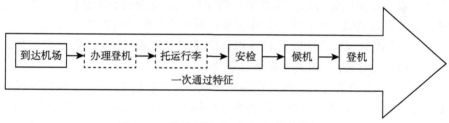

图 7.24 航站楼旅客通行节点及流程简图

对于大型商业中心, 由于设计之初就关注极佳的体验感和人性化设计, 因而在建筑施工、陈列布置过程中将舒适度视为重要因素。顾客在浏览挑选与交费购买的过程中, 虽然会多次往返于某些区域, 但由于不具有急迫性且挑选和购买行为的顺序性不强, 既可选择在一次购买意向达成后前往交费处交款, 也可累积多个购买意向后在离开本楼层或商场前一起支付, 如图 7.25 大型商业中心顾客流的动态行程示意图。图中, 若干购买意向点与交费点在地点上分置、在顺序上并列, 每一个购买意向均与若干交费点 m 连接, 任一交费点均与若干购买意向 n 连接, 非顺序执行与多执行过程交叉进行的特点, 使得商场内不存在明显的拥堵节点和长时间排队等情况。

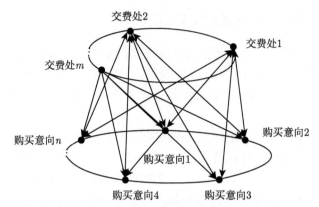

图 7.25　大型商业中心顾客流的动态行程示意图

大型医院建筑体的内部通行则不具有上述一次通过特点, 对舒适度和通行友好性的关注也较缺乏。国内大型综合医院, 特别是一线城市三甲医院, 由于日均就诊患者数目众多以及内部就诊流线繁杂, 医院内部空间日益拥堵、就诊效率低下和就诊体验不佳。发达国家的医疗体系由于就诊分级和预约制的施行, 分散了大型综合医院的就诊流量, 而且, 在医院建筑设计及功能布局方面, 由于充分考虑了因医学技术手段的进步、医疗器械的更新及就诊患者的不断增加导致的对医院诊疗空间的增长需求, 在专门功能与区域划分、科室布局与通行、出入口接驳、通道和电梯设置等方面充分考虑了患者就诊的便捷性、安全性和舒适度。因此, 无须面对类似国内大型综合医院集中的庞大就诊量带来的医院内部通行问题。

当前, 我国城市综合医院建筑体内部交通通行体系, 不仅具有一般公共建筑物内部交通的通行特点, 也具有以下显著特征。

(1) 就诊过程中大部分流程动作需顺序执行。患者进入医院后, 就医流程通常按照挂号—就诊—交费—检查—取药的顺序执行, 如图 7.26 就诊流程示意图, 不可对任意两个节点的执行顺序进行调换。也就是说, 就诊过程开始后, 必须按照图中功能模块所示从 I 到 V 的顺序执行, 才可完成整个就诊过程, 其间不得跨越或省略某个环节, 选择离开医院中断就医除外。

(2) 就诊过程存在流程重叠和功能交叉。患者及陪护人员往往需要在不同功能节点之间折返, 例如, 挂号之后需要经历通道、电梯或不同楼宇之间 “上上下下” 的穿行, 前往专门科室并等候就诊, 诊断之后, 再经历类似一番穿行或等候, 前往交费或进行各类检查。五个功能节点之间在交费、等候和通行中互有交叉重叠, 如图 7.26 中虚线框所示。

目前, 针对公共空间和建筑内部行人交通的研究受到了许多专业人士和管理者的重视, 例如公共安全、群体与个人行为研究、场馆疏散信息管理等领域。然而, 医院内部行人交通流线作为行人交通的特殊类型, 尚未获得足够关注。上述特殊性导致的对于医院内部交通体系的研究缺乏可借鉴的方法和手段, 同时, 也意味着相关分析极具现实意义。

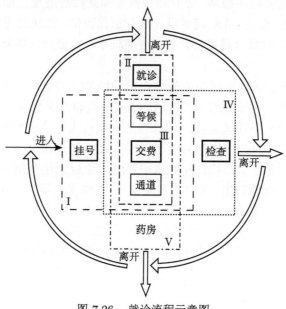

图 7.26   就诊流程示意图

7.5.2   大型医院建筑体内部通行体系的疏导设计

近年来, 随着我国人均寿命的提高, 医学技术水平的提高和新型医疗设备的出现, 大型综合医院的就诊量一直呈急剧增加的趋势。为了应对这一状况, 许多大型医院在原址进行翻建及扩建, 新的门诊大楼拔地而起。原址改扩建虽然增加了诊疗面积, 但是在改扩建过程中, 旧建筑并非全部拆除重建, 原有建筑的许多用途与功能需要予以保留或接驳, 由于以下几方面的原因, 患者就医过程中的通行问题不断凸显。

(1) 设计和施工方均以一般通行量为依据进行公共空间面积、电梯位置和数量等设置, 而诊室之间的廊道、防疫隔离通道或污染物运输通道等均遵循一般医院建设管理规则, 依循便于患者通行的考量和设计比较少。

(2) 诊疗信息管理和查看终端设备的设计与布置, 主要以便于管理为出发点, 即更多地以院方和医生为主, 而非从患者角度出发。

(3) 从就医患者的角度来看, 门诊过程中在流程、通行与等候等方面的便捷性仍然缺乏, 尤其是对逐渐增加的无人陪护的老龄化就医者来说。

此外, 从建筑设计与建筑规范上看, 高层建筑物的电梯配置和设计规范重点考虑建筑物的位置、功用与容量及与此相关的电力和安全等, 对医院建筑物电梯的配置与设计方面缺乏可参照的具体内容。

　　针对这种现状，采取何种措施对医院就诊流线进行改进，以缩减患者就诊时间和走行距离，缓解内部拥堵，提升通行效率和就诊舒适度；如何建立有效的医院建筑体内部通行模型，并对疏导设计进行量化评估，需通过对医院行人交通流线的建模和计算、对就诊通行设计及改进的疏导方法进行性能分析和量化评价来解决。

　　以图 7.27 所示的综合医院建筑体内部功能节点设置及分布为例，挂号处及取药处均位于甲楼一层门诊大厅入口处，科室、检验室分别分布在两座独立建筑内，甲、乙两楼由平层通道连接。就诊者进入门诊大厅完成挂号后，需通过门诊大厅水平通道到达电梯/楼梯间并通过电梯或楼梯到达第 2/3 层，经水平通道到达科室 B/C，或通过甲、乙楼之间的水平通道和坡道到达科室 A。在候诊和就诊后，需从科室转行至检验室，其中从科室 A 出发则需返回门诊大厅交费，再前往检验室检查，从科室 B、C 出发时则需再次通过电梯或楼梯到门诊大厅交费后前往检验室。像大多数医院一样，诊室走廊兼做候诊空间，走廊中的座椅即为患者候诊区域。这一场景符合多数城市中心区大型综合医院的建筑物功能区与节点设置特征。

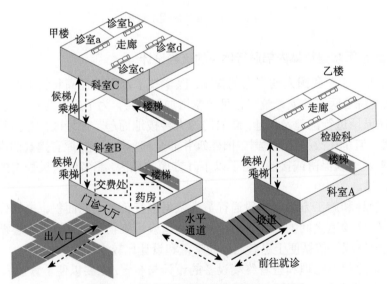

图 7.27　综合医院建筑体内部通行示意图

　　在不影响改扩建工程安全、不提议医疗设备腾挪移动等特别要求的情况下，通过改善通道宽度和通道瓶颈影响、拓宽等候空间等措施，以提高通行能力、减少无效往复通行等目标的设计方案和计算评价如下。

1) 通道及其瓶颈宽度的影响

挂号点位于就诊者往复穿行的门诊大厅主活动区, 在向其他功能节点转移过程中, 通道及通道之间瓶颈处的通行与设计尤为关键。以就诊者 Agent 的分布与走行为例, 模拟患者从进入门诊大厅、挂号, 之后穿越通道到达目的地 (诊室、电梯、楼梯等) 的过程, 如图 7.28 所示。完整的行人 Agent 行走流程如箭头所示, 虚线区域为排队挂号处。上方的 Agent 生成模块以一定概率生成三种不同类型的 Agent, 进入门诊大厅后, 根据一定的概率, 部分直接通过通道到达其目的地, 即消失区域, 部分选择排队挂号之后通过通道到达其目的地。

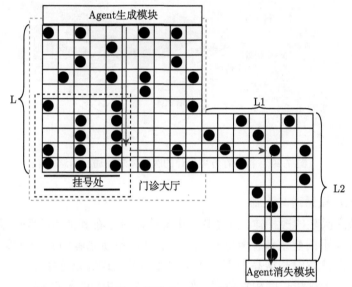

图 7.28　瓶颈拥塞点就诊者 Agent 的分布与通行示意图

当通道宽度较小时, 流通能力受通道宽度大小的影响较大, 宽度增加可导致通行能力明显提升。同时, 随着瓶颈宽度的增加, 通行时长的缩减程度逐渐变缓, 并逐渐趋于稳定。在改扩建过程中, 可根据医院就诊需要和实际容量, 通过设定不同类型的行人比例、速度等参数建立模型, 依据计算结果设置合理的通道及瓶颈宽度。

2) 腾挪候诊区

门诊室走廊兼做候诊空间非常常见, 使得并不宽敞的走廊通行能力愈发低下。由于缺乏独立的候诊区域, 如图 7.27 中甲、乙楼的顶层诊室外走廊设置了多处候诊座椅, 医生、护技、医技和陪诊人员在狭窄的走廊中缓慢穿行。

为增加候诊空间, 减少流线交织, 可通过内凹式候诊区域, 将候诊区域与走廊进行分隔, 如图 7.29 中位置点 ② 所示。在诊室之间设置内凹的候诊区域, 可有效扩大走廊的实际通行宽度, 提升流通能力, 缩减患者就诊时间, 同时独立的候诊区也提升了患者候诊的舒适度。

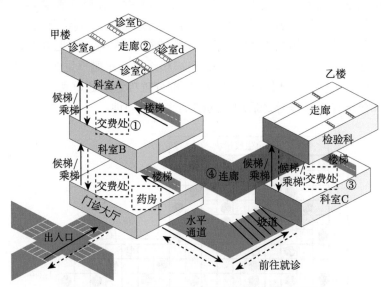

图 7.29　按推荐方案设计的医院建筑体通行示意图

3) 合理加设通道与连廊

中心城区医院的改扩建, 导致多个建筑单体内分布着常用的医疗及服务设施, 引发了患者在不同建筑体往复穿行, 增加了行动不便患者的就诊难度, 使院内就诊陪诊人数及停留时长居高不下。适当增加通道、连廊以连接不同建筑体, 可有效缩减患者行走流线长度和复杂度。例如, 图 7.29 中, 科室 C 的患者若需进行检查, 需要多次上下楼, 并多次往返于甲、乙建筑体之间。可考虑增加如图 7.29 中④ 所示的连廊, 将甲、乙建筑体的二层实现连接, 那么科室 B 的患者在就诊后, 在甲楼二层完成交费就可直接通过连廊到达乙楼检验科, 进行化验检查。

通过计算可以得到各科室及功能节点之间的走行距离, 其中甲楼二、三层科室的加权走行距离在加设了连廊之后都有了明显的缩减。当单位时间到达患者数为 250 时, 有连廊和无连廊两种情况下, 各科室及总体平均就诊时间值得到了明显的缩减, 总体优化效果显著。从时间和距离两个维度考虑, 连廊的假设都起到了可见的促进作用, 有效缩减了就诊时间, 简化了就诊路径, 可视为一种良好的增强患者特别是移动不便者就诊体验的有效手段。

交费处作为就诊过程中往返较多的节点, 其位置分布对通行能力影响显著。将原有的门诊大厅一层的交费点, 分散设置为位于门诊大厅、一楼诊区、二楼诊区的三个交费窗口, 例如, 图 7.29 中增设的交费处 ④。就诊时可根据其所在科室的楼层, 选择交费窗口排队, 排队时间为服从负指数分布的随机变量序列。通过计算得到交费处平均排队队列长度、交费处平均排队时间以及平均就诊时间随单位时间患者到达率 (人/小时) 的变化情况。可知, 交费处分散分布相较于集中分布, 对队列长度、平均排队时间以及平均就诊时间的缩短起到了显著的作用, 证明了在保持医院交费资源不变 (三个交费窗口) 的情况下, 通过交费处分散分布的方式, 有效缩减了患者的就诊时间, 从计算结果上提供了当前医院选择采用的多点缴费方案的依据。

从空间布局设计的角度出发, 通过对建议方案进行计算模拟, 结果显示包括平均加权走行距离、平均就诊时间、平均排队队列长度和平均排队时间等的结果, 验证了设计的合理性, 为建筑物内部因复杂性所带来的问题提供解决方案。

针对就诊者通行环境, 北京协和医院与中日医院的改建与设计是具有启发性的例子。北京协和医院 (西院) 在集中病区与新综合楼之间设置了一条约 70m 长、2m 宽、3m 高的宽敞、明亮的连廊。连廊跨越地面居民建筑, 极大地方便了医护人员和患者陪员的通行, 既减少了上上下下、户内户外接驳的不便, 也避免了对原有地面通行的影响, 设计合理, 改善效果显著。中日医院是改革开放后建设的具有国际标准的综合性医院, 整个建筑群楼体平铺、廊道宽阔、接驳较少、视线开阔、整体性好, 院内进深广利于与社会交通平稳衔接。

7.6 小 结

计算追求定量和精确。现代计算学科探索如何在计算机上或采用新型计算方法和理论对传统学科展开研究, 计算机技术和计算方法是这些计算学科的基础、核心和联系纽带。这里所说的 "计算" 既包括数值计算也包括大规模计算; 这里所说的计算学科可能来自纯学科, 更可能是从各个科学和工程领域抽象出来的, 目的是利用计算 (机) 技术来解决传统方法无法解决的问题。

如第 3 章所述, 与以现象和性状描述的一般特性研究不同, 以可计算可量化表达的复杂系统的计算特性研究, 在计算理论与计算机技术快速发展的支持下, 实现了社会系统 "可重复" 试验、决策支持系统 "可推演"、宏微观系统 "可视化" 等强大功能。基于智能体的模型模拟了个体行为及其相互作用, 智能体也可以用来表示社会群体 (如一家公司)、生物体 (如农作物) 或物理系统 (如交通系统) 等, 计算研究则为由多个相互作用的智能体组成的系统提供初始条件, 然后不加干涉地观察系统如何随时间而演化, 系统中的智能体完全通过相互作用来驱动系统向前发展, 没有任何外部强加的平衡条件。通过对过程的分析, 可以获得有用的结果, 对理解和解释各种决策方案也是非常有意义的。

总之, 现代计算方法和计算机技术为复杂系统研究提供了有力的方法和工具。

参 考 文 献

(德) 罗伯 D. 2002. 计算材料学. 北京：化学工业出版社.

郭旭冲. 2011. 基于复杂网络的多智能体股市情绪传播模型. 广东工业大学硕士学位论文.

李锒. 2007. 基于异质交易者的期货市场价格动态研究. 哈尔滨工业大学博士学位论文.

刘明扬. 2023. 基于多视图的 XR 三维实体模型的重建技术研究与应用. 中国科学院大学硕士学位论文.

吕扬. 2014. 大型综合医院内部交通体系的建模计算与决策支持. 中国科学院大学硕士学位论文.

曼昆. 2006. 经济学原理. 4 版. 梁小民, 译. 北京: 北京大学出版社.

潘建禄. 2013. 基于复杂网络的农产品期市行为模型研究. 中国科学院大学硕士学位论文.

(美)Steele J, Iliinsky N. 2011. 数据可视化之美. 祝洪凯, 李妹芳, 译. 北京: 机械工业出版社.

王蓉. 2018. 平行手术中增强现实关键技术的研究. 中国科学院大学博士学位论文.

熊开智. 2004. 复杂长距离输水系统可视化动态仿真与优化研究. 天津大学博士学位论文.

许盛凯. 2007. 医院门诊流程的仿真模拟研究. 四川大学硕士学位论文.

杨馥红. 2008. 虚拟舞台真实绽放——记北京奥运会开幕式全景式智能仿真编排系统. 中国教育网络, 10: 34-36.

杨晶晶. 2008. 购物中心的购物流线与空间建构. 西安建筑科技大学硕士学位论文.

易盛著. 2019. 虚拟现实: 沉浸于 VR 梦境. 北京: 清华大学出版社.

游家兴. 2010. 投资者情绪、异质性与市场非理性反应. 经济管理, 32(4): 138-146.

赵剑冬, 林健. 2007. 基于 Agent 的 Repast 仿真分析与实现. 计算机仿真, 24(9): 265-268.

Bernhardt S, Nicolau S A, Soler L, et al. 2017. The status of augmented reality in laparoscopic surgery as of 2016. Medical Image Analysis, 37: 66-90

Bernhardt S, Nicolau S A, Agnus V, et al. 2016. Automatic localization of endoscope in intraoperative ct image: A simple approach to augmented reality guidance in laparoscopic surgery. Medical Image Analysis, 30: 130-143.

Coveney P V, Shublaq N W. 2012. Computational biomedicine: A challenge for the twenty-first century. Studies in Health Technology and Informatics, 174: 105-110.

Finkel R S, Mercuri E, Darras B T, et al. 2017. Nusinersen versus sham control in infantile-onset spinal muscular atrophy. New England Journal of Medicine, 377(18): 1723-1732.

Fry B. 2008. Visualizing Data. Sebastopol CA: O'reilly Media.

Geng J, Xie J. 2014. Review of 3-D endoscopic surface imaging techniques. IEEE Sensors Journal, 14(4): 945-960.

Guo D L, Hu H Y. 2005. Nonlinearity characteristics of magnetorheological dampers. International Nonlinear Dynamics, 40: 241-249.

Guo D L, Hu H Y, Yi J Q. 2004. Neural network control for a semi-active vehicle suspension with magneto-rheological damper. International Journal of Vibration and Control, 10(3): 461-471.

https://innovations.clevelandclinic.org/Summit/Top-10-Medical-Innovations.

https://www.microsoft.com/zh-cn/hololens.

https://www.medivis.com/surgicalar.

https://www.nhk.or.jp/professional/2012/0903/index.html.

Jolie A. 2013. My Medical Choice. www.nytimes.com.

Kato S, Takeuchi E, Ishiguro Y, et al. 2015. An open approach to autonomous vehicles. IEEE Micro, 35(6): 60-68.

Lerotic M, Chung A J, Mylonas G, et al. 2007. Pq-space Based Non-Photorealistic Rendering for Augmented Reality. Medical Image Computing and Computer-Assisted Intervention(MICCAI2007). Berlin Heidelberg: Springer.

Libbrecht K G. 2014. The art of the Snowflake: A Photographic Album. Minnesota: Voyageur Press.

Libbrecht K G. 2017. Physical dynamics of ice crystal growth. Annual Review of Materials Research, 47: 271-295.

Lim S H, Ha J H, Yoon S M, Sohn Y T, et al. 2021. Augmented reality assisted surgical navigation system for epidural needle intervention. 43rd Annual Int. Conf. IEEE Engineering in Medicine & Biology Society (EMBC), 4705-4708.

Mukaida H, Matsushita S, Inotani T, et al. 2018. Continuous renal replacement therapy with a polymethyl methacrylate membrane hemofilter suppresses inflammation in patients after open-heart surgery with cardiopulmonary bypass. Journal of Artificial Organs, 21(2): 188-195.

NHK News, 2012, 9, 3. https://www.nhk.or.jp/professional/2012/0903/index.html.

Puerto-Souza G A, Mariottini G L. 2013. A Fast and accurate feature-matching algorithm for minimally-invasive endoscopic images. IEEE Transactions on Medical Imaging, 32(7): 1201-1214

Stomakhin A, Schroeder C, Chai L, et al. 2013. A material point method for snow simulation. ACM Transactions on Graphics, 32(4): 1-10.

Traub J, Sielhorst T, Heining S M, et al. 2008. Advanced display and visualization concepts for image guided surgery. Journal of Display Technology, 4(4): 483-490.

Zhang, W, Shen D, Zhang Y, et al. 2013. Open source information, investor attention, and asset pricing. Economic Modeling, 33: 613-619.

一途一心明日をつむぐ心臓外科医天野篤.NHK News, 2012-9-3.

第 8 章　非线性动力学与复杂系统研究进展

在工程领域之外，其他社会与应用科学中针对复杂系统和非线性的研究也相当活跃。这些研究展现了对复杂性与非线性的本质及特征的丰富表达形式，在解决方案的探索上也与传统工程领域不同，不再追求标准、统一的解决模式，而是根据各个千差万别、相异甚远的关注对象，尝试采用多学科探求的方式作出专门解答。

8.1　非线性建筑及其表达方式

在自然科学与社会科学领域中，建筑是一个于二者而言界限不甚分明，却均具有悠久历史、完整理论、大量实践与经典作品的门类。对自然科学，建筑包含了设计、模型、材料、施工等理论与工程方面的内容，对社会科学，建筑中的历史、人文、地理、美学、功用等常常包含了大量文化与经济方面的内容。因此，建筑物所呈现出的独特气质，往往无法从单一视角去观察和理解就获得欣赏，并且若干关于建筑学和建筑物的新进展与新作品也同时包含了这两方面的意义。

8.1.1　非线性建筑如何处理与环境和人之间的关系

建筑学门类繁杂，是一门横跨工程技术和人文艺术的学科。建筑学所涉及的建筑技术、建筑艺术和建筑历史，以及作为实用艺术的建筑艺术所包括的美学的一面和实用的一面，它们虽有明确的不同但又密切联系，并且其分量随具体情况和建筑物的不同而大不相同。由此各专门领域均形成了充分发展、相对独立的理论体系，并通过"实用"的作品以全面呈现的方式展示其成果。任何一栋建筑或建筑群，无论是工业或民用、桥梁和场站、住宅与商场等，都包括了结构与安全、材料与施工、照明与动线、室内外空间等技术与艺术内容，其中各个门类遵循着各自的技术或美学原则，具有完备的、独特的设计与施工法则。

与其他技术工程不同，建筑学各门类之间无通用规律，换言之，尚无类似于解析式的规则，因此可视为复杂工程系统，并以单门独例进行求解以寻找解决途径。以通常不易观察到的各类建筑物地基为例，当功能与效用等指标一致时，因建筑环境、条件的不同，地基在构筑、材料、铺设上可能大相径庭。与建筑相关的领域需要大量的实践和持续的积累，经反复实践逐渐形成了行业内各类工程规范与工艺标准，经推广应用，已成为这一行业的通用理论和方法。

与大型工程重视建筑技术与材料相比, 小型建筑如庭院、纪念碑等则更多地体现了建筑学中的设计与建筑美学, 需更多关注建筑与使用者及周围环境之间的关系。因此, 建筑以其与人的关联性的特点成为一类典型的复杂系统。

在地缘文化方面, 建筑物常常表现出强烈的历史及城市特征, 分布在世界各地的著名建筑物已成为当地的艺术品, 那些具有鲜明特征与风格的建筑物也已成为当地的传统与现代文化的一部分, 如中国式四合院、欧洲中世纪城堡、美式乡村风格住宅等。在建筑学科的应用领域, 例如城乡规划——近年来在我国城市化发展的快速进程中, 获得了极大的提升, 得以迅速发展——则更体现出与经济、地理、交通、社会、历史和文化等方面的制约与交融。可以说, 建筑学是兼具自然与社会特征的科学, 建筑物是自然科学与社会科学的共同产物。

一幢能够给人留下深刻印象的建筑物, 常常是能够将其与自然和社会环境、与人之间的多元关系处理得非常独特的建筑物。非线性建筑这一概念则试图对此种精神与建筑实体做出解释和展示。

近年来, 与非线性建筑有关的概念和设计正在变得越来越多, 非线性建筑指的是一种连续、流动状的形体, 是对建筑性能及周边环境因素进行分析而生成的结果。这样一来, 非线性建筑将非线性特性与实体联系起来, 在一定程度上赋予了建筑具有理论化倾向的非线性, 即一种物质体现, 从而更便于应用、观察和分析非线性及与之关联的事物及其性质。

一般地, 非线性建筑呈现的非线性与复杂性在于:

(1) 非线性建筑是一个开放的有机整体, 强调与周围环境的融合;

(2) 非线性建筑在整体与局部的关系上表现为同构, 即具有自相似性, 分形的概念常用于表述设计理念;

(3) 非线性建筑形体呈现随机的、流动的、延续的动态, 追求非欧几里得的异形界面;

(4) 非线性建筑的创作过程基于涌现理论, 重视各种影响设计的变量作用, 使"结果" 在过程中自然浮现, 体现了复杂性中自下而上的思想;

(5) 非线性建筑的流动状形体生成依赖于计算机技术, 并且在形体的建造上亦依靠于计算机辅助制造技术, 从而保证了非传统构型的结构安全性。

8.1.2 公共建筑的非线性及其表达

公共建筑以社会服务功能为设计原则, 兼顾历史与地域特征, 还能体现出建筑设计师鲜明的个人风格。许多博物馆、大剧院、体育场馆和航空场站等建筑物的设计与建造, 在处理与周围建筑和街景的关系、历史与现代风格上的继承性突破及专门功能与名胜景点的跨越性等方面, 都充满着对厚重历史的尊重、对专门功能的深拓, 并以精湛的技艺彰显了流动的建筑之美。故宫博物院的宫廷建筑群恢弘磅礴, 展现了威严皇权, 国家大剧院与其隔长安街相望, 充满了现代感和国际化; 卢浮宫历经 800 年悠长岁月, 而贝聿铭设计的玻璃金字塔入口成为这座古老建筑的新标志。因此, 公共建筑的设计思想、建造水平及材质用料等, 都反映出建筑发展历程中探求人与环境、历史和未来的品质与追求。

21 世纪初以来, 因着眼于全球可持续、更环保的共同发展目标, 与环境相适应的简约建筑风格得到了青睐, 出现了大量探索现代钢结构、混凝土设计的非线性建筑。以最具代表性的日本设计师伊东丰雄 (Toyo Ito) 的成名作——仙台媒体中心 (Sendai Mediatheque) 为例, 如图 8.1 所示, 仙台媒体中心在各种意义上都去除了墙壁, 十三根形状像摇晃海草的铁骨管柱构造成独立轴, 形成全部空间, 可以让人们想象出无限可能。

图 8.1   仙台媒体中心 (http://www.toyo-ito.co.jp)

仙台媒体中心在设计、结构、环境等方面的独特非线性要素, 概括地说, 有以下几方面。

(1) 形状各异的管状柱支撑。媒体中心的管状柱示意图如图 8.2(a) 所示, 一类管状柱由类似斜撑的杆件交织而成, 用来传递重力的同时仍需抵抗水平力, 共四根如图 8.2(b) 所示分布于四角; 另一类管状柱用来传递重力, 可简化为纵向力, 共九根如图 8.2(c) 所示分布其间。与传统意义上的规则柱体支撑完全不同, 管状柱还可通过在一定范围内对管环进行收缩、扩大、位移等操作来获得相应的自由度, 抵抗纵向力与水平力。抵抗纵向力管状柱示意图如图 8.3 所示。

(2) 管状柱配置及内部空间。管状柱以不规则的配置方式, 形成不均质场所的内部空间。管状柱贯通了地板, 在其中心开辟出设备系统、电梯和阶梯, 同时屋顶采光和通风以整面的玻璃为基础, 能从外面直接看到支柱的骨架结构, 从而处处可以看见内部的结构, 如图 8.1 所示。

(3) "流动"与"延续"的过程。仙台媒体中心在结构与空间、自然与建筑的关系上表现出显著的非线性特征,尤其是将"永远流动"的概念贯穿始终,从规划、设计到建设、使用都体现出了流动与延续的"过程"。

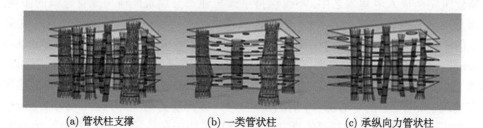

(a) 管状柱支撑　　　　　　(b) 一类管状柱　　　　　　(c) 承纵向力管状柱

图 8.2　仙台媒体中心管状柱透视图 (http://www.toyo-ito.co.jp)

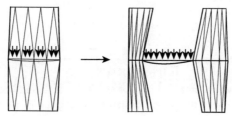

图 8.3　管状柱受纵向力示意图 (http://www.toyo-ito.co.jp)

可以看出,仙台媒体中心以管状柱结构为主体,由六块金属底板与整面玻璃为主的材料构成,展现了自由而开放的功用区分,以及与周边环境协调一致的外景布局等明显特征。在这些条件下,建筑物本身及其环境呈现为一种具有类似生态性质的整体,拥有显著的生命力和强大的黏合力,也就是有超强的功用与吸引力,并将建筑与环境凝聚在一起。

在一定程度上,这一典型和标志性的建筑刻画了非线性建筑的本质,同时也为非线性建筑划定了它所应当具备的基本特征与关键要素。从这个意义上来看,大量问世的现代建筑作品并不能被轻易地冠以非线性建筑的名称,因为它们或者只对上述诸要素的某一方面进行描述,如单一非欧几里得外形、局部新材料等,或者只是诸要素简单的叠加,而这本身并不是非线性。

中国国家博物馆历经近百年的变迁,藏有丰富的珍贵中华文物,国家博物馆建筑自 1959 年建成以来,其景观已经成为宏伟壮丽的天安门广场的主要部分。2003年,国家博物馆启动了近五十年来的大规模改扩建论证与方案遴选,整体工程于2007 年启动,2011 年完成。国家博物馆改扩建时充分考虑到原建筑在人们脑海中已经形成特定印象的现实,因此在大胆彻底地改建原有部分同时坚持扩建升级的基础上,又对新建部分谨慎保守,处处体现风格的继承一致原则。

(1) 增建部分隐身, 与原有建筑具有整体的一致性, 改扩建具有严格边界条件。从天安门广场向东望去, 改扩建后的中国国家博物馆, 屋顶面渐近地、按层次、向中心聚拢, 如图 8.4 所示, 新增的一层在视觉上依然低于西入口柱廊两侧的高顶, 新建筑完全嵌入老建筑之中, 不仅保持了改扩建部分建筑风格与原有建筑的协调, 而且增强了整体建筑的层次感, 因而在风格上一贯地保证了与广场西侧人民大会堂的一致性, 在高度上也与正北的天安门城楼遥相呼应。图 8.5 为设计师 Stephan Schütz 为改扩建绘制的草图。图中, 黑色线勾画部分为原有保留的北西南三面主体 (如图 8.6 中右部外围), 在改扩建中进行了加固维修, 灰色线勾画部分为拆除原有建筑 (如图 8.6 的中心部分) 后的新建部分, 即为新扩建主陈列区。可以看出, 建筑物正面局部新旧建筑共有的直立廊柱, 连接了历史和传统、现代与继承, 而在宏大的建筑物内部, 类似的细节则处处可见, 例如, 宽敞的入口庭院、青铜雕花、中国传统风格的重檐, 古铜色金属板屋顶则与故宫屋顶铺设的黄色琉璃瓦契合。

图 8.4　2011 年改扩建后的中国国家博物馆正面 (西侧立面)

(图片来源: GMP Architekten)

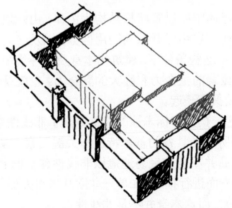

图 8.5　设计师 Stephan Schütz 绘制的国家博物馆草图

(图片来源: GMP Architekten)

(2) 新设建筑与原有建筑之间独特的空间连接与风格过渡。国家博物馆改扩建过程中设计方案的遴选与定稿过程经历了较长时间的讨论, 最终摒弃了欧洲建筑师通用的、用强烈对比的方式来处理新旧建筑的手法。工程中大量使用了木料、石材和玻璃等建筑材料, 形成一种独特的却又为人们所熟悉的风格。

图 8.6　中国国家博物馆模型 (1959 年初建时)
(图片来源: 中国建筑科学研究院, 筑龙网)

图 8.7 为国家博物馆西入口台阶上的廊柱和窗户。图中左侧为原有廊柱, 右侧为新建主大厅入口廊柱, 即图 8.5 中黑色与灰色之间的部分, 风格上的新旧沿袭与渐变, 通过开放式的空间得以缓冲, 从而无声地用现代诠释了传统, 在使用上又为疏解出入提供了开阔的场地。

图 8.7　国家博物馆西入口台阶后的廊柱和窗户
(图片来源: 中国建筑科学研究院, 筑龙网)

参观结束时明亮的阳光投射在高大的廊柱间, 在湛蓝天空映衬下国家博物馆的恢弘与磅礴再次展现眼前, 刹那间将刚刚遥想于远古文明、遥远的国度的思绪转回到美丽的苍穹之下, 建筑物的震撼力再次得以彰显。

8.1.3　居住空间的非线性

居住建筑是人们享受生活的重要设施, 多变的气候、广阔的地域和丰富的文化造就出极其丰富的房屋风格, 可以从屋顶形状、外墙构造、烟囱外形、围合形式、门窗檐口形状及装饰、就地取用材料的传统等方面, 鉴别世界各地各种建筑风格的房屋。北方院落多采用泥墙或灰砖四合墙院防风保暖, 南方常见白墙青瓦和马头墙的园林特色, 海南热带以藤条搭房骨架的茅草屋非常凉爽, 意大利风格以铸铁花饰、壁画浮雕形成色彩艳丽的空间, 英式建筑红砖在外、砖砌底角给人以自然大气之感, 以希腊和西班牙为代表的地中海建筑闪耀着蓝与白、金黄与蓝紫的耀眼光芒。

　　山水亭榭是中国传统民居中的主要组成元素, 东方庭院常常通过院落组合、城市规划及园林布置等手法, 既保障了民居遮风避雨、满足日常生产和生活的实用功能, 又充分体现了层级划分、社会信仰等建筑思想。

　　现代以日常起居活动为主要功能的院落, 在日益城市化的居住建筑中已不多见。对于居住空间中坐卧餐卫的舒适与方便程度的关注, 逐渐成为设计建造当前居所的重点。

　　日式建筑在历史上沿袭了中国传统庭院的设计, 并在发展历程中与当地地质、气候、方便取用的材料、人口结构和经济发展相联系, 在种种条件限制下, 创造出小型、齐备、舒适的住宅, 如图 8.8 所示典型的日式庭院建筑。

(a) 房屋东侧外观　　　　　　　　　(b) 从房屋内部望向外部

图 8.8　建筑师神家在冈山市的居所 (图片来源:《走进建筑师的家》)

　　图 8.8 中为建筑师神家在冈山市的居所, 从东边看房屋外观, 如图 8.8(a) 所示, 将田景街景设计融为宅院的一部分; 从室内望向稻田, 如图 8.8(b) 所示, 更可以感受到稻穗飘金和四季的韵味, 非常巧妙。图中均可见一排白色砖砌矮墙, 既可作稻田与居所之间的空间划分, 隐约可见的条形木板又使其可兼做平台坐凳。

　　民居电梯是为居住者因年龄增长而预设的便捷设施。明显地, 在二、三层左右的房舍中设置家用电梯, 即使只露出一扇门, 在住宅内部也会格外显眼, 在美观上大打折扣。如何在有限居住空间的中心位置合理安排电梯的位置, 能充分显示出建筑设计师对打造舒适居住空间的追求与品位。图 8.9 是建筑师泉幸甫建于 2008 年的东京而邸二层平面动线图。

图 8.9 由运动线连接的电梯与活动空间平面图

在功能上电梯应处于日常活动的中心区域, 需符合居住行走的空间规划。而邸建筑中的二楼电梯隐藏在楼梯边洗漱间的角落里, 图中右侧箭头所指为二楼电梯位置, 可以看出, 电梯、楼梯及经楼梯在两个 180° 转弯后进入的起居室三者之间, 在起居空间周围任何方向上的直视范围内都没有电梯, 达到了功能分区、视觉隔离的效果, 运动线如图 8.9 左侧含箭头的顺时针螺线。一楼电梯则设置在更衣室的里间, 既隐蔽地避免视觉上直敞式的突兀, 又注重了电梯进出空间的多功能空间利用。在明亮的室外、幽暗的楼梯、亮堂的起居室之间明暗起伏相承, 通过分隔连接放大了有限的空间, 使整栋建筑的功能极其完备却互不干扰。

对于非专业人士, 从图纸上直来直往的线条中领悟建筑物的美, 常常是不容易的。建筑设计师中村好文设计过上百间住宅和各式各样的家具, 曾受邀为村上春树设计个人住宅。中村好文也是随笔作家, 他有机会探访世界各地的建筑师们为自己设计与建造的居所, 并用细腻和专业的角度体会、观察这些令人着迷的建筑, 详尽描述了子集合建筑物主人对设计构思与建造细节的探讨和住在其中的感受, 从而使我们得以了解这些建筑师在完成教堂、美术馆、公寓等巨作之外, 在设计自己的家的时候所拥有的匠心和追求。

在室外, 与周边环境相适应的建筑 (群) 布局与外观设计也是非线性建筑强调的主要特征。怎么样才能在受限制的条件下形成更谐和、更生动的空间, 并让人感受到因这些设计带来的既细腻又精湛的功能呈现, 这其中展现出的设计师与居住者之间的默契, 最终将赋予一栋建筑独特的气息。

每个人在布置装饰各自起居生活与学习工作场所的过程, 也是与城乡环境、气候地势、树草用水、社区邻里、交通教育等要素逐步调适的过程, 这些非线性要素的重要程度不同、个体和家庭需求度不同、受关注度不同、不同时段的重要性也不同, 一俟完全竣工, 且能在其中充分感受到 "不造作、不畏缩、不局促、不凑合、不顾虑、不忍耐, 自然而然、畅快地生活", 就应是一件相当出色的设计作品了。

8.1.4   建筑样式风格的迁移

近年来, 深度学习和对抗网络等计算新技术促成了名画与画家风格迁移等热点场景应用 (Gatys et al., 2016; 陈云霁等, 2020), 例如, 梵高 (Vincent van Gogh)《向日葵》、莫奈 (Claude Monet)《睡莲》等花园作品中颇具个人风格的典型的、热烈的、对比明显的色彩和线条, 以及迷雾中朦胧的、充满氤氲气息的荷塘和小桥等园景特征, 可被机器学习中的图像风格迁移 (image style transfer) 网络较好地提取和迁移, 并赋予其他绘画作品, 一时使人难辨真假。

本节借用风格迁移这一新术语, 探讨与美术绘画同占人文与社会领域一隅的建筑, 在样式上的绵延变迁和风格上的深刻继承。

以月台为例, 在中国古建筑中正殿 (房) 突出连着前阶的宽阔平台为月台, 月台是该建筑物的基础, 也是它的组成部分。月台三面皆有台阶, 在宫殿建筑中突出地显示了其威严和规制, 因是赏月极佳之处, 而称之为月台。故宫太和殿是三大殿之首, 殿前月台由宏厚精美的三重台基和汉白玉栏杆围绕, 极为宽阔通透, 如图 8.10 所示, 月台上装饰着日晷、嘉量、铜鹤、铜龟和铜鼎等陈列, 充分显示了建筑使用者的身份和地位。

图 8.10   太和殿前的宽阔月台 (图片来源: 故宫博物院微博)

因规制等级不同, 建筑设计的繁复和华丽程度不同, 在月台上也有体现。为中国皇家设计建筑的雷氏世家, 设计了许多宫殿、王府、衙署及三山五园中的亭台楼阁轩榭廊舫, 一些建筑中可以看到月台的使用, 在形制、式样上均与建筑物本身完美契合, 例如, 恭王府多福轩前的月台等。

彝伦堂是国子监最大的厅堂式建筑。彝伦堂前宽广的月台, 面积达 $400m^2$, 是国子监召集学生听学上课的场所, 如图 8.11 所示, 月台东、南、西三侧均有台阶, 东南角上立有一座石刻日晷, 用于测定时间。月台为砖制, 无栏杆, 距地面只有数级台阶, 较简洁朴素, 适合于讲学听学。

图 8.11 国子监彝伦堂前的月台 (图片来源：国子监百科)

民用居住建筑物，在月台的设计和使用上，在与周围建筑物的调和统一上，日式建筑则显示了对其功用和美观上的充分继承，日式月台是建筑中四季休憩观景之处，常不再作为主出入口，更具月台本意。图 8.12 是建筑师上远野彻在自家建筑设计中仿照古书院赏月台的砖砌月台，其沿东西方向的长边一侧不再笔直地贯通到底，而是在主起居室落地窗外呈局部外延状，视野上延伸更远，在宽阔平直的院落中更具错落之感，显示出设计者和居住者的独特品位。

图 8.12 世界著名建筑师的居所月台 (图片来源：《走进建筑师的家》)

月台建筑样式风格的移植，已带有分明的落地生根和改良的意味。这种在建筑样式风格上从宏大到平实、从宫廷到民居的迁移与过渡，鲜明地表示出建筑物功用与风格的继承，同时在气候、地形、环境、用材等因素共同作用下，其变迁和转移的过程非常具体和生动。

8.2　行为：成因与结果

从某种意义上说，通过探索复杂系统的行为来解释复杂系统机制应当是能够实现的。这种解释可以归结为一个词——行为。但是，复杂的非线性机制之间的逻辑关系也令人深感困惑。为了解释一个行为的结果导致了另一个行为的成因, 必须考察决定复杂系统行为的许多因素。

8.2.1　为什么行为如此重要

　　本节对行为的重要性的研究将从著名经济学家、哈佛大学经济学教授曼昆对市场的论述开始。他通过一个小镇上冰激凌的生产和消费过程, 简洁地描述了店家生产、消费者购买、市场价格变动等一系列行为与过程, 揭示出我们已经熟知的经济学原理——供求关系影响短期价格、价格围绕价值上下波动、市场具有调节作用等。

　　在小镇上有一家加工冰激凌的小店, 冰激凌定价 2 元, 每天可以售出 10 根, 当夏季来临时, 冰激凌的消费需求增加, 但是冰激凌的价格上涨到 3 元, 这时, 因涨价的原因, 消费的人数降低, 保持了供求关系的平衡。同时, 在其他条件不变的情况下, 当冰激凌价格上涨到 3 元, 小镇上其他的店家认为有利可图, 于是开始加工冰激凌, 市场上冰激凌的数量上升, 但消费的人数并没有增加, 因此冰激凌开始降价, 价格降回到 2 元, 这时, 购买冰激凌的人数开始增长。因此, 小镇市场上冰激凌的交易数量增加, 店家的交易额同期增长。生产数量和价格都保持在合理的水平, 供求保持均衡状态。可见, 考察行为对于研究经济活动乃至其他复杂系统有着重要的意义。

　　在冰激凌加工、消费和交易的过程中, 提高价格、需求降低、新增经营者、供给增加、价格下降和消费增加等环节连续生成, 前一个行为或现象的出现, 导致了后一个行为或现象的形成。例如, 当夏季来临, 消费需求增加, 原有的供求平衡被打破, 导致了抬高价格, 当有利可图时, 生产者于是增加供给, 这时失衡的供求关系再次得到平衡, 价格回落, 消费再次增加, 又会产生新的供求关系。这样, 在整个生产和消费链条中, 每一个行为既是上一个环节的行动结果, 又是下一个环节的行动成因。因此, 行为便成了连接前因 (表现为行为或现象) 和后果 (表现为行为或现象) 的关键, 同时, 它本身也处于或成因或结果的位置, 这就解释了行为如此重要的原因。

　　如第 6 章所述的交通系统, 大城市交通环境的畅通与拥堵, 影响着市民出行的交通选择和公共交通法规及制度的调整改进, 反过来, 市民的交通参与方式和公共交通法规及制度也决定了城市公共交通的畅通效率。实际上, 第 1 章复杂系统的特征之一是, 其复杂性与非线性的成因和结果也并非单向、直通和一成不变的。

　　图 8.13 采用关键短词列出了现代城市交通的特征与其所处资源条件, 其中示出了城市交通系统基础设施、技术条件、管理制度和环境资源等诸要素的交织。可以看到, 这是人们非常熟悉的对象系统, 而我们就身处其中, 受其影响, 又影响着它的运行。

因此，为了理解我们所观察到的系统或各种环境条件的动态变化的过程，必须关注行为的成因与结果。但是，说明成因与结果之间的联系只是第一步，它自然而然地引出了下一个问题，为什么某些行为在成因或结果方面比另一些行为的成因或结果更为剧烈？

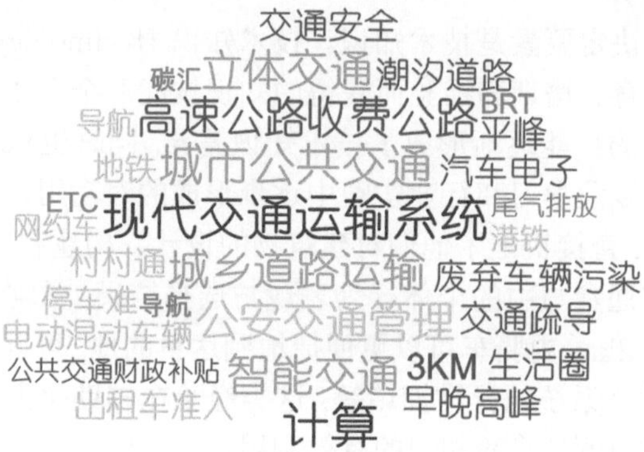

图 8.13   现代交通运输系统的特征及其资源环境示意图

8.2.2   行为是如何产生复杂因果的

行为是个人、生物体、系统与其自身或环境相联系而产生的行动和习惯 (或做法方式)，包括其他工程系统或无生命的物理环境以及它们的综合，这些行动和习惯是系统或有机体对各种外部刺激或环境输入的反应，无论这些反应是自愿或非自愿的、有意识或潜意识的、明显或隐蔽的，以及内部或外部。这种在天然本质上的差异、知识技能上的差异和资源环境的差异，在更复杂、更现实的系统运动中都起着决定性的作用。

1) 个体自然差异

个人、生物、系统都具有各自的自然本质，在受到刺激或输入时均会生成各自的独特反应，这种自然本质和特有行为正是将一个个独立的个体区别开来的重要依据，称为个体自然差异 (individual natural difference)。

虽然市场和价格的原因决定着生产者的选择与行动，但是有许多因素决定着他们的经营与回报。如果个人具有更充沛的体力，如果他能够调制出更美味的配方，并且当地正好适逢一个异常炎热的夏季，那么在经营上就会更有利。烟火遵循爆炸和燃烧的属性与特征，植物生长依循光合作用的原理，运动员个人的体力具有天然差别，发达经济体和欠发达经济体的发展基础极不均衡，这些自然属性的差异正是将其与其他个体区别开来的特征，又决定着在受到环境刺激或存在输入时各自独有的行为方式。

考察复杂系统的机制及非线性动力学起因的过程，事实上，就是在探索对象系统自然特性的过程。将处于错综交叉环境中个体的行为、习惯与做法方式等特征描述出来，就表达了所探究对象的固有本质。湍流动力学所面临的挑战就在于流体在形态上受边界限制，在运动上与边界环境密不可分，因此无法描述其独立动态过程。

2) 技术知识差异

行为的第二个决定要素是技术知识。技术知识 (technology knowledge) 一般用以指个人通过教育、培训和经验而获得的知识技能。个人在社会教育和职业培训各个阶段所积累的技能逐渐形成了技术知识差异，同时也积累了社会工作和生活经验。建筑师在专业学习和行业实践中逐步形成的对功用、外形、用材、风格等设计技术与知识，直接决定了他们对建筑物的设计、构建和评价。

人们在公共交通参与中的个体行为表现与选择结果，常常来自他们在日常生活中的经验，例如，3km 内骑车可以更便捷地到达目的地，可以选择避开常常发生在国家假期的交通全系统的异常拥堵等，这类经验在辅助个人选择更经济、更便捷交通方式的过程中就是经验知识的有效利用。

人类在设计制造中赋予智能机器的知识存量和技术水平，决定着这些响应和动作的灵巧及智慧程度。计算机技术的发展和广泛使用，使得自动机器拥有越来越多的自主智能，并在遭遇到外界输入和刺激时产生许多不同的响应和动作行为。智能电网是应大容量、抗高峰和抵御攻击等高效运行需求而成的，但是当一系列突发事件同时发生，系统响应直接崩溃依然导致了美加大停电，这是技术装备决定复杂工程系统的响应和行为的现实例证。

3) 系统资源差异

行为的第三个决定要素是外界输入与环境的作用，由资源与环境差异 (resource and circumstance difference) 引起。行为的前两个决定要素——个体自然本质和技术知识差异，清晰地确定了个体的自身特性，当外界输入和环境变化时，个体 (或系统) 的输出，即行为方式将随输入不同而最终不同，这就是资源差异的决定作用。现阶段我国的城市公共交通仍以政策性、普惠性和政府补贴为主要资助与资金方式，当需增加轨道交通线路和里程以提升整体服务质量，而引入民间资本或港铁的投资与运营方式时，因社会制度、公共设施和投资回报法规等相关资源与环境条件的差异，就产生了多样化的投资运营及回报等输出迥异的运作效应，这是对外部环境及资源条件差异因素所决定的不同行为结果的例证。

虽然外部环境和资源条件是复杂系统行为的决定因素，但根据 8.2.1 节中行为成因与结果之间链式关联，最终环境和资源条件也将成为复杂系统的固有特征，而不可简单地将其剥离，仅作为外界刺激或环境输入等因素。复杂结构因介质或环境的差别，其动态力学行为是不同的，如航天器太阳能帆板在微重力环境下的尘埃收集，就面临着常规条件下许多不曾想象的问题，一些极端环境与条件转而变成了研究对象本身。

这一事实一方面揭示了复杂系统科学研究仍然面临的巨大挑战, 因为即使对 "是什么""为什么" 这样的简单问题, 常常无法轻易给出答案。但是, 另一方面, 这也说明了关注行为、研究个体和系统的行为、剖析行为的成因与结果、分析行为的决定因素的重要意义。

8.3 动力学分析的多元化

动力学分析的目的在于探索隐藏在事物发展变化过程中的动因。如果考虑一下曾经探究过的若干对象系统, 几乎会在所有这些动因中看到两个相关的要素: 机制与规律。这涉及可能做出的、将影响未来动态变化的控制与决策。本节将介绍一些有助于理解在其他专门领域进行动力学分析时做出决策的方法。

8.3.1 病毒或纳米颗粒的入侵机制

病毒在宏观上可以造成机体的损伤, 而在微观上它的致病作用其实就是体现在对细胞的损伤上。病毒是介于生命和非生命之间的东西, 没有独立的蛋白质合成系统, 只有进入细胞才能繁殖。病毒增殖的五个步骤是: 吸附—向细胞注入核酸—细胞合成病毒的核酸和蛋白质—装配—释放。病毒吸附分两步进行。首先, 病毒与细胞以静电引力相结合。这种吸附是非特异性的, 病毒可在细胞表面任何部位吸附, 不具有任何选择性。非细胞颗粒物质, 甚至玻璃或金属器皿表面也都可吸附病毒。病毒吸附的第二阶段, 病毒蛋白与细胞膜表面特定蛋白 (受体) 特异性结合。如图 8.14 为病毒的生命周期 (Gao et al., 2005)。

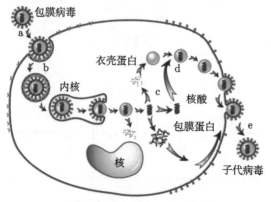

图 8.14　病毒的生命周期 (Gao et al., 2005)

病毒的生命周期遵循通过宿主的各个区室的顺序, a 为与宿主受体蛋白吸附或对接, b 进入宿主细胞质, c 进行病毒组分的生物合成, d 病毒组分装配成完整的病毒单元, e 从宿主细胞释出, 许多细菌噬菌体只需 20~40min 即可完成从感染到裂解的一个生命周期。

病毒有数千种不同的形状和大小。大多数病毒的特征尺寸在数十至数百纳米的范围内。大多数纳米颗粒介于几十至几百纳米之间, 与细胞能够吞噬的病毒尺寸相类似, 因吸附的非特异性, 所以悬浮的纳米颗粒可能被生物细胞所吞噬, 而导致细胞病变或中毒。由此, 可以建立细胞吞噬病毒或纳米颗粒的机制, 揭示病毒进入或离开动物细胞的过程。在细胞研究领域, 近年来美国和欧盟各国均投入了大量资金, 在这一背景下, 美国布朗大学高华健教授及其合作者对细胞力学进行了开创性的研究, 运用连续介质力学在细胞的黏附、病毒的吞噬等方面进行了理论模型分析 (Gao et al., 2005; Cui et al., 2005; Shi et al., 2011) , 深入揭示了纳米颗粒或病毒入侵细胞的过程。

病毒进入或离开动物细胞的过程通常是由病毒外壳上的配体分子与细胞膜上受体分子之间特定的键联方式所决定的。为此, 他们运用力学方法解析地研究了含有扩散移动受体的细胞膜如何包裹一个表面带有受体的纳米颗粒。

假设配体是固定的并且均匀地分布在颗粒表面上, 而受体是可移动的并且在细胞膜的平面中经历快速扩散运动。细胞膜上的受体扩散到包裹位点并与颗粒表面上的配体结合以降低相互作用的自由能。因为细胞通常比病毒大得多, 所以可以认为颗粒与最初平坦的膜相互作用。受体–配体结合导致膜局部缠绕在病毒颗粒周围, 代价是与膜的局部曲率相联系的弹性能量上升, 以及与受体固定相关的结构熵降低, 如图 8.15(a) 所示。

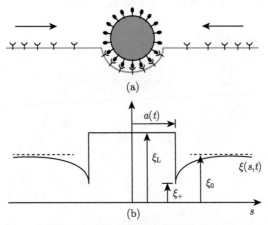

图 8.15　受体介导内噬作用的动力学模型 (Shi et al., 2011)

对于细胞膜和颗粒之间的黏性接触, 采用弯曲生物膜在平坦基底上展开的数学框架建模, 如图 8.15(b) 所示。在与颗粒接触之前, 假定受体均匀地分布在细胞膜上, 密度为 ξ_0, 与最大熵的状态一致。一旦接触开始, 接触区域内的受体密度升高到颗粒表面上配体密度 ξ_L 的水平。

因配体–受体结合引起的局部自由能减少的驱动, 黏附区域附近的受体通过扩散被吸引到接触区的边缘, 导致附近的受体局部耗尽, 产生的浓度梯度诱导受体向结合位点的全局扩散运动。扩散过程的特征在于不均匀的受体分布函数 $\xi(s,t)$。随着越来越多的受体被捕获在接触区内, 接触区域 $2a(t)$ 的尺寸随时间 t 增加, 包裹过程从 $s=0, t=0$ 开始, 并在接触的总面积达到粒子的总面积时结束。

研究结果表明: 即使在没有笼形蛋白的情况下, 尺寸范围从几十到几百纳米之间的颗粒也能够自发地进入或离开细胞; 此时, 存在一个最优的颗粒尺寸对应于最短的包裹时间。这一理论结果与已有的实验观察十分吻合。这些研究成果不仅在一定程度上推动了细胞与纳米材料的研究, 而且还极大地增进人们对于纳米颗粒毒性及毒理的认知。

此外, 高华健教授领导的研究小组借助于微分几何和力学方法发展了这一理论 (Yi, 2011), 并运用大规模粗粒化分子动力学方法研究了具有较大长细比的颗粒 (如碳纳米管) 如何进入细胞 (Shi et al., 2011)。研究结果揭示出: 对于有着端盖的碳纳米管, 细胞吞噬过程包含了端部识别、转动和近乎垂直进入三个重要步骤 (李晓雁, 2012), 其中转动过程是由纳米管和双层膜之间的非对称弹性应变能驱动的, 并且碳纳米管进入细胞时的角度是被纳米管转动和受体扩散的时间尺度所控制的。

8.3.2 药物动力学

药物动力学 (pharmacokinetics) 是应用动力学 (kinetics) 原理, 定量地描述和记录药物通过不同途径 (如静脉注射, 静脉滴注, 口服给药等) 进入生物体后, 在吸收 (absorption)、分布 (distribution)、代谢 (metabolism) 和排泄 (excretion) 过程中的 "量–时" 变化或 "血药浓度–时" 等变化, 并运用数学原理和方法阐述药物在机体内的动态规律的一门学科。药物在作用部位的浓度受药物在体内过程的影响而动态变化, 某种药在它的作用部位能否达到安全有效的浓度, 是确定药物的给药剂量和间隔时间的依据。药物动力学研究各种体液、组织和排泄物中药物的代谢产物水平与时间关系的过程, 并研究为解释这些数据所需的模型的数学关系式。在创新药物研制过程中, 药物代谢动力学研究与药效学研究、毒理学研究处于同等重要的地位, 已成为药物临床前研究和临床研究的重要组成部分。

对 Pharmacokinetics 一词的译称, 有 "药物动力学""药动学""药物代谢动力学" 和 "药代动力学" 等, 尽管偏重不同, 但都来自同一概念, 指的是同一门学科。采用 "药物代谢动力学" 以及 "药物动力学", 借鉴的是 "代谢"(metabolism) 的广义概念, 包括了药物在体内的吸收、分布、代谢、排泄的整个过程。药物动力学分析主要的参数为生物半衰期 ($T_{1/2}$)、峰浓度 (C_{max})、达峰时间 (T_{max}) 和血药浓度–时间曲线下面积 (area under curve, AUC), C_{max}、T_{max} 采用实测值, 不得内推。图 8.16 为药物动力学所揭示机体内药物浓度随时间变化的曲线示意图。

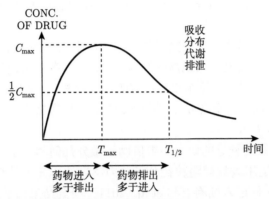

图 8.16　药物动力学浓度–时间示意图 (Shargel and Yu, 1985)

图中的曲线显示了药物在进入生物体内后浓度随时间变化的动态过程, C_{max} 为药物浓度峰值, T_{max} 为峰值时间, 在药物浓度达到峰值前, 进入机体的药物比排出机体的多, 在峰值时间之后, 排出机体的药物比进入机体的多; $\frac{1}{2}C_{max}$ 为峰度值的一半, $T_{1/2}$ 为半衰期, 即体内药量或血药浓度下降一半所需要的时间, 曲线与横轴围成的面积为药物暴露。根据这一曲线, 通过数学模型的处理, 可得到各种动力学参数, 反映药物在体内的吸收、分布、代谢和排泄特点等 (Shargel and Yu, 1985)。

当剂量改变时, 相应的血药浓度将成比例地改变, 采用线性微分方程组可以描述这些过程的规律性。例如, 药物的生物半衰期与剂量无关, 血药浓度–时间曲线下总面积与剂量成正比等。由描述酶的米氏方程 (Michaelis-Menten equation) 可知, 当药物 (底物) 浓度超过某一界限时, 参与药物代谢的酶将出现饱和现象, 这一过程具有非线性动力学特征, 类似的还有药物的生物转化、肾小管的分泌以及某些药物的胆汁分泌等酶参与的过程。

综上所述, 药物动力学已成为一种新的有用的工具, 它在药学领域里具有广泛的应用 (Papahadjopoulos et al., 1991; Brahmer et al., 2010)。在医学上一些重大课题, 如癌症、冠心病、高血压等迄今尚未找到的疗效卓越的新药。因而, 寻找新药的方式正在逐渐从经验转向更为合理的形式。例如, 通过生物化学、生物物理学、酶学、药物动力学、统计学以及各种光谱技术, 发展或设计新药、新制剂、新剂型。

动力学分析在微观领域的探索同样遇到了类似在宏观领域研究中面临的挑战, 由于对物理现象和事实的观测也十分依赖于所借助的工具, 对所揭示的物理规律与机制也与分析技术的发展紧密关联, 如何在当前科技发展水平的条件下, 从多源、多元化的数据中获得具有科学价值的启发和解答, 正是非线性动力学研究者们正在开创的局面。

8.4 关于网络的三个关键事实

网络到处存在。许多网络的结构和连接符合一定的规律, 新接入互联网、新加入演职员人际网总是连接那些节点度值较大的节点, 因而总体上呈现为幂律分布。由流行性传染病的传播模型可知, 在一定范围内传染率可趋于零, 但是当传播范围扩大时, 仍有大面积蔓延的风险。例如, 天花虽已在全球大范围内的国家和地区灭绝, 但是在非洲部分地方仍有少数患者, 因而存在传播风险。总体而言, 关于网络的模型和规律已详尽地刻画了其长期、稳态的特征。

但是, 在一些节点上或某些时刻下, 并没有呈现有规律的景象。一些网络站点永远消失, 一些节点在某种条件下突显变成畅通交通的关键节点。什么因素引起了网络的瞬时变动呢? 如果可能的话, 能够用什么方式来防止或利用这种网络动态变化呢?

本节所讨论的是第 4 章提到的网络主题, 已经知道了网络的连接、规律、模型、信息和传播等结构和方法工具。到现在为止, 一直将注意力集中在网络联结的长时、静态规律上, 接下来将把注意力集中在网络的短时动态连接上, 与之前分析的不同之处在于分析的时间框架。

8.4.1 事实 1: 网络是无法预测的

通过网络可探索看似不同的体系间的一般性, 即尽管本质不同, 它们会有相似的形成过程或者相似的力作用于它们的结构来实现其功能。许多网络的特性是事后根据当时发生的状况利用数学工具描述而形成的, 尽管真实地表达了网络连接与变化的情形, 但是, 网络的瞬态变动并不遵循这样或那样的规律。实际上, 网络的动态变化几乎是不可能准确地预测的。

图 8.17(a) 显示了大城市自组织网络中的关键子节点, 阴影面积代表了各功能节点的贡献。正如该图所表明的, 这些功能节点并不是依照其各自的贡献而决定其存在的重要性的。电力供应和城市交通的重要性不言自明, 但是食品供应和商店货源在大城市自组织网络中的重要性旗鼓相当。

2008 年 1 月中旬起, 我国南方发生了大范围低温、雨雪、冰冻等自然灾害, 到 1 月 25 日, 持续低温和降水过程造成输电塔倒塌, 由于电网中断、电力供应匮乏, 接连引起了电气化列车无法开行、京广铁路线阻塞, 通信中断、京珠高速公路封闭, 煤炭无法运抵, 人员、物资流通受阻, 多个机场航班大面积延误和取消。

交通依赖电力, 电力、通信和供水又依赖于煤炭能源, 能源又依赖于交通, 京广线沿线从广州、郴州到武汉, 广东、广西、湖南及周边省市等大中城市群的生活秩序一度受到严重威胁, 南方城市群功能节点低位运行, 网络的动态变化无法预测。

8.4.2   事实 2: 大多数网络节点的动态变化同时发生

以图论为基础的数学理论构建了静态网络及分析过程, 以有向图为基础的网络分析讨论了信息在节点之间的流动, 至今已经获得了大量关于静态网络的特性与规律。对于总是随时间改变的动态网络, 并没有动态的图理论作为基础, 这就是面对网络、面对大量数据时常常缺乏更精确的数学模型的原因。事实上, 这是因为在大多数情况下, 网络节点的动态变化是同时发生的。

尽管冰冻灾害最先导致交通运输不畅, 但在整个冰冻灾害期间, 城市正常运转的功能节点同时失效, 正如图 8.17(b) 所示, 网络节点的动态变化几乎同时发生, 从 1 月 25 日郴州输电塔倒塌以致电网中断的一周内, 城市功能节点的活跃度极低, 失效也是同时发生的。

当某功能节点发生波动时, 由于自组织网络的自愈、功能性恢复等特性, 大城市的日常交通、供应和安全能够有序维持。也就是说, 恢复在悄无声息地进行。一般地, 局部节点的功能受阻, 并不会影响全局网络的稳定, 由于自组织网络的恢复能力, 城市功能得以保持动态稳定, 尽管数学理论和网络分析常常并不能准确描述这一恢复过程。

到 1 月 30 日京广线恢复开行, 2 月 1 日京广线旅客猛增, 到 2 月 4 日京珠全线贯通, 2 月 6 日供水、供电恢复, 城市正常运转的基本功能逐步恢复, 而且各个功能节点的恢复几乎是同时进行的, 如图 8.17(c) 所示, 深色阴影面积代表功能的动态进程, 短短几天内, 城市交通、铁路运输、高速公路、煤炭电力、食品供水、航班起降等原处于停滞状态的关键功能, 奇迹般地同时处于恢复进程。

与灾害初期发生时的功能缓慢受阻及灾害最严重的一周中低位功能相比, 如图 8.17(c) 中浅色阴影面积, 动态恢复的进程是极其迅猛的, 节点及全局的功能迅速地同时提升。

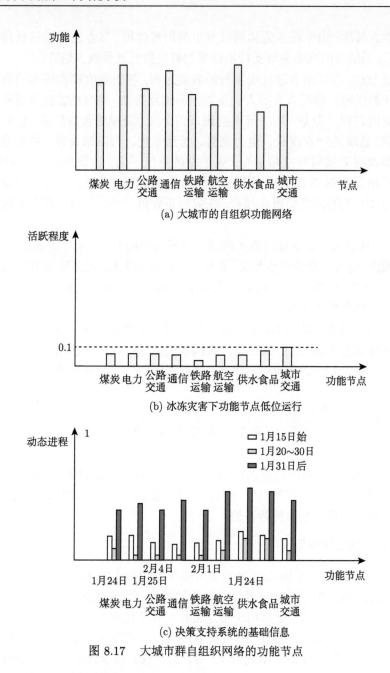

(a) 大城市的自组织功能网络

(b) 冰冻灾害下功能节点低位运行

(c) 决策支持系统的基础信息

图 8.17　大城市群自组织网络的功能节点

8.4.3　事实 3：随着网络规模增加，信息减少

　　研究网络结构与功能的关系面临着的挑战是：网络模型增长得越大，噪声就越多，可获得的信息就越少。首先，随着网络规模的增加，暂无一个有效的函数来

消除噪声。其次, 由于动态变化同时发生的剧烈过程, 节点之间的信息均是滞后的。最后, 高层级的网络决策支持所依据的有效信息量呈减少趋势。

纵观 2008 年初南方冰冻灾害抢险救灾过程, 各级政府和相关部门调运了数以千万计的资源、四面八方的人们争相出手相互援助, 外媒也纷纷报道救灾得以快速恢复的进程。但是, 从决策高层到市民个人, 宏观综合信息多, 趋势性报道多, 数据信息缺乏, "存煤量、电力恢复、抢通里程、到离站人数、救援物资、抢险车辆等数据无实时时空信息", "火车站的热线不通, 铁路网站上无明确公告, 电视台报道无数据信息", 大量消息噪声多、滞后强, 此外, 因天气突变最终引发的长达 20 天的因灾受困和损失, 在灾后重建过程中, 大量的数据才逐步浮现出来。

同时, 从南到北降水过程逐步渐弱、气温逐步回升后, 从 1 月底到 2 月初短短的几天内, 电力、通信逐步恢复, 铁路、公路运力恢复, 局面迅速扭转的过程中, 事实上, 图 8.17(c) 中的深色阴影代表的事件和时间节点, 即为关键节点的功能基本恢复和全面恢复的重要时刻。

本节以大城市 (群) 自组织网络为例给出了网络的三个关键事实, 描述网络所经历的模式是容易的, 但解释是什么因素引起这些动态变化则较为困难。实际上, 与前面章节中所研究的问题相比, 动态网络的机制及其动力学仍然是极具挑战性的。

8.5　人文与社会

到目前为止, 本章所讨论的跨学科中的复杂科学研究进展, 仍是以与工程设计或动力学分析相关的自然科学为主。本节将要转向社会科学问题: 人文与社会中的复杂性和非线性是如何解答的?

8.5.1　社会物理学模型

社会物理学 (sociophysics) 的研究开始于 20 世纪 70 年代初。物理学家们发现, 人们之间通过相互影响形成公共舆论的过程, 同相邻原子通过重排磁场形成磁性晶体的行为十分相似, 原用于描述磁相互作用的伊辛模型被借以分析社会现象 (Sornette and Zhou, 2006)。20 世纪 90 年代, 许多物理学家转向研究经济问题, 由此形成了经济物理学这一研究分支, 尽管它一直处在争议中。此外, 由于复杂系统的研究学者们已经在交通、流行病学以及经济领域的研究中做出了许多实际贡献, 因此使得这种趋势有增无减, 逐渐形成了计算社会学 (computational society)、金融物理学 (financial physics) 等研究分支, 物理学家和社会学家正在共同致力于建立符合现实的模型。

第 6 章讨论的交通系统主要矛盾等问题, 是以其被公认是典型复杂系统这一事实为出发点的, 可以确信的是, 交通流问题也是多学科领域的研究者们最早关注并获得深刻认识的主题。在物理学家的眼中, 交通流就类似于在管道中流动的液体。尽管如此, 两者间还是有一些关键的不同。由于液体的原子会互相碰撞, 在液体流过一个狭窄通道时, 流速通常会增加。而驾驶员则会尽一切可能避免碰撞, 所以当道路比较狭窄时, 流速必然会降低。在社会学家看来, 交通是围绕交通规划与规则设定的问题。那么交通规则乃至社会规则是如何形成的, 经济变动与历史运动所蕴含的机制又是什么?

近代以来的 200 年间, 包括第一次世界大战和第二次世界大战期间, 瑞士既没有卷入本土战争, 也没有海外作战, 在国际上以安全的金融与银行业、用户保密权益等受到关注, 是全球最稳定的经济体、最富裕、最安定和拥有最高生活水准的国家。在著名的苏黎世联邦理工学院 (ETH), 学者们对民族、暴力、不平等、内战、领土、族群、和平等研究较为活跃。他们的研究常以欧洲为蓝本, 主题选择自由广泛、历史挖掘横贯纵深、观点看法面向世界, 非常具有启发意义。

8.5.2 社会规则的建模

为了探究社会规则出现的原因, 一些学者开始对演化博弈理论进行计算机模拟, 生成数量巨大的虚拟对象进行逻辑竞争。一个经典的设定是, 网格上相邻节点的个体之间面临着 "囚徒困境": 若他们选择彼此合作, 那么都会获益; 若他们选择互相欺骗或者 "背叛" 对方, 则都将面临处罚 (Cho, 2009a)。但是, 当一方成为唯一的背叛者时, 就会得到更大的收益, 而成为唯一的合作者时则会得到更重的惩罚。

这种逻辑状况迫使所有人都选择背叛对方, 以获得最大收益。为了使博弈更有意义, 研究人员改变了参与者的博弈策略, 参与博弈的个体可以模仿最成功的邻居, 或者迁移到更成功的博弈者附近。

ETH 计算社会学教授 Dirk Helbing 由物理学转向研究人文、社会和政治科学, Helbing 的实验结果表明, 在任一种情况下, 背叛者最终仍都将占据整个体系 (Helbing et al., 2005)。但是, 如果将模仿策略和迁移策略相结合, 就会在整体上使合作者的数量不断扩大。Helbing 为实验设计了两批参与者, 各自在不同的回报规则下参与博弈, 这一情形使得参与者可以选择不同的博弈策略。但是, 两组成员之间的交流使一个群体的博弈者去学习和采用另一个群体的博弈策略, 这一点类似于社会规则的产生过程——沟通和交流将使得博弈者改变自身行为。

面对当前强大的全球网络已经产生的高度相互依赖的系统, Helbing 认为, 即使没有外部冲击, 这些系统也容易受到各种规模的破坏, 对社会构成严重威胁, 人类既不了解这些系统也无法控制它 (Helbing, 2013; Helbing and Pournaras,

2015)。人们花费了大量的金钱和时间试图去理解宇宙的起源, 却依然不了解保证社会稳定、经济发展或者世界和平所需要的条件是什么, 因而尚需在理解人类以及人类社会上付出更多的努力。

8.5.3　历史运动的建模

如今, 对历史运动的研究在逐步从政权向地区冲突、世界秩序或气候变迁等方向转变。例如中世纪的欧洲由多个王国组成, 这些王国由不同等级的领主统治, 他们从低于自己等级的领主那里收取赋税, 再上缴给比自己等级高的领主。这种间接统治体制使得最高君主能够完全统治他们的国家。

ETH 政治学教授 Lars-Erik Cederman 对此做出了模拟, 他将处于领地上的每位领主模拟为地图上的一个点, 这个点同时亦为从下至上输送赋税的树状网络上的一个节点 (Cederman and Luc, 2007)。结果表明, 假若某个领主减弱对自身领地的统治力, 那么在这个领地上就不再会出现间接统治的方式, 假使领主的影响力可扩展到遥远的乡村, 那么随之而来的就是领主关系网络的逐渐简化, 并最终消失。

Cederman 致力于探究不平等与冲突间的关系, 他认为在今天的欧洲, 少数民族和中央政府之间的冲突也不罕见, 在治理方式上, 他持有少数民族的区域自治及参与政治决策、财富和基本服务的均衡分配对实现欧洲的持久和平至关重要等观点 (Cederman et al., 2015)。

Cederman 还尝试将大数据和机器学习引入冲突爆发的未来预测中, 但该问题所面临的挑战仍在于, 社会与政治世界之间的复杂性限制了冲突预测的准确时空半径范围, 图 8.18 为他所引述的 Bosnia 市级暴乱预测区域图示, 左图为七个实际发生暴乱的市区 (暗红色), 右图为时空模型预测区域 (浅红色), 条纹显示为不正确预测区域。可见, 预测正确的有四个冲突区域, 但错过了三个实际爆发区域, 并错误地预测了四个暴力区域。此外, 可以清晰地看出, 正像在现实中经常出现的情况一样, 许多地区仍然是和平的, 并且如此预测所示 (以灰色显示)。

Cederman 和他所领导的研究团队汇编了一份涉及全球不同族裔群体、涵盖 1946~2017 年期间政府分享信息的数据集。他们把通过专家调研以及卫星图像采集到的种族群体间各种不平等一一记录下来, 然后将其标绘在数字地图上, 向各国政治家、学者和大众开放。因其从事的研究揭示了权力和资源的公平合理分配是如何降低种族冲突所引发的风险, Cederman 获得了 2018 年 Marcel Benoist 瑞士科学奖 (Marcel Benoist Swiss Science Prize)。Marcel Benoist 创立于 1920 年, 有十多位获奖者随后成为诺贝尔奖的获得者。

对于地区之间的冲突, 如果从历史、宗教、资源等方面探讨, 常以外交、文化与安全等见多, 汉堡大学政治学家 Jürgen Scheffran 对此建立了气候变化影响模型。在非洲东北部的 Sudan Darfur 地区, 不断向南扩展的沙漠已经迫使阿拉伯牧民迁移到南撒哈拉农民的土地上, Scheffran 将其视作因气候改变导致冲突发生的实例。气候变化可能引起军事反应和其他特别措施, 增加暴力冲突的可能性, 研究团队建立了详细的基于行为者的计算机模型来重现冲突。其中, 最艰巨的工作是量化众多参与者的相互影响, 包括农民、牧民、为农民利益而战的叛军、镇压叛军的民兵队、政府、援助组织等 (Scheffran and Battaglini, 2011; Scheffran et al., 2012a)。

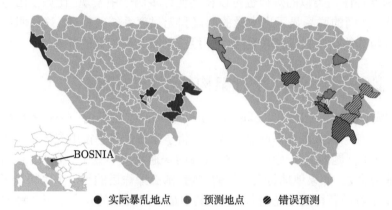

● 实际暴乱地点　● 预测地点　◪ 错误预测

图 8.18　Bosnia 市级暴乱预测区域图示 (Cederman and Nils, 2017)

Scheffran 及其研究团队得出结论, 其他应对气候变化的反应, 也可能导致现实冲突, 如生物能源的使用带来的对土地和食品资源的争夺、核电可能导致的核武器扩散或地球工程将造成国家之间的分歧 (Scheffran et al., 2012b)。因此, 出于对冲突与安全的考虑, 则应包括对脆弱国家的干预、防止灾害、边界和难民的保护等措施, 以及通过有效的制度、有利的缓解措施和适应战略来促进合作框架, 完成冲突管理和治理机制。

8.5.4　经济网络

对于物理学科与物理学家的涌入, 传统经济学家持有保留态度。尽管如此, 金融物理 (financial physics) 一直是复杂系统研究领域的最大分支 (Cho, 2009b), 金融物理研究采取的基于大量数据分析问题的方法, 正在受到越来越多的认可。说明一下, 在物理学与经济学融合研究的进程中, 金融是其中发展较快的部分, 因此有时也将经济物理学 (econophysics) 称为金融物理 (financial physics)。

在经济网络中, 无论是从经济和社会关系的角度, 还是从物理学和计算机科学中复杂系统的角度, 节点都表示不同的可分辨的个体, 它可以用来表示公司、银行或者国家, 而不同节点之间的连线表示它们之间的相互合作, 比如贸易、所有权、研发结盟或债务信用关系。微观方法强调公司内部非正式的联系中个体动机带来的影响, 而宏观方法对于大尺度系统的性质有着更好的解释。

在最新的微观方法中, 经济网络被视作具有合作和竞争关系的个体、公司或集团; 为了获得最大化收益, 网络之间的联系或者增加或者减少, 连接将根据经济交易加权 (Oxley and Sampson, 2004)。这一结构转变印证了全球经济一体化比传统的国际贸易更为有效, 即每增加一个该国家的金融贸易伙伴, 就对该国进行加权, 而建立贸易连接的概率正比于该国的权重, 这样一来, 再次印证了现实经济网络的无标度特性。类似的规律也可以在其他许多例子中发现, 比如在国际银行网络中, 银行之间的联系显示出大量的胖尾和无尺度系统的特征, 这说明只有少数几家银行与其他众多银行有联系, 因此, 经济网络具有相似的普遍性。

8.6   平行架构的逻辑与思辨

"大爆炸宇宙论"(the big bang theory) 认为: 宇宙是由一个致密炽热的奇点于 137 亿年前一次大爆炸后膨胀形成的。科学家在计算宇宙中应该存在多少普通物质后, 一个问题随之出现——大约 50%的普通物质不见了。那么, 它们去哪儿了呢? 简而言之, 如果地球是大爆炸的产物, 那么爆炸后的另一半去哪里了? 科学家们提出了各种各样的理论进行解释, 其中最广为人知的是产生了一种普通设备无法探测、漂浮于星系之间的重子物质, 新的问题随之而来, 暗物质是真实存在的吗?

科学家们在观察量子的时候发现, 每次观测的量子状态都不相同。由于宇宙空间的所有物质都是由量子组成的, 因而推测, 既然每个量子都有不同的状态, 那么宇宙可能也不止一个, 而是由多个类似的宇宙组成。得益于现代量子力学的科学发现, 平行宇宙 (parallel universe) 的概念被提出了。

那么, 平行宇宙中是否也有平行世界呢?

8.6.1   平行宇宙与平行世界

大爆炸宇宙论是现代宇宙学中最有影响力的一种学说, 其主要观点是宇宙曾有一段从热到冷的演化史, 在这个时期里, 宇宙体系在不断地膨胀, 使物质密度从密到稀地演化, 如同一次规模巨大的爆炸。爆炸之初, 物质只能以中子、质子、电子、光子和中微子等基本粒子形态存在。宇宙爆炸之后的不断膨胀, 导致温度和密度很快下降。随着温度降低, 逐步形成原子、原子核、分子, 并复合成为通常的气体。气体逐渐凝聚成星云, 星云进一步形成各种各样的恒星和星系, 最终形成我们如今所看到的宇宙。

大爆炸理论的建立基于两个基本假设: 物理定律的普适性和宇宙学原理。宇宙学原理是指在大尺度上宇宙是均匀且各向同性的。这些观点起初是作为先验的公理被引入的, 对第一个假设而言, 通过对太阳系和双星系统的观测, 广义相对论已经在宇宙诞生以来的绝大多数时间内得到了非常精确的验证, 而在更广阔的宇宙学尺度上, 大爆炸理论在多个方面的验证也是对广义相对论的有力支持。

英国剑桥大学著名物理学家霍金 (Stephen William Hawking) 比喻宇宙的起源有点像沸水里的泡泡, 许多小泡泡出现, 然后消失, 就是宇宙的膨胀和坍缩。当这些小泡泡膨胀到一定的尺度, 可以安全地逃避坍缩时, 就形成了今天的宇宙。美国 MIT 宇宙学家 Max Tegmark 教授热衷于平行宇宙的研究, 他将平行宇宙分为四个层次, 探讨了每个层次存在的证据, 并描摹了各个层次的可能样貌 (Tegmark, 2003)。Tegmark 曾经描绘了一个平行世界的情景: 此时正有另一个你也在阅读这段文字, 没有读完这句就准备合上它。在由八个行星构成的太阳系中, 一个也称作地球的星体上, 也有着迷雾般的山脉、肥沃的土地和熙攘的城市, 存在一个在任何方面都与你极为相像的人, 就像图 8.19 中平行宇宙与平行世界的可能样貌。

图 8.19　宇宙学家们描摹的平行宇宙与平行世界的可能样貌

针对平行宇宙的研究存在着许多争论, 有争议认为, 假定平行宇宙存在但却永远观测不到。另一种反对则来自非科学的考虑, 认为是视角的不同及对标准模式的审美造成的。在过去几十年间, 在电子游戏、科幻电影作品中出现了大量平行宇宙和平行世界的概念及其延伸, 使其内涵不断丰富。

8.6.2　计算仿真与实验之间的交错关系

谈到平行的概念, 就会有平行技术的实现问题。在工程界, 实验或计算仿真是对实际工程问题的模拟和表示, 并不包含平行一词的概念。以有限元为例, 在计算机技术广泛应用之前, 数学中的有限元法是一种求解偏微分方程边值问题近似解的数值技术, 它通过变分方法, 使得误差函数达到最小值并产生稳定解。求解时对整个问题区域进行分解, 然后将每个子区域进行化简, 所得的各个简单部分被称为有限元。通过对每一单元假定一个较简单的近似解, 然后推导求解满足整个区域的条件, 最终得到问题的解。

　　在分区域求解方面, 这似乎是复杂系统中整体与组成部分之间的关系, 但是, 有限元法并不仅仅局限在区分整体和部分的关系上。20 世纪 50 年代, 有限元分析 (finite element analysis, FEA) 基于结构力学分析而迅速发展起来, 成为一种现代计算方法, 并首先在连续体力学领域及飞机结构静、动态特性分析中获得有效应用, 随后很快广泛应用于求解热传导、电磁场、流体力学等问题。图 8.20 为结构有限元及其节点示意图, 若干有限元之间形成了网状的几何关系, 每一个有限元上的节点可包含载荷、应力或应变等信息。

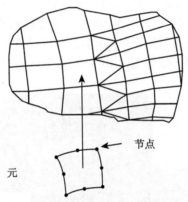

图 8.20　结构有限元及其节点示意图

　　当前有限元分析已经应用于许多科学研究和工程技术领域, 如机械制造、材料加工、航空航天、汽车、土木建筑、电子电气、国防军工、船舶、铁道、石化、能源等。随着计算机技术的迅速发展, 有限元分析越来越多地用于工程领域中的仿真模拟, 不再仅限于对单个物理场的模拟, 更灵巧的算法和更强劲的硬件使得对多物理场的有限元模拟成为可能。许多有限元分析方法已经逐步实现系统化, 成为专业分析软件, 如 ANSYS, Patran/Nastran, Abaqus, Hypermesh 等, 这些有限元分析软件拥有丰富的单元库、完备的材料和模型库、求解器以及相对独立的处理模块, 能够独立完成多学科、多领域的工程分析问题。

　　就概念而言, 有限元分析及其软件等计算仿真都是对问题的极大模拟和表示, 并不是实验。实验通常要预设 "实验目的" 和 "实验环境", 进行 "实验操作", 最终发表 "实验结果"。也就是说, 实验是对抽象的知识理论所做的现实操作, 用来证明正确性或推导出新结论。与此同时, 许多场合常常会出现 "仿真实验" 联结使用的情况, 事实上, 意指仍为 "仿真" 的范畴, 例如, 一些涉及 Simulation 的计算模拟等。

8.7 最后的思考

前面章节提到了复杂系统的现象特征和研究复杂系统及其动力学的工具, 本节将提出有关系统及其机制的三个主要争论问题。前述章节所阐述的内容为讨论这些重要且尚待解答的问题提供了背景知识, 这将有助于回答这些争论, 或者至少可以知道, 为什么解决方案如此难以均衡各方。

8.7.1 行政干预才能解决交通拥堵问题吗

行政措施曾经是交通拥堵问题的有力解决途径。正如第 6 章中关于交通系统的五个矛盾所表明的, 受经济、技术发展水平制约, 市场成熟程度迥异的道路、车辆和人等要素之间形成了错综复杂的局面。在当前技术水平之下, 或在未来十多年中, 行政手段解决交通拥堵问题的影响力和效果大大超过了因它造成不平衡发展而形成的困局。

2008 年北京市交通拥堵指数曾达到 8, 这种严重拥堵程度的情况只是冰山一角: 汽车产业在十几年中的爆发式发展, 持续激励大中城市的机动车数量大幅度攀升; 因拥堵造成的直接、间接经济损失不断攀升, 已可按照占 GDP 百分比的数量进行计算; 拥堵使得车辆处于低速或怠速行驶状态而造成氮氧化物等污染排放总量持续增加; 对道路的需求仍然大大超过它以里程形式提供的增长。

得益于机动车单双号限行的行政措施, 以及适逢中、小学处于夏季假期社会出行量总体较小等有利条件, 2008 年北京奥运会期间, 北京交通状况一度改善至 4 以下的基本通畅程度。

图 8.21 表明交通通行耗时增加与交通拥堵指数上升之间的关系。拥堵指数图例中, 按照多耗时值的不同, 五级交通指数分别对应畅通、基本畅通、轻度拥堵、中度拥堵和严重拥堵五个等级, 分别对应拥堵指数 0~2、2~4、4~6、4~6 和 8~10。当拥堵指数为 0~2 时, 交通畅通, 交通运行状况良好, 基本没有道路拥堵, 可以按照道路限速标准行驶。当部分环路、主干路拥堵, 交通运行状况较差, 比畅通时多耗时 0.5~0.8 倍, 拥堵指数在 4~6 之间, 为轻度拥堵。

随着机动车保有量的迅速提高, 全国大中城市的交通拥堵状况变得日益普遍, 拥堵程度也不断增加 4。到 2010 年, 在持续每周一日尾号限行等行政条件下, 北京市交通拥堵状况依然不断恶化, 再次逼近严重拥堵的程度。在此种形势下, 限购这一调控方式应运而生, 经过数年的持续执行, 仍呈现出持续收紧机动车牌照指标的趋势。

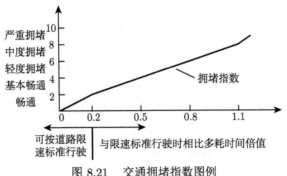

图 8.21　交通拥堵指数图例

　　总体来看, 不论是重大活动对交通需求的情况, 还是一般条件下的交通管理模式, 行政干预对解决交通拥堵问题做出了巨大贡献, 是提高通行效率的主要手段。事实上, 行政手段一度是交通系统问题赖以解决的主要途径, 但是这种依赖程度正在减轻。

　　探索缓解交通拥堵的进程需要通信与计算技术的辅助, 在道路上和技术后台都搭建了大量的硬件和设备用于交通监控与诱导。因此, 全面分析如何缓解交通拥堵需要对行政手段与其他技术支持之间的相互影响作深入了解。本节为思考发展中的计算社会学提供了一个基本事例。

　　虽然对行政手段干预交通的研究是有价值的, 但应当注意不要夸大它的重要性。决策者和观察者常常将交通系统所面临的问题归咎于行政不力或干预不当。与此同时, 他们通常认为艰巨的交通拥堵难题需要行政方法来解决。例如, 汽车工业发展迅猛, 城市化进程飞速推进, 持续增长的城市人口带来了对汽车的巨大需求。无论是 2021 年达 64.7% 的城镇化率, 还是 2021 年全国汽车 3.02 亿辆的保有量, 城镇人口的增长和汽车数量的增加都加剧了交通拥堵的程度。交通之所以容易成为抨击的目标, 是因为一旦将问题归咎于汽车支柱产业的形成和城市化快速进程, 就可能阻碍经济建设与国民生活质量的持续提升。因此, 谈论城市发展和交通管理的问题时, 将治理与规则分开是十分重要的。

8.7.2　规则是应对变化的基石吗

　　规则是有序组织事务使其得以顺利进行的保证, 体现合理和公平的规则应当是应对变化的基石。如何在变化的条件下依然使规则能够顺利实施, 是衡量其能否达到应对的指征。这种原则使得规则与变化矛盾。AlphaGo 与人类对决的棋类战术, 是在固定规则上的枚举, 只要穷尽所有的可能性, 总是可以计算获得一个有利的布局, 按照计算机处理的能力, 它总是可以达到的, 这也是其屡次战胜人类对手的根本所在。

　　假如处于动态变化的条件下, 规则是否仍能用于有效处理复杂事物?

正如在第 5 节中提到金融与经济主题, 中国人民银行制定和执行中国的货币政策。央行设立的货币政策委员会, 在国家宏观调控、货币政策制定和调整中发挥着重要作用。货币政策委员会在综合分析宏观经济形势的基础上, 依据国家宏观调控目标, 讨论货币政策的制定和调整、货币政策工具的运用、有关货币政策及与其他宏观经济政策的协调等涉及货币政策等重大事项, 并提出建议。

存款准备金是央行货币政策的三大货币政策工具之一, 是金融机构为保证客户提取存款和资金清算需要而准备的在央行的存款。存款准备金的比例即存款准备金率是由央行决定的。中国人民银行决定, 自 2016 年 3 月 1 日起, 普遍下调金融机构人民币存款准备金率 0.5 个百分点, 从 2018 年 10 月 15 日起, 下调大型商业银行、股份制商业银行、城市商业银行、非县域农村商业银行、外资银行人民币存款准备金率 1 个百分点, 下调存款准备金可保持金融体系流动性合理充裕, 引导货币信贷平稳适度增长, 为供给侧结构性改革营造适宜的货币金融环境; 而调高存款准备金率意在防止货币信贷过快增长, 货币信贷增长过快是造成投资增长过快的主要原因之一, 因此提高存款准备金率可以适度减缓货币信贷增长。

货币政策委员会对宏观经济形势的判断与存款准备金率的建议, 可以归结为视经济走势的相机决策。相机决策的一个重要的优点是灵活性。央行必须决定如何应对经济冲击, 但是不可能考虑到所有意外情况并提前规定出正确的政策反应。有效的做法是任命优秀人才管理货币政策, 并给他们施展的空间, 以达到更好的效果。

城市交通的畅行与否是城市及地区在经济、生态与产业等方面共同发展的结果。地方经济、产业支柱形式及民生指标等均为首要考虑的要素, 与城市交通相关的政策与规则的制定并不总是能够在那些首要考虑的要素之间获得均衡。这与前述宏观经济及存款准备金率不同。关于规则与变化的第二个问题应该集中在如何限制相机决策过程中的能力缺乏和权力滥用。显然, 这一点已非本书关注的内容。

任何一种以规则替代相机决策的努力都必然面临制定准确规则的艰巨任务。尽管有许多研究已经考察可供选择的不同规则的效益与影响, 但各方对究竟什么是好规则常常难以达成共识。在没有达成共识之前, 除了让央行领导人相机抉择地实施他们认为合适的货币政策之外别无选择。

8.7.3 复杂系统是不可解的吗

最受关注的问题是复杂系统是否可解。当应急部门公布减灾救灾的即时数据时, 公众常常听到紧急情况下的管理是一个复杂的系统问题。一些评论也把需要社会力量协作的情况归结为复杂的系统问题。第 1 章中提到著名中国问题专家鲍大可对中国政府系统的划分有两种形式, 或为完成某一任务若干职能相关的机构联合形成的管理模式, 如财经系统、文教系统等; 或按中央和地方各级纵向形成的管理形式, 如交通系统、税务系统等 (李侃如, 2010)。这是否意味着系统问题应该是不可解的呢?

当考察航空运输和高速铁路的发展时, 可以注意到, 二者均未曾遇到类似城市交通的困局。若将专线航道作为其成功的衡量指标, 将与实际情况极不相符。航空运输的标准与国际化, 使中国航空业从发展始就处于一个高水平和开放的起点。高速铁路的迅速发展, 则得益于我国近年来 GDP 总量的大幅提升。最明显的解释是, 标准化、国际化和经济总量等有利条件是建立具有通用、规范、有序及较高起点产业的基础。在城市交通漫长且不平衡的发展历程中, 并不具备这类优良的先决条件。

此外, 尽管没有统计数据表明发达国家无须应对复杂的环境、生态和城乡等问题, 但是明显的现象是, GDP 排名靠前的美国、英国、日本和德国等国家, 在经济上的持续发展促成了科学技术与社会管理的充分发展。同时, 许多研究领域在各自细分层次上获得的深入探索, 或可化解纷繁芜杂的矛盾关系。科学技术与经济的充分发展将逐步消解复杂系统问题。

8.8　小　　结

复杂性科学研究发展历经几十年, 人们对于复杂性现象的认识提升到了一个新的层次, 也取得了一些里程碑式的成果。但从总体来说, 复杂性科学系统研究的时间较短, 无论是在理论中还是实践当中仍有许多不足之处: 有关复杂性理论的研究和应用主要局限在物理、生物和经济管理领域, 在其他领域, 如社会科学和艺术领域的研究相对比较滞后; 许多复杂性问题的研究, 尤其是社会科学领域, 目前还主要停留在定性的层面, 定量分析和模型的建立仍需要加强等。从复杂性科学的研究现状可以看出, 复杂性科学的研究方兴未艾, 复杂性学科尚在初创阶段, 各国的研究水平相差不大。当前的学科交叉性日益显现, 科研成果也在向可操作的方向发展, 所有这些都给复杂性科学注入了新的活力, 复杂性科学的应用前景将更加广阔。

参 考 文 献

陈云霁, 李玲, 李威, 等. 2020. 智能计算系统. 北京: 机械工业出版社.
(美) 李侃如. 2010. 治理中国. 胡国成, 赵梅, 译. 北京: 中国社会科学出版社.
李晓雁. 2012. 第二届 Rodeney Hill 奖获得者高华建教授及其学术成果. 力学与实践, 34(4): 97-98.
宋学锋. 2005. 复杂性科学研究现状与展望. 复杂系统与复杂性科学, 2(1): 10-17.
王飞跃. 2003. 从一无所有到万象所归: 人工社会与复杂系统研究. 科学时报, 3: 17.

王飞跃. 2004. 平行系统方法与复杂系统的管理和控制. 控制与决策, 19(3): 485-489.

(日) 中村好文. 2016. 走进建筑师的家. 杨婉蘅, 译. 海口: 南海出版公司.

Adrian C. 2009a. Ourselves and our interactions: The ultimate physics problem? Science, 325(5939): 406-408.

Adrian C. 2009b. Econophysics: still controversial after all these years. Science, 325(5939): 408.

Ali H E, Cederman L E. 2022. Natural Resources, Inequality and Conflict. London: Palgrave Macmillan Press.

Ariely D, Zauberman G. 2000. On the making of an experience: The effects of breaking and combining experiences on their overall evaluation. Jour. Behavioral Decision Making, 13(2): 219-232.

Ariely D, Gregory S B. 2010. Neuromarketing: The hope and hype of neuroimaging in business. Nature Reviews Neuroscience, 11(4): 284-292.

Brahmer J B, Drake C G, Wollner I W, et al. 2010. Phase I study of single-agent anti-programmed death-1(MDX-1106) in refractory solid tumors: Safety, clinical activity, pharmacodynamics, and immunologic correlates. Journal Clinical Oncology, 28(19): 3167-3175.

Cederman L E, Luc G. 2007. Beyond fractionalization: mapping ethnicity onto nationalist insurgencies. American Political Science Review, 101(1): 173-185.

Cederman L E, Simon H, Andreas S, et al. 2015. Territorial autonomy in the shadow of conflict: Too little, too late? American Political Science Review, 109(2): 354-370.

Cederman L E, Nils B W. 2017. Predicting armed conflict: Time to adjust our expectations? Science, 355(6324): 474-476.

Cho A. 2009a. Ourselves and our interactions: the ultimate physics problem? Science, 325(5939): 406-408.

Cho A. 2009b. Econophysics: still controversial after all these years. Science, 325(5939): 408.

Cui D, Tian F, Ozkan C S, et al. 2005. Effect of single wall carbon nanotubes on human HEK293 cells. Toxicology Letters, 155(1): 73-85.

Dirk H, Martin S, Hans-Ulrich S, et al. 2005. How individuals learn to take turns: Emergence of alternating cooperation in a congestion game and the prisoner's dilemma. Advances in Complex Systems, 8(01): 87-116.

Gao H, Shi W, Freund L B. 2005. Mechanics of receptor-mediated endocytosis. Proc. National Academy of Sciences of the United States of America, 102(27): 9469-9474.

Gatys L A, Ecker A S, Bethge M. 2016. Image style transfer using convolutional neural networks. Proc. IEEE Computer Vision and Pattern Recognition, 2414-2423.

Helbing D, Schönhof M, Stark H, et al. 2005. How individuals learn to take turns: emergence of alternating cooperation in a congestion game and the prisoner's dilemma. Advances in Complex Systems, 8(1): 87-116.

Helbing D. 2013. Globally networked risks and how to respond. Nature, 497(7447): 51-59.

Helbing D, Pournaras E. 2015. Society: Build digital democracy. Nature, 527(7576): 33-34.

Joanne E O, Rachelle C S. 2004. The scope and governance of international R&D alliances. Strategic Management Journal, 25: 723-749.

Papahadjopoulos D, Allen T, Cabizon A, et al. 1991. Sterically stabilized liposomes: Improvements in pharmacokinetics and antitumor therapeutic efficacy. Proc. National Academy of Sciences of the United States of America, 88(24): 11460-11464.

Per B. 1996. How Nature Works: The Science of Self-organized Criticality. New York: Springer-Verlag.

Scheffran J, Battaglini A. 2011. Climate and conflicts: The security risks of global warming. Regional Environmental Change, 11(Suppl. 1): 27-39.

Scheffran J, Marmer E, Sow P. 2012a. Migration as a contribution to resilience and innovation in climate adaptation: Social networks and co-development in northwest africa. Applied Geography, 33: 119-127.

Scheffran J, Brzoska M, Kominek J, et al. 2012b. Climate change and violent conflict. Science, 336: 869-871

Shargel L, Yu A B. 1985. Applied Biopharmaceutics and Pharmacokinetics. 2nd Ed. New York: Appleton- Century-Crofts.

Shi X, Annette V D B, Hurt R H, et al. 2011. Cell entry of one-dimensional nanomaterials occurs by tip recognition and rotation. Nature Nanotechnology, 6(11): 714-719.

Sornette D, Zhou W X. 2006. Importance of positive feedbacks and overconfidence in a self-fulfilling Ising model of financial markets. Physica A: Statistical Mechanics and Its Applications, 370(2): 704-726.

Tegmark M. 2003. Parallel universes. Scientific American, 288(5): 40-51.

Yi X, Shi X, Gao H. 2011. Cellular uptake of elastic nanoparticles. Physical Review Letters, 107(9): 098101.

"非线性动力学丛书" 已出版书目

1 张伟，杨绍普，徐鉴，等. 非线性系统的周期振动和分岔. 2002

2 杨绍普，申永军. 滞后非线性系统的分岔与奇异性. 2003

3 金栋平，胡海岩. 碰撞振动与控制. 2005

4 陈树辉. 强非线性振动系统的定量分析方法. 2007

5 赵永辉. 气动弹性力学与控制. 2007

6 Liu Y, Li J, Huang W. Singular Point Values, Center Problem and Bifurcations of Limit Cycles of Two Dimensional Differential Autonomous Systems （二阶非线性系统的奇点量、中心问题与极限环分叉）. 2008

7 杨桂通. 弹塑性动力学基础. 2008

8 王青云，石霞，陆启韶. 神经元耦合系统的同步动力学. 2008

9 周天寿. 生物系统的随机动力学. 2009

10 张伟，胡海岩. 非线性动力学理论与应用的新进展. 2009

11 张锁春. 可激励系统分析的数学理论. 2010

12 韩清凯，于涛，王德友，曲涛. 故障转子系统的非线性振动分析与诊断方法. 2010

13 杨绍普，曹庆杰，张伟. 非线性动力学与控制的若干理论及应用. 2011

14 岳宝增. 液体大幅晃动动力学. 2011

15 刘增荣，王瑞琦，杨凌，等. 生物分子网络的构建和分析. 2012

16 杨绍普，陈立群，李韶华. 车辆–道路耦合系统动力学研究. 2012

17 徐伟. 非线性随机动力学的若干数值方法及应用. 2013

18 申永军，杨绍普. 齿轮系统的非线性动力学与故障诊断. 2014

19 李明，李自刚. 完整约束下转子–轴承系统非线性振动. 2014

20 杨桂通. 弹塑性动力学基础(第二版). 2014

21 徐鉴，王琳. 输液管动力学分析和控制. 2015

22 唐驾时，符文彬，钱长照，刘素华，蔡萍. 非线性系统的分岔控制. 2016

23 蔡国平，陈龙祥. 时滞反馈控制及其实验. 2017

24 李向红，毕勤胜. 非线性多尺度耦合系统的簇发行为及其分岔. 2017

25 Zhouchao Wei, Wei Zhang, Minghui Yao. Hidden Attractors in High Dimensional Nonlinear Systems（高维非线性系统的隐藏吸引子）. 2017

26 王贺元. 旋转流体动力学——混沌、仿真与控制. 2018

27 赵志宏，杨绍普. 基于非线性动力学的微弱信号探测. 2020

28 李韶华，路永婕，任剑莹. 重型汽车-道路三维相互作用动力学研究. 2020

29 李双宝，张伟. 平面非光滑系统全局动力学的 Melnikov 方法及应用. 2022

30 靳艳飞，许鹏飞. 典型非线性多稳态系统的随机动力学. 2021

31 张伟，姚明辉. 高维非线性系统的全局分岔和混沌动力学(上). 2023

32 郭大蕾. 计算复杂系统. 2024